# LES
# PARCS ET JARDINS

PARIS. — IMPRIMERIE J. DUMAINE, RUE CHRISTINE, 2.

# LES
# PARCS ET JARDINS

PAR

## F. DUVILLERS

ARCHITECTE, INGÉNIEUR, PAYSAGISTE, DESSINATEUR ET ORDONNATEUR DE PARCS ET JARDINS

CHEVALIER DE L'ORDRE MILITAIRE DU CHRIST DE PORTUGAL, CHEVALIER DE L'ORDRE DE SAINT-MARIN ET DE PLUSIEURS AUTRES ORDRES

MEMBRE A VIE DE LA SOCIÉTÉ BOTANIQUE DE FRANCE ET DE DIVERSES SOCIÉTÉS SAVANTES NATIONALES ET ÉTRANGÈRES

OUVRAGE

honoré en France des souscriptions du Ministre de l'Agriculture, du Commerce et des Travaux publics
et de plusieurs Souverains étrangers, etc., etc.

21 MÉDAILLES & DIPLOMES

### Iʳᵉ PARTIE

comprenant 40 planches avec texte

## PARIS

CHEZ L'AUTEUR, 15, AVENUE DE SAXE

1871

# A SA MAJESTÉ LÉOPOLD II, ROI DES BELGES.

SIRE,

Votre Majesté a daigné me faire connaître, par une lettre de son cabinet, en date du 7 novembre dernier, qu'Elle m'autorisait à lui offrir la respectueuse dédicace de l'ouvrage que je publie sous ce titre : **« LES PARCS ET JARDINS. »**

Cette auguste condescendance donne à mon œuvre la plus illustre considération que j'eusse osé ambitionner.

Élevé dans les principes salutaires de la crainte de Dieu, du respect du Souverain et de l'amour de la patrie, c'est bien à Votre Majesté que, comme Belge, je devais le premier hommage de mes humbles travaux.

L'ouvrage qu'il m'est permis de placer à ses pieds est le fruit de longues études soutenues par une vocation persévérante. En associant l'art à la nature, en m'appliquant à embellir les sites qui environnent nos demeures, je me suis pénétré surtout de l'idée que ces gracieux spectacles reposent l'âme et la pénètrent des grandeurs en même temps que des bienfaits de la création.

Sous ce rapport, je l'avoue, j'ose espérer que mes **« PARCS ET JARDINS »** ne seront point indignes d'attirer un instant les regards de notre Reine bien-aimée.

Pénétré d'une reconnaissance bien vive, partagée par toute ma famille, l'une des plus anciennes et des plus dévouées de notre chère Belgique,

J'ai l'honneur d'être, Sire, de Votre Majesté,
le très-humble, très-respectueux et très-fidèle serviteur et sujet,

F. DUVILLERS.

Paris, le 28 décembre 1871.

# SOUVERAINS

*Ayant honoré « LES PARCS ET JARDINS » de leur bienveillant accueil*

Sa Majesté Léopold II, Roi de Belgique.

Sa Majesté François-Joseph I<sup>er</sup>, Empereur d'Autriche.

Sa Majesté Don Pedro II, Empereur du Brésil.

Sa Majesté Don Louis, Roi de Portugal.

Sa Majesté Guillaume III, Roi des Pays-Bas.

Sa Majesté Victor-Emmanuel II, Roi d'Italie.

Sa Majesté Georges I<sup>er</sup>, Roi de Grèce.

Sa Majesté Amédée I<sup>er</sup>, Roi d'Espagne.

Sa Majesté Somdetch-Phra-Paramendr-Maha-Chulalon-Korn, Roi de Siam.

La République des États-Unis d'Amérique.

La République de Saint-Marin.

En France : Souscriptions du Ministère de l'Agriculture, du Commerce et des Travaux publics.

# LES PARCS ET JARDINS

PAR

## F. DUVILLERS

## TABLE DE LA PREMIÈRE PARTIE

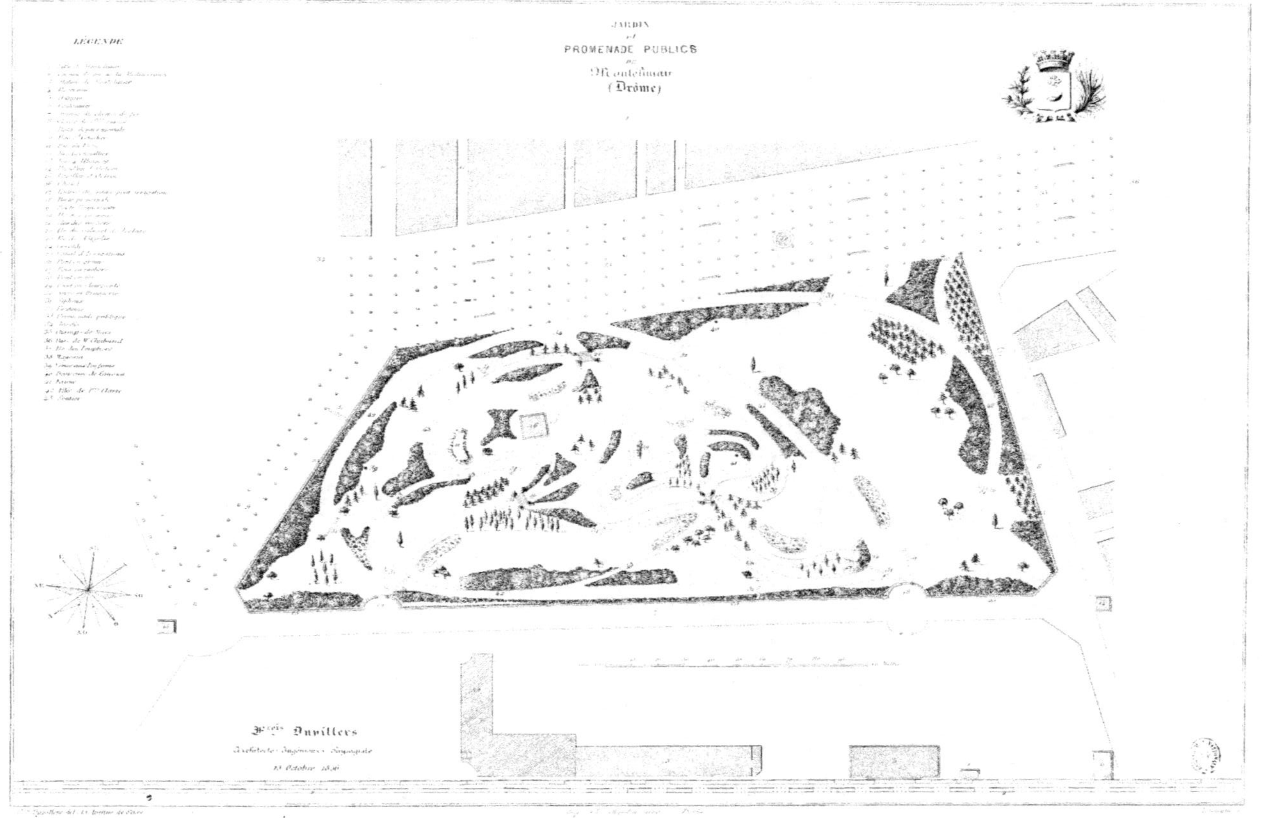

JARDIN
et
PROMENADE PUBLICS
de
Montélimar
(Drôme)
LÉGENDE
Fçois Duvillers
Architecte-Ingénieur-Paysagiste
13 Octobre 1861

# JARDIN PUBLIC

## DE LA

# VILLE DE MONTÉLIMART

(DRÔME)

### CRÉÉ DE 1856 à 1858

L'établissement du chemin de fer de Paris à la Méditerranée avait laissé, entre la gare et les promenades de Montélimart (les Quinconces), un espace de terrain morcelé entre divers propriétaires. Permettre qu'il se charge de constructions, et qu'ainsi ces demeures nouvelles déplacent le centre des affaires dans la ville, était ce qu'il importait de ne pas laisser advenir. Le maire, M. F. Bith, l'avait si bien compris, qu'il avait obtenu du Conseil municipal que cet îlot serait acquis par la ville pour être converti en jardin public complétant les promenades.

Je fus appelé; je pris connaissance des documents, et j'étudiai tout le parti que l'on pouvait tirer de cet emplacement, déjà riche par lui-même, à cause de la qualité du terroir et des ingénieux systèmes d'irrigation depuis longtemps en usage dans la localité et au moyen desquels deux cours d'eau, « Roubbion et Jabron, » fertilisent les campagnes qui environnent la ville.

L'espace qui m'était livré était un parallélogramme irrégulier de : 550 mètres de face du côté de la voie ferrée; 225 mètres du côté des promenades dont il devenait le complément, sur environ 125 mètres au nord-est, et 175 mètres au sud-ouest.

Le 18 décembre 1856, mes études entièrement finies furent adoptées sans modification par le Conseil municipal; le 20, les travaux généraux commençaient; ils étaient terminés en 1858.

Plusieurs circonstances avaient hâté l'exécution de ce projet, que M. le maire avait conçu dans l'espoir de doter la ville d'un jardin d'agrément qui jusqu'à ce jour lui avait fait défaut; une circonstance, entre autres, que je ne puis passer sous silence puisqu'elle en détermina la mise en œuvre, le Rhône, débordé, avait envahi les campagnes et fait d'affreux ravages. A cette nouvelle, le chef de l'État s'était mis en route pour les contrées dévastées, distribuant lui-même des secours aux plus nécessiteux. Dans sa course rapide, il ne fit que passer à Montélimart, mais, au retour de son excursion, il stationna dans la ville. C'est alors que, s'étant informé de l'usage auquel étaient destinés les terrains vagues compris entre l'embarcadère et la cité, il lui fut répondu que la municipalité avait l'intention d'en faire un parc public — projet auquel il donna son entière approbation et à l'accomplissement duquel il aida. Le souvenir de cette visite fut consacré par une inscription gravée sur un des énormes rochers du milieu desquels sort la cascade qui se trouve près de l'entrée du parc faisant face à l'embarcadère.

« Le 4 juin 1856, à onze heures et demie du matin, l'empereur Napoléon III, dans ses visites aux victimes des inondations du Rhône, s'arrêta à cette place au milieu des populations accourues pour le voir. »

Le jardin public se trouve enclavé entre : le chemin de fer qui le borde dans sa plus grande longueur, du nord-est au sud-ouest; la promenade plantée d'arbres en quinconces sur six rangs, du nord-nord-est au sud-sud-ouest; une avenue d'arbres de deux rangs et une route de première classe, qui se prolonge, en passage à niveau sur la voie ferrée, de l'ouest-nord-ouest à l'est-sud-est.

Du côté de la promenade des Quinconces, le jardin n'a pas de clôture, des trois autres côtés, il est entièrement fermé. Deux portes cependant y donnent accès dans l'avenue du chemin de fer. Elles se nomment : l'une, porte Roquemaure; l'autre, porte principale; cette dernière se trouve en face de la station du chemin de fer.

A l'intérieur du jardin, une allée de première classe de 6 mètres de largeur décrit une ellipse qui permet de parcourir tout le parc, touchant aux deux portes de l'avenue du chemin de fer, d'un côté, et, de l'autre côté, venant se confondre dans la promenade des Quinconces, sur un espace de plus de 80 mètres, en face des rues « du Fossé, Grenouillier et Quatre-Alliances. » Une autre allée, de première classe aussi, décrit une parabole depuis l'entrée principale, près de la cascade, jusqu'aux Quinconces, en face la rue Grenouillier. Une allée de deuxième classe, prenant à la porte Roquemaure et passant sur deux ponts, aboutit, par deux côtés opposés, au même endroit. Enfin, cinq sentiers, tracés dans les pelouses, conduisent, les uns dans les îles où ils se prolongent, les autres contournent les pièces d'eau.

Douze siphons, placés à différents endroits, servent à l'irrigation du jardin, des massifs et des pelouses.

Sur l'avenue du chemin de fer et dans sa partie la plus étendue, le jardin a pour limite une plantation d'arbustes à fleurs variées qui masquent les bâtiments d'exploitation de la voie ferrée.

Les deux angles tronqués ont été réservés aux extrémités de ce parcours, afin de permettre la vue des deux pavillons d'octroi. Ces constructions élégantes, de la composition de l'auteur, servent de points de perspective dans divers endroits du parc.

Toute la partie sud-sud-ouest — délimitée par le chemin parabolique qui se rend de la porte de la gare à la promenade des Quinconces — est occupée par une vaste pelouse terminée, du côté de la route et de l'usine à gaz, par des massifs d'arbres de première grandeur tirés de la propriété de Blayn, appartenant à M. E. Imbert, qui les a spontanément offerts à la ville, et par deux groupes de pins noirs d'Autriche, reliant les magnifiques arbres de même essence plantés, en 1847, par l'auteur, dans le parc de M. Chabaud aîné.

En retour, et se confondant avec le premier rang d'arbres de la promenade publique, une plantation de sophoras du Japon, d'érables et de magnolias et un groupe de *Wellingtonia gigantea* sur un plan isolé dans les gazons.

Dans l'intérieur de cette vaste pelouse, circonscrite par une partie de l'allée elliptique et par l'allée parabolique, se trouvent, tournant les chemins, trois massifs de noyers noirs d'Amérique, de *cercis siliquastrum* et de *betula alba* d'un grand effet à l'époque de leur floraison, au pied desquels sont groupés divers arbustes à fleurs variées; au milieu dominent des *berberis purpurea* et des *genista candicans*. Çà et là, dans cette pelouse, une plantation de mélèzes, trois cèdres de l'Atlas, trois catalpas, tiges aux fleurs magnifiques, des tilleuls, deux peupliers isolés et une corbeille de rosiers géants et perpétuels, au nombre de 1,500.

Toute la partie extrême du jardin, depuis le pan coupé du nord jusqu'à la promenade publique en face de la rue Gaucher, est limitée par un rideau de grands arbres destinés à protéger le parc des vents du nord, et dont les principales essences sont : des platanes d'Orient, des ormes à larges feuilles, des peupliers d'Amérique, des acacias, reliés par une plantation bien ordonnée de lauriers d'Apollon et de cyprès qui donnent à cette portion boisée l'apparence d'une forêt inextricable.

De l'autre côté de la route se dressent les grands arbres des pépinières d'un habile horticulteur, M. Marmillot; de loin, ces arbres se confondent avec ceux du parc, dont ils semblent une continuation.

En pénétrant dans le parc par la porte de Roquemaure, nous avons à gauche une corbeille de rosiers du *Bengale*, et à droite, une autre corbeille garnie de neuf cents *hermosa*, île Bourbon, qui ressemblent à un tapis de couleurs variées.

Les massifs de cette importante partie du jardin sont composés de grands arbres dont la base est garnie de noisetiers à feuilles pourpres, et d'autres arbustes de différents genres et à rameaux nombreux.

Disséminés dans cet endroit — circonscrit par l'allée circulaire qui va ceindre le parc depuis la porte de la gare (porte Roquemaure), jusqu'aux promenades, pour revenir ensuite, par l'allée parabolique, au point de départ — plusieurs groupes d'arbres, entre autres des pins mugho, des pins Corse, des marronniers à fleurs blanches, d'autres à fleurs rouges, quatorze *pinus excelsa*, qui se dressent le long du ruisseau de la cascade, des corbeilles de fleurs sans cesse renouvelées, un groupe de vingt-deux peupliers d'Italie, divers arbres isolés et sept peupliers réunis près des rochers, donnés par M. F. Bith.

Les eaux empruntées au Roublion et qui arrivent dans le parc par le canal d'irrigation près de la porte de la gare, déversées sur une cascade de gros rochers d'un aspect grandiose, forment un lac principal du sein duquel s'élèvent deux îles assez vastes et quatre îlots. Deux des îlots, l'un au nord, l'autre au sud du lac, sont des blocs de rochers dans les interstices desquels les herbes ont poussé naturellement. Dans le troisième, se dressent, groupés, douze peupliers d'Italie plantés très-rapprochés et servant d'échelle pour tout l'ensemble de cette partie. Le quatrième, dont un tapis de fin gazon occupe les rives et la partie centrale, est orné de sept cèdres de l'Atlas. Cet îlot est relié avec l'île Bith par un pont en fer. Cette dernière communique avec le parc par un autre pont en rochers ; en suivant les méandres de ses rives, on passe au milieu d'un groupe de douze ormes pyramidaux, on côtoie des massifs de mimosas et plusieurs corbeilles de fleurs renouvelées à chaque saison. Dans l'une des sinuosités que l'île décrit, on rencontre un pavillon octogone qui sert de cabinet de lecture.

L'autre île est accessible par deux ponts : celui du nord est en bois de charpente ; celui du sud en bois de grume. Presque au centre se trouve l'établissement de café-glacier : c'est là que les musiques, civile et militaire, viennent donner leurs concerts en plein vent. Le chalet est abrité, côté nord, par un massif d'arbres de première grandeur entremêlés de *populus nivea*. Dans la pelouse que côtoie l'allée principale, se dressent cinq acacias pyramidaux, et en opposition trois *sequoia gigantea*. L'autre pelouse est ornée d'une large corbeille de rhododendrons, d'azalées, de kalmia et de plantes de terre de bruyère. Les lauriers, les romarins et plantes diverses forment la base des groupes d'arbustes qui occupent les abords des ponts.

De l'avis unanime des autorités de la ville, il était impossible de tirer un plus sage parti du terrain irrégulier que la municipalité avait mis à la disposition de l'architecte paysagiste, qui a donné à cette création l'aspect de l'immensité.

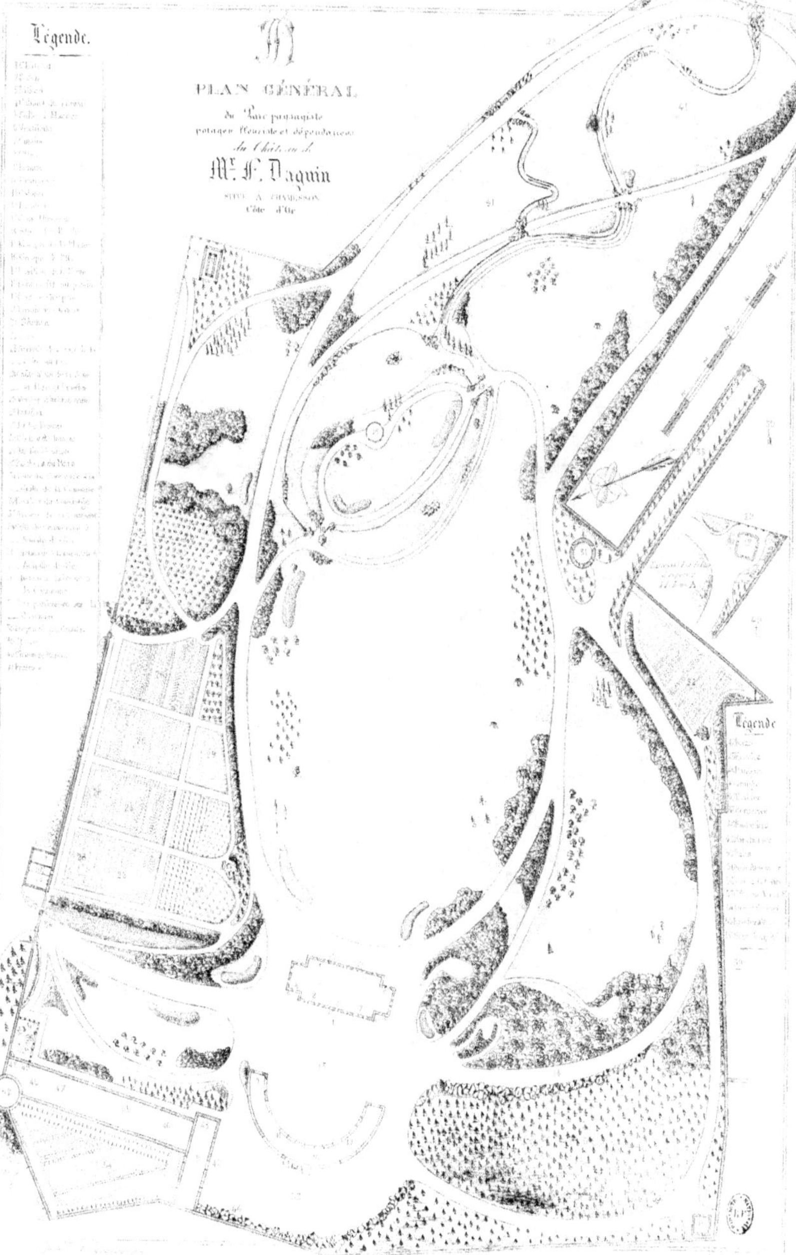
Légende.
PLAN GÉNÉRAL
du Parc paysagiste
potager fleuriste et dépendances
du Château de
Mr. F. Daquin
situé à Chamesson
Côte d'Or
Légende

# PARC

DU

# CHATEAU DE CHAMESSON

(CÔTE-D'OR)

CRÉÉ DE 1862 A 1867

APPARTENANT A M. F. DAGUIN

---

Ce parc, de la contenance de 6 à 7 hectares, fait, selon toute probabilité, partie des terrains sur lesquels, au neuvième siècle, les rois de France possédaient un palais. Le château est moderne. Il a dû être élevé sur les fondations de l'ancien château féodal.

On y arrive par Montbard et Ampilly-le-Sec. Là, on quitte la route pour s'engager dans un chemin d'exploitation qui aboutit à l'avenue de Chamesson. Le trajet s'effectue au milieu de superbes bois, dont les premiers rangs sont d'épicéas d'une rare beauté. L'avenue est plantée de *Tilia* (tilleuls) et *Fagus* (hêtres), dans toute la force de la végétation; d'un côté s'élève une colline boisée, et de l'autre la vue s'étend sur des terres arables et de luxuriantes prairies.

La grille principale franchie, l'on aperçoit — côté du château et de ses dépendances — les serres, et un jardin constamment garni de fleurs. A gauche, dissimulé par un épais rideau d'arbres et d'arbustes de moyenne hauteur, des *Paeonia* (pivoines), *Alcea rosea* (roses trémières), *Syringa* (lilas), *Cytisus laburnum* (faux ébénier), etc., puis s'étendent le jardin potager, le jardin fruitier et la pépinière qui alimente de fleurs les abords du château. Un petit sentier conduit au potager, qu'il longe dans toute son étendue. Sur son parcours, on rencontre le puits au bas d'escarpements garnis d'arbustes aimant à croître sur des pentes. Une grande et magnifique allée, ouverte dans le rocher et ombragée d'arbres résineux, part de la grille, traverse une partie du bois et vient aboutir sur la place de l'église de Chamesson. C'est la route principale pour se rendre à Châtillon-sur-Seine.

Au sud-est, à gauche de la façade du château, se déroulent, à perte de vue, d'immenses prairies arrosées par les eaux de la Seine, et des terres arables d'un excellent rapport, appartenant à la propriété.

L'usine de Chamesson, si florissante quand la métallurgie était une industrie nationale, est devenue aujourd'hui une simple pointerie qui n'en rend pas moins de services.

Face au château, les hauteurs couvertes de bois font partie du domaine de Chamesson; au bas, la route de Châtillon à Dijon. A droite, le clocher de l'église s'élance par-dessus la cime des arbres résineux et à feuilles caduques. Tout cet ensemble produit le panorama le plus pittoresque et à la fois grandiose.

L'allée qui longe l'espace réservé aux jardins potager, fruitier, fleuriste, est garnie d'une large ceinture de plantations d'arbres à feuilles persistantes : *Quercus Ilex* (chênes verts), *Quercus suber* (chênes liéges), *Ligustrum Japonicum* (troènes du Japon), *Genista juncea* (genêts d'Espagne), *Magnolias* (magnoliers), etc., mélangés à des arbrisseaux à feuilles caduques. Cette allée conduit à un lavoir alimenté par l'eau de la Seine, dissimulé ainsi que le séchoir par divers arbustes et arbres résineux.

Le chemin qui mène à l'île, est planté de superbes *Populus Ontariensis* (Peupliers du lac Ontario), *Populus monilifera* (peupliers suisses); trois *Sophora Japonica* (Sophora du Japon); le troisième plan est composé de diverses sortes d'arbustes *Magnolias* (magnoliers), *Corylus* (noisetiers), *Syringa vulgaris flore alba* (lilas communs à fleurs blanches), *Syringa vulgaris* (lilas rouges), etc., etc. De l'autre côté du chemin, sur la prairie, le massif est formé par des arbres élevés et à fleurs, *Æsculus* (marronniers), etc.; aux autres plans, plusieurs variétés d'arbustes de moindre grandeur.

Dans l'île, deux corbeilles, l'une de dahlias, l'autre de rosiers francs de pied, souvenirs de Malmaison, rompent l'uniformité de la pelouse, dans laquelle on voit quelques arbres à fleurs.

Le pont suspendu repose sur des culées de rochers baignés par les eaux. Nous croyons ce modèle destiné à un grand succès dans les parcs paysagistes. Sur les berges ont été plantés particulièrement des arbres qui se plaisent dans les terrains inondés.

Près d'un kiosque en bois de grume, couvert de chaume entouré d'arbres qui conviennent à cette situation, on trouve disséminés et groupés dans la pelouse, d'un côté, sept *Sophora Japonica pendula* (Sophora du Japon à rameaux pendants), de l'autre, quatre *pinus excelsa* (pins élancés ou pleureurs), au bord de l'eau cinq *Populus fastigiata* (peupliers d'Italie), et plus loin un massif de tamariniers, de *Salix Babylonica* (saules pleureurs), et autres essences de feuillages et rameaux variés.

Avant de franchir le pont en charpente, une série de plantes qu'il serait difficile de reconnaître, si l'on ne savait à l'avance que ce sont des *Nymphea lutea* et *alba* que d'invisibles racines relient au sol. La position topographique de ces plantes aquatiques sera gravée dans les volumes spéciaux consacrés aux constructions propres à l'ornementation des parcs et des jardins, qui feront suite à cet ouvrage.

Le pont traversé, près de l'embouchure des eaux, on trouve cinq arbres pyramidaux des *Alnus fastigiata*.

Sur le côté opposé de l'allée qui à cet endroit s'élargit brusquement pour se resserrer un peu plus loin, se déploie un massif de *Cratægus Aria latifolia* (alisiers de Fontainebleau), de *Cytisus Alpinus* (cytise des Alpes), de *Colutea* (baguenaudiers), *Syringa media* (lilas de Marly) ; et en bordure, des arbrisseaux à feuilles cotonneuses. En face, et de l'autre côté de la prise d'eau, se dressent dispersés sur le tapis de gazon dix-sept *Abies Canadensis* (sapins du Canada). En remontant, à droite du chemin, douze catalpas ; et avant de rentrer dans l'allée principale, un *Salix Babylonica* (saule pleureur).

Reprenant l'inspection du parc, à l'entrée de l'allée qui conduit à l'île, on rencontre, à gauche, au milieu des gazons, 5 épicéas, puis un groupe de *Populus Ontariensis* (peupliers du lac Ontario), *Ulmus campestris purpurea* (ormes champêtres à feuilles pourpres), *Sorbus hybrida* (sorbiers de Laponie), divers arbustes dont plusieurs à feuilles persistantes.

Laissant le lac sur la droite, et continuant de s'avancer par le chemin principal de ceinture vers l'est, on passe entre deux massifs d'arbres de première grandeur, au feuillage et aux rameaux blanchâtres afin d'amener la perspective vers ce point. Les escarpements du saut-de-loup sont plantés de *Salix* diverses variétés (saules), d'*Alnus* (aunes), de *Corylus* (noisetiers), ainsi que d'arbustes aquatiques et de *Populus* (peupliers), non loin desquels se dressent trois *Cupressus distichum*. Dans la prairie qui fait face, onze *Populus* (peupliers); plus loin neuf *Fraxinus* (frênes) ; près de la sortie des eaux, trois *Salix* (saules); sur un point de l'aqueduc d'entrée, cinq *Populus* (peupliers de Caroline).

Après avoir franchi la chute d'eau qui se trouve à l'extrémité la plus éloignée du parc, on contourne un massif de *Betula* (bouleaux), d'*Alnus* (aunes), et de peupliers de diverses espèces, à la suite desquels trois cèdres étendent leurs longs rameaux. Le massif, que l'allée transversale sépare, est composé des mêmes essences au milieu desquelles on distingue des épines à fleurs blanches, des *Corylus* (noisetiers à feuilles laciniées), etc. Puis viennent des chênes et des ormes, toujours entremêlés des arbustes énumérés plus haut. Dans cette partie de la pelouse s'élèvent un acacia pyramidal et un cèdre de l'Atlas planté isolément. D'une éclaircie qui sépare le massif précédent, une magnifique perspective s'étend jusqu'au delà du parc sur les habitations groupées aux environs de la pointerie, véritable petite ville industrielle.

Le massif suivant composé de *Populus* (peupliers), d'*Alnus* (aunes), de *Fraxinus* (frênes), d'*Acer* (érables), de sycomores mélangés à des *Corylus purpurea* (noisetiers à feuilles pourpres), de baguenaudiers, etc., se trouve soutenu du côté de la pelouse par un *Betula alba pendula* (bouleau commun pleureur) et par un *Mespilus linearis* (épine linéaire).

Le côté opposé de l'allée est garni de sorbiers, de catalpas, et autres arbres résineux et à feuilles persistantes, de première grandeur ; et pour dissimuler la tour qui sert d'habitation au concierge, vingt-neuf épicéas d'une végétation remarquable. Partout un lierre épais grimpe le long des murailles du parc, en cache les pierres et ajoute à leur solidité.

Sur les bords de la vaste pelouse du centre s'élèvent cinquante *Pinus nigra Austriaca* (pins noirs d'Autriche). A leur tête, un vaste tremble laisse pendre ses rameaux mobiles, un peu plus loin, un orme d'un caractère analogue.

En continuant le chemin de ronde pour revenir au château, on laisse sur la gauche la grande avenue, puis le potager du concierge séparé du chemin par un rideau d'arbres de moyenne grandeur composé de cinq variétés d'alisiers, autant de sorbiers, dix-sept épines à fleurs roses et blanches, doubles et simples, etc., — côté du potager, une rangée de groseilliers à maquereaux dont le type est indigène en cette localité, et de groseilliers sanguins avec ses variétés toutes d'un grand intérêt. La plantation qui ceint, à droite du chemin, la pelouse du sud, est en partie composée d'arbres forestiers de seconde grandeur entremêlés d'*Ilex aquifolium* (houx communs), de *Rhamnus frangula* (nerprun Bourgène), de trente-deux *Hippophæ* (arbousiers) et d'arbustes nains d'espèces variées ; sept acacias pyramidaux vers l'extrémité de la pelouse, large de 45 mètres sur une longueur double, éclairée au bord du chemin de ronde par une ouverture de 18 mètres qui laisse apercevoir trois *Wellingtonia gigantea* (Wellingtonia géants), un groupe de vingt-cinq *Acer negundo folia laciniata* (érables à feuille de frêne laciniées). De ce point, la vue s'étend à travers les deux pelouses jusqu'au kiosque de l'île, au pont suspendu, et même jusqu'à l'usine de Chamesson et aux maisons qui bordent la route de Châtillon à Dijon.

On s'engage ensuite dans l'allée ouverte au pied de la montagne, plantée d'arbres résineux dont les rameaux s'étendent sur la route, et se relient à ceux du côté opposé, provenant d'un imposant massif de chênes, d'ormes, de hêtres, de charmes noisetiers, de saules et autres essences forestières. Dans ce massif, ainsi que dans la portion qui en est séparée par une allée, se trouvent trois *rendez-vous*, ou lieux de repos.

Revenant au château, on rencontre à droite, bordant la pelouse, un massif de 55 mètres sur 5 mètres, planté de marronniers à fleurs rouges et de *Parias*. Arrivé près d'une corbeille d'hortensias d'un effet merveilleux, le regard embrasse la propriété dans son plus grand axe : une immense pelouse vallonnée, le lac, son île et ses deux ponts, le kiosque sur la Seine, les prairies, et la chute d'eau de l'usine, large nappe présentant l'aspect d'un miroir magique, lorsqu'elle est éclairée, le jour, par les feux du soleil, ou par les flammes provenant de l'usine, pendant la nuit.

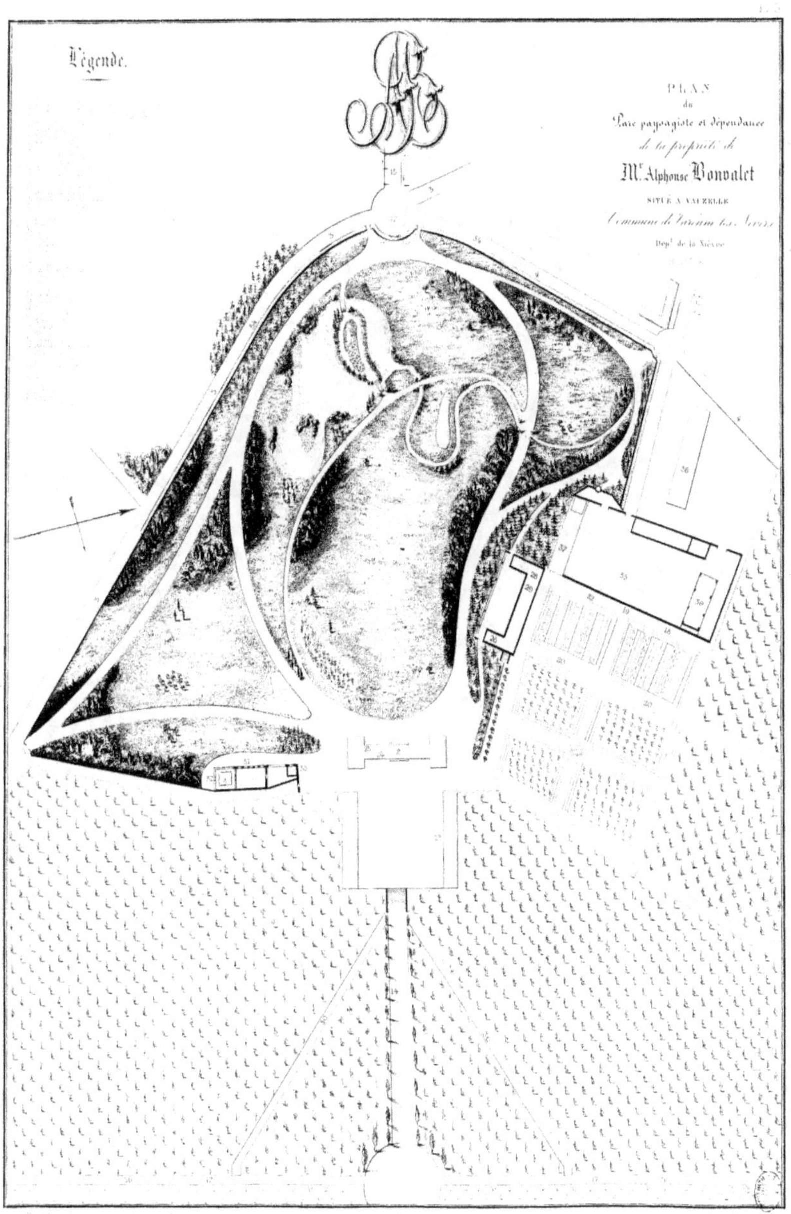

Légende.
PLAN
du
Parc paysagiste et dépendance
de la propriété de
Mr. Alphonse Bonvalet
SITUÉ A VAUZELLE
Commune de Varenne les Nevers
Dépt. de la Nièvre

# PARC

## DU

# CHATEAU DE VAUZELLE

COMMUNE DE VARENNE-LÈS-NEVERS (DÉPARTEMENT DE LA NIÈVRE)

### APPARTENANT A M. A. BONVALET

1857 — 60 — 61

---

Ce parc présente l'aspect d'un vaste parallélogramme, limité d'un côté par le chemin vicinal de Nevers à Fourchambault, qui se dirige du sud-est au nord-ouest; d'un autre côté, par le chemin vicinal de Four-de-Vaux à Vauzelle, du sud-ouest au nord-est; d'un troisième côté, parallèle au premier, par les bâtiments d'exploitation de la ferme, les jardins potagers et fruitiers; enfin, une superbe plantation de vignes, s'échelonnant sur un coteau, achève d'enclore le parc.

Sur le parcours de plus de moitié de son enceinte, règne un saut-de-loup de 2$^m$,60 de hauteur et 4 mètres de largeur, constamment rempli d'eau.

Trois portes donnent accès dans le parc : la première, située au rond-point de Nevers, à l'angle sud-est ; la seconde, au rond-point de l'avenue de Fourchambault, à l'angle nord-ouest, qui se trouve juste dans l'axe de la façade du château ; la troisième, au rond-point de Vauzelle, opposé de la porte de Nevers.

Le château, qui occupe le quatrième angle du parallélogramme, est bâti ainsi que les dépendances, au pied des coteaux couverts de vignes. Ce château n'a rien de monumental. De la position qu'il occupe, on embrasse un panorama ravissant : au loin, entre les montagnes peu élevées du bec d'Allier, la Loire a son confluent avec cette capricieuse rivière ; la riche et belle vallée de Garchisy ; et plus près, le parc que nous allons décrire.

L'entrée principale (*porte de Nevers*) est fermée par une belle grille, appuyée sur les murs de clôture qui s'étendent, à droite, sur le chemin des communs, et à gauche sur la route de Fourchambault jusqu'au saut de loup.

La seconde entrée (*porte de Fourchambault*) se compose de trois portes — une grande, faisant face à l'avenue, avec deux côtés en fer forgé, style Louis XV. Les côtés seuls sont accessibles. L'intervalle compris entre ces trois grilles est occupé par deux corbeilles dissimulant la vue du fossé, ornées de plantes vivaces, hortensias, *Cydonia Japonica* et autres. A cet endroit, sur une étendue de 18 mètres, le talus est couvert d'arbustes, genêts, *genista sibirica*. Sur une longueur de 110 mètres environ de ce lieu à la porte de Vauzelle ; il est bordé d'une inextricable haie d'acacias, de framboisiers odorants, de seringas, de boules de neige, de spirées de diverses variétés et de *potentilla fruticosa*.

Cette ceinture d'arbustes et d'arbrisseaux est doublée, du côté du parc, de sophoras du Japon, d'acacias tortueux et roses, d'épines à fleurs coccinées formant un agréable contraste avec les feuillages de teintes différentes de toutes ces espèces.

Avant de pénétrer dans l'intérieur du parc, traversons la ferme et les bâtiments de l'exploitation agricole, qui sont séparés des bois et des pelouses par une importante plantation de pins noirs d'Autriche. Là se trouvent les bestiaux de premier choix, les volailles primées dans les concours ; le tout destiné aux besoins du château.

Les basses-cours en contre-bas de 4 mètres d'une terrasse de 100 mètres environ, longent le jardin potager, planté de légumes seulement et divisé en deux carrés longs, d'une profondeur de 26 mètres. De cette terrasse, l'œil embrasse toutes les dépendances, les cultures et les plantations étrangères.

Le potager est séparé du jardin fruitier par une allée, ou plutôt par un berceau à l'italienne, de 5 mètres de large sur un parcours de 279 mètres. Le fruitier s'étend entre les pressoirs et le château jusqu'au pavillon de la serre et de l'orangerie. Il est bordé du côté du parc par une avenue de tilleuls, et se compose de quatre divisions au milieu desquelles se trouve un bassin, alimenté par des sources vives provenant des environs des pressoirs. Ce réservoir général distribue l'eau à toute la propriété.

Les quatre parties sont plantées : l'une de pommiers nains, l'autre, de poiriers en quenouille ; les arbres de toute venue, à noyaux et à pepins, pyramidaux, occupent les deux autres parties. Cette disposition a été adoptée pour favoriser le dégagement de la perspective. Le jardin fleuriste avoisine le fruitier et lui sert de bordure.

2

Vue du château, et, pour ainsi dire, à vol d'oiseau, la partie centrale du parc offre l'aspect d'un immense ovoïde, découpé au milieu des pelouses, des groupes et des massifs d'arbres.

Nous allons d'abord décrire la partie du parc détachée de l'ovoïde que nous venons d'indiquer.

Pénétrant dans la propriété par la porte de Nevers, on aperçoit un carrefour de deux chemins dont celui de gauche s'enfonce dans le parc, celui de droite conduit directement au château. La portion de terrain située entre ce chemin et le mur d'enceinte du côté des vignobles est plantée, jusqu'aux bâtiments de la serre et de l'orangerie, d'arbres de première grandeur : ormes, platanes, peupliers baumiers et cotonneux, d'Athènes et d'Italie, plaqueminiers, etc. Au milieu de la pelouse que ce massif protège, se trouvent trois peupliers pleureurs ; et à l'extrémité du gazon s'élève un groupe épais de *sequoia gigantea*. En opposition avec cette partie s'étend une vaste pelouse limitée par trois chemins : celui de la porte d'entrée au château — celui qui de cette même porte pénètre dans le parc — et celui qui, partant du château, va joindre ce même chemin à la hauteur de l'extrémité du lac. L'angle qui fait face à la porte est garni d'arbres et d'arbustes de moyenne élévation, afin de ne pas arrêter la vue de l'intérieur du parc ; celui qui forme cap sur le château, est entièrement occupé par une magnifique plantation de rosiers ; deux de ses faces ont 25 mètres ; enfin, le plus éloigné est couvert par un massif offrant aussi la forme triangulaire, — 50 mètres de côté sur un chemin et 21 sur l'autre. Des frênes, des platanes, des ormes, des peupliers de différentes espèces, entremêlés de sorbiers qui se retrouvent de l'autre côté, sur le bord de la pelouse du centre, forment le premier plan.

Sur le terrain qui s'étend le long du saut-de-loup, délimité par l'allée de la porte de Nevers à la grille de Fourchambault, on rencontre une plantation de 95 mètres, sur une épaisseur de 10. Ce sont principalement des arbres forestiers et de haute futaie, au milieu desquels se reconnaissent des hêtres, des ormes, des aulnes, des ailantes, des saules, à feuilles argentées, des peupliers du Canada, des tilleuls, des platanes, etc. A la suite, et sur une égale étendue, un bois d'arbres résineux qui se continue dans la plaine par delà le saut-de-loup et le chemin vicinal de Nevers à Fourchambault. Puis, sur un espace de 28 mètres, entre le bois et le pont de Fourchambault, au rond-point, des arbustes d'un mètre de hauteur, à l'effet de ménager une perspective plus vaste sur les prairies qui se trouvent au delà de la propriété à laquelle elles appartiennent.

En se dirigeant du rond-point vers la porte de Vauzelle, on rencontre une portion du parc, détachée de la partie centrale par la grande allée circulaire qui ramène au château. Les massifs étendent leur ombrage épais sur les deux allées qui le contournent, l'une en longeant le fossé du chemin vicinal de Four-de-Vaux à Vauzelle ; l'autre desservant la ferme, les bâtiments d'exploitation, et le château par la porte de Vauzelle. Les essences dominantes dans cette partie du bois, ainsi que sur la partie de terre qui borde le saut-de-loup depuis la porte de Vauzelle jusqu'à celle de la ferme, sont des chênes, des peupliers, des cerisiers sauvages, des mélèzes, des cytises et des seringas, etc. Dans le gazon, trois catalpas, des *virgilia lutea*.

Étudions maintenant la partie centrale du parc.

Partant du pavillon nord du château, et s'engageant dans la grande allée, on a sur la droite la plantation de pins noirs d'Autriche qui masquent les bâtiments de l'exploitation agricole ; et, sur la gauche, servant de ceinture à une portion de l'immense pelouse, un fourré d'arbres élevés dont les rameaux s'étendent sur l'allée qu'ils couvrent entièrement. Ce massif de haute futaie règne sur un parcours de 175 mètres et domine différents groupes d'arbustes et arbrisseaux de nos forêts et des pays étrangers.

A l'extrémité de cet épais rideau de verdure se trouve l'issue des eaux du lac, dont le ruisseau, après avoir serpenté au milieu de la pelouse, court se perdre dans le saut-de-loup du côté de la porte de Vauzelle. Ici prend naissance un sentier qui, après avoir côtoyé le lac, retourne vers le château. Au même endroit, une corbeille de plantes vivaces ; un peu plus loin, enclavée entre le sentier et les sinuosités du ruisseau, une autre corbeille de 50 mètres de longueur sur 7 mètres de largeur ; puis, isolé au milieu des gazons, un cèdre du Liban.

Un massif presque au centre de la grande pelouse borde le petit sentier sur une longueur de 60 mètres et une largeur de 10 à 12 mètres ; — ce massif est remarquable comme composition ; il force l'attention à se porter sur l'harmonie de l'ensemble. En avant de ce groupe, on aperçoit un trio de cèdres argentés de l'Atlas ; dans la direction du lac : un groupe de chênes pyramidaux ; près du terre-plein qui s'avance dans le lac : un groupe de hêtres, et du pont en charpente qui donne accès dans l'île : trois ormes rouges.

L'île a 37 mètres de longueur sur 15 de largeur. Du côté du nord, toute la rive est occupée par une corbeille de fleurs ; la rive sud est plantée en *sequoia gigantea* et partie en arbres pyramidaux. La portion centrale est un fourré d'arbustes sur une étendue de 25 mètres. A l'extrémité opposée, un pont en bois de grume. Dans la pelouse à droite un saule pleureur. Vers le milieu de la grande pelouse, un tilleul d'Amérique à rameaux tombants. Le lac a 86 mètres sur 49. Il contient aussi un îlot de rochers sur lesquels on trouve des arbustes à fleurs, et des plantes vivaces de diverses espèces.

Enfin, en suivant toujours l'allée circulaire, on revient vers l'aile sud du château, et l'on rencontre, à l'angle du petit sentier qui conduit au lac, un groupe d'acacias pyramidaux, derrière lesquels se développe, au milieu du gazon, une superbe corbeille de géraniums de 40 mètres sur 8 mètres.

# PLAN GÉNÉRAL

du Parc paysagiste

potager, fleuriste et dépendances

du Château de

## M. le Marquis H. de Ranst de Berchem

situé

à Roquetoire, Arr.t de St Omer, Canton d'Aire

Pas de Calais

PARIS le 1.er Décembre 1857

# PARC

## DU

# CHATEAU DE ROQUETOIRE

ARRONDISSEMENT DE SAINT-OMER, CANTON D'AIRE (PAS-DE-CALAIS)

APPARTENANT A M. LE MARQUIS H. DE RANST DE BERCHEM

1859

La terre de Roquetoire, d'une étendue considérable, appartient à une famille du Nord, dont l'origine se perd dans les âges. Le château est entouré d'eau ainsi que la cour d'honneur, dans laquelle se trouvent les écuries et remises; au centre de cette cour, un puits artésien. Les tilleuls plantés en double rang de chaque côté, de même que les oasis de troënes qui les reliaient entre eux, ont été enlevés pour faire place à une grande et vaste cour carrée longue; des sentiers sinueux, pratiqués sur les tertres, permettent la circulation et la culture jusqu'aux bords des eaux; des groupes d'arbres d'espèces nouvelles, ainsi que divers yonca, peuplent les gazons.

Passant sur un ancien pont reconstruit sur des plans nouveaux, on arrive à la première cour, où commence une avenue de *Populus fastigiata* qui s'étend à un kilomètre et a son entrée par une immense partie circulaire, au bord de la route de Roquetoire à Aire. Un garde, habitant l'un des pavillons, fait le service des barrières. L'avenue a 25<sup>m</sup>,50 de large, et occupe toute la largeur du château; les contre-allées ont 11 mètres.

L'entrée principale, sur le rond-point de la première cour de 47 mètres, est fermée par une grille Louis XV et par un pont jeté sur le saut-de-loup qui entoure la propriété; deux pavillons, peu importants et d'un bon style, servent à la fois de perspective des divers points du parc et d'habitation de gardes et de jardiniers.

En faisant la visite du parc, au sortir de la cour d'honneur, on trouve : à droite, les dépendances auxquelles nous reviendrons; à gauche, la première partie des promenades. Le premier groupe, composé sur le premier plan de marronniers, plantation d'anciens arbres, sous lesquels divers *Ilex*, troënes du Japon, Fusains, Spirées, et un assez grand nombre d'arbres variés entourant un lieu de repos; en face *Acer* à feuilles panachées, un *Populus fastigiata* qui se confond avec ceux de l'avenue. Le massif qui se trouve entre ce pont et le pavillon du garde est planté en Catalpas, Cytises des Alpes, *Quercus Ilex*, Spirées diverses variétés, et un grand nombre de plantes vivaces. Celui qui s'étend le long du saut-de-loup jusqu'à la ferme du parc, a pour premier plan des Sophora du Japon, quelques *Populus nivea*, des *Viburnum opulus*; le long des gazons, divers arbustes : lilas, seringas. Vers la ferme, où une partie des anciennes plantations ont été conservées, des *Mespilus pyracantha*; près du kiosque, trois *Quercus fastigiata*; isolé au delà de l'allée principale, un *Ulmus fastigiata*.

Pour dissimuler la ferme, j'ai planté quatre-vingts cèdres du Liban, les premiers réunis dans un parc paysagiste, sur un seul point en grande quantité, où ils produisent des effets grandioses et imposants. Un grand nombre d'arbustes ont été ajoutés aux arbres d'ancienne plantation qui se trouvent sur cette partie, sur les bords des prairies une série de *Mespilus crus Galli* qui, en fleurs et en fruits, sont d'un effet très-gracieux; trois cèdres de l'Atlas et trois *Robinia pyramidalis*. Ce groupe isolé d'essences d'arbres variés est occupé par des peupliers d'Italie, du lac Ontario, vingt-huit sorbiers des Oiseaux, seize de Laponie; l'intérieur est garni de divers arbustes : les plus rapprochés des prairies sont des genêts d'Espagne; à l'intérieur, des cornouillers sanguins et des genévriers, afin d'amener les oiseaux sur ce point et de favoriser les chasses.

Les plantations qui se trouvent opposées à celles du lieu de repos des marronniers à fleurs blanches, sont des marronniers à fleurs rouges, dont la végétation plus faible et la nuance du feuillage plus prononcée, font opposition aux premiers. Au deuxième plan on trouve divers arbustes : des *Wagilia rosea*, qui, dans cette localité, prennent un développement considérable; du côté des prairies, des *Acer negundo* à feuilles panachées de blanc; on y voit aussi l'*Acer platanoides* à feuilles panachées; de nombreuses plantes vivaces garnissent la base de ces arbres et arbustes; quarante-six *Abies Canadensis*, un beau *Fagus purpurea* sont placés du côté opposé aux écuries, sur la pelouse.

La corbeille qui se trouve dans la prairie est plantée en rosiers cent feuilles; au centre du petit groupe isolé, est un lieu de repos appelé celui des enfants, à cause d'un volumineux marronnier qui s'y trouve, et sous lequel la famille actuelle se livrait autrefois aux jeux enfantins de leur âge; quelques arbres de deuxième grandeur sont venus remplir les lacunes que les branches du marronnier se sont refusé de combler. Des *Pyrus japonica*, des *Indigofera dosua*, des *Althea*, des *Coronilla* emerus, des *Pyrus Japonica* complètent l'intérieur de ces plantations et protégent les visiteurs qui se reposent en cet endroit.

Le sixième groupe est de la plus heureuse composition. On aperçoit au premier plan des *Liriododendrum tulipifera*, des *Koelreuteria paniculata*, des épines à fleurs doubles blanches et roses, soixante érables negundo à feuilles laciniées de blanc, des *Corylus purpurea*, un grand nombre de *Berberis purpurea*, des *Potentilla fruticosa*, des spirées à fleurs doubles. Tout cet ensemble en fait un tableau féerique.

Cinquante-neuf pins d'Écosse s'élèvent sur la pelouse opposée et relient l'harmonie de l'ensemble ; un *Taxus fastigiata* est placé isolé pour dégager ce que pourraient avoir de sévère ces arbres résineux, traversés par un sentier qui conduit au kiosque.

Opposé au groupe parmi lequel dominent les *Betula alba*, des *Viburnum opulus*, les *Corylus* et divers arbustes, se trouve un kiosque d'un grand mérite, construit en bois en grume du meilleur goût, ayant un premier étage, où on arrive par un escalier extérieur.

La partie plantée, de l'autre côté de l'allée principale, est garnie de chênes et d'autres arbres de nos forêts, des noisetiers, charmes, des houx, et cela jusqu'au saut-de-loup qui entoure le parc.

Au carrefour du pont du marais, le premier groupe est occupé par des *Populus nivea*, des *Sambucus* à feuilles panachées de blanc et de jaune, des *Viburnum opulus*, des érables negundo à feuilles laciniées et autres arbustes à feuilles et fleurs blanchâtres, afin d'allonger la perspective vers cette partie du parc qui se trouve près du pont du marais. Le massif opposé a pour premier plan des *Gingko biloba*, *Liquidambar styraciflua*, des chênes écarlates *quercus* et divers arbustes à feuilles rougeâtres ou pourpres.

Sur le bord des eaux, près le pont des Tamarins, sont d'autres plantes à rameaux sarmenteux recouvrant en partie les roches qui accompagnent les culées du pont. Un canal souterrain conduit les eaux étrangères au point où l'excédant du lac suit son cours pour arroser les prairies du marais.

Nous suivrons l'allée de première classe et remarquerons, dans la composition du groupe traversé par le chemin des deux ponts, une partie de *Spiræa*, de *Salix argentea*; des *Phlomis fruticosa* aux bords des prairies et plusieurs autres arbustes à feuilles et bois blanchâtres, tels que des *Hyppophæ* et *Eleagnus*; le long du saut-de-loup, jusqu'au chalet du marais opposé sur la pelouse, des *Fagus purpurea* et autres variétés ; un grand nombre d'espèces de *Salix* à feuilles cotonneuses. Ce chalet, où est logé un ancien serviteur, complète la perspective de la cour d'honneur du château.

Trois *Biota aurea* sont placés dans la pelouse pour servir d'échelle à cette partie du paysage ; un bois de diverses essences continue les bords du saut-de-loup, les pelouses et massifs. Dix-huit *Catalpa* isolent la perspective de ce côté.

Une passerelle sans parapet permet d'aborder au pied d'un platane qui a été sagement conservé au milieu des eaux ; les culées de cette passerelle sont garnies de rochers dans lesquels on a planté plusieurs espèces d'*Arundo*; près de là, il se trouve des *Cupressus disticha* en grand nombre, à cause du voisinage des eaux et pour faire contraste avec le château. Le groupe de la pointe contient onze *Tilia argentea*, des hêtres à feuilles pourpres, des spirées à fleurs rouges et blanches choisies parmi les meilleures variétés ou espèces et les plus florifères. A la pointe du chemin, on voit un groupe de huit cents rosiers Général Jacqueminot ; trois chênes pyramidaux servent d'échelle à cette partie du parc. Soixante-onze Pinus de lord Weymouth divisent la perspective sur les communes de Questel.

A l'extrémité de l'allée, soixante-sept *Ulmus fastigiata* sont destinés à augmenter la perspective et à réunir les plantations du saut-de-loup, jusqu'à la porte de Questel, où on a construit une habitation de garde, semblable à celle du Marais.

Les plantations du groupe de la prairie sont composées de *Populus nivea*, *Eleagnus latifolius*, *Hippophæ*, alisiers et de plusieurs autres arbres à feuilles blanchâtres. Une perspective est conservée sur le château ; on a laissé seulement un groupe isolé de divers *Salix Acer platanoïdes* à feuilles panachées, Épines à fleurs rouges et blanches, *Euonimus Europeus* et d'autres arbustes ; dix-huit *Virgilia lutea*, isolés dans la prairie, amènent la vue sur les massifs plantés de grands arbres qui se trouvent au bord du chemin.

Avant d'arriver au pont de la Morande, de l'autre côté du château, pour rentrer, on traverse une forêt de *Taxodium distichum* et *sempervirens*. Près du pont du parc, opposé au château, on a placé une corbeille de fleurs de saison et quelques arbres résineux de variétés nouvelles. Au delà du saut-de-loup qui entoure la propriété, un verger de fruits choisis s'étend jusqu'aux dépendances contre lesquelles sont adossées les serres ; en face se trouvent le fleuriste, le jardin potager et fruitier.

Cette création contient 48 hectares 84 ares, elle est entourée d'un saut-de-loup construit en briques et pierres. On entre au château par trois ponts, et au parc par sept portes, y compris la grille principale.

M. L. de Ranst de Berchem, comte de Saint-Brisson, amateur distingué de végétaux ligneux, a ajouté, à cette composition, diverses essences d'arbres à feuilles persistantes d'introduction nouvelle, qui n'ont pas gêné les grands effets de paysage et d'ensemble.

Dans cette promenade rapide, nous avons passé sur seize ponts ou passerelles, tous d'un grand intérêt et de construction différente. Le parc de Roquetoire se trouve situé sur deux communes, l'une dont elle emprunte le nom, et l'autre que nous avons déjà nommée.

Cette création, commencée le 29 octobre 1857, serait terminée si des événements n'étaient venus jeter le deuil dans cette honorable famille.

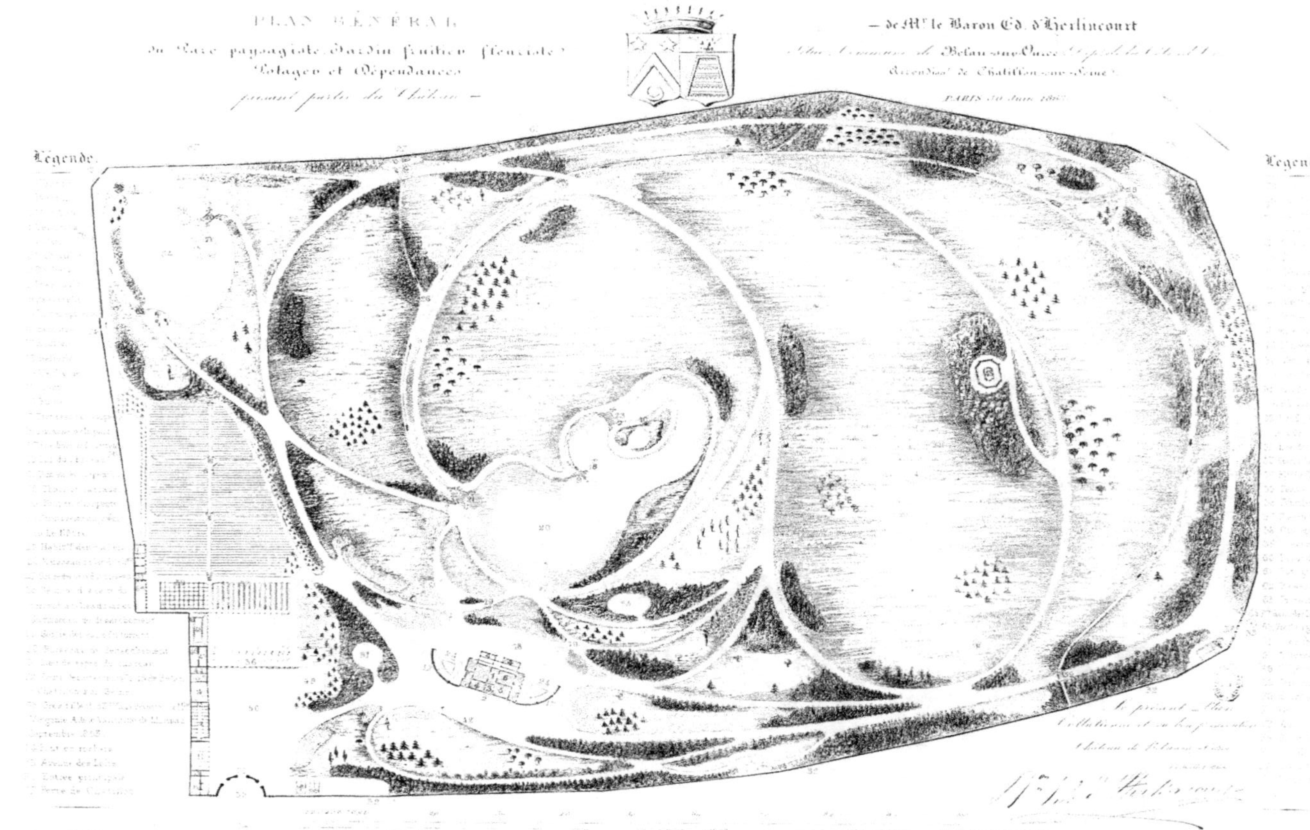

PLAN GÉNÉRAL
du Parc paysagiste, Jardin fruitier fleuriste
Potager et Dépendances
faisant partie du Château —
— de Mr le Baron Ed. d'Herlincourt
situé commune de Belan-sur-Ource
Arrondisst de Châtillon-sur-Seine
PARIS 30 Juin 1865
Légende.
Légende.

# PARC

DU

# CHATEAU DE BELAN-SUR-OURCE

DÉPARTEMENT DE LA CÔTE-D'OR, ARRONDISSEMENT DE CHATILLON, CANTON DE MONTIGNY

APPARTENANT A M. LE BARON D'HERLINCOURT

1863

Ce parc contient 20 hectares, est situé au sud de la commune, se trouve bordé par la route départementale n° 16 de Châtillon-sur-Seine à Bar-sur-Seine, la commune de Belan, le chemin de Touare et celui des Loirs.

L'allée de première classe, large de 5 mètres, a un parcours de 1,360 mètres en longueur, ou 6,800 mètres superficiels, on y arrive par trois entrées principales : la porte de Châtillon, celle de Bar-sur-Seine et celle de la commune.

A la suite de la porte de Bar-sur-Seine sont les remises, écuries et toutes les dépendances, terminées par une importante et belle serre chaude, tempérée et un vaste jardin d'hiver.

L'entrée de la commune est desservie par le jardinier.

Arrivant par l'une des grilles principales de Châtillon, on a, en face, des plantations d'arbres résineux et autres qui défendent la perspective.

Le mur de clôture, sur la route n° 16, est dissimulé en partie par les arbres et arbustes de diverses natures qui composent le massif non interrompu jusqu'à la porte de Bar-sur-Seine. Après avoir franchi le pont du torrent qui permet la passe des eaux provenant des pluies torrentielles, on trouve à droite une partie cultivée en gazon, destinée à prolonger la vue au loin dans le Parc.

L'allée couverte d'arbres de diverses essences protége les promeneurs; sur les bords de ce chemin, à des distances régulières, des *Abies picea* (sapins Epicea) s'alternent avec d'autres arbres à tête ronde, qui, ensemble, sont d'un effet majestueux. Par le carrefour de l'allée de deuxième classe, on arrive au perron du château; celle de gauche conduit au kiosque des Jumeaux, construction placée sur un monticule permettant de dominer au-dessus des parties agricoles les coteaux séparés par ces deux bouleversements du sol.

Peu après, un groupe d'*Abies pinsapo* (sapins Pinsapo), à côté desquels on découvre le lac, le parc en panorama, effet d'optique grandiose et surprenant.

Nous voici arrivés à la terrasse des Balustres; en face, une corbeille de fleurs variées de 16 mètres sur 5; de ce point, la vue s'étend dans la vallée du parc, au-dessus des arbres élevés, jusque sur les paysages extérieurs où l'horizon vient s'arrêter sur le versant du plateau du Biset, coteau ainsi nommé à cause de la commune établie à son sommet, d'où une riche et fertile vallée descend vers le parc et le château.

Allant au kiosque, on rencontre un lieu de repos, appelé Salle de Mademoiselle; auprès du château, une pelouse semée en gazon de la plus belle espèce, se terminant sous des massifs de *Maclura aurantiaca* (maclura épineux), couronnés par des *Quercus ilex* (chênes verts), *Suber* (liége), *Coccifera* (kermès), destinés à dissimuler la clôture qui se trouve sur la route départementale.

Près les dépendances, un vaste emplacement a été réservé pour assister aux leçons d'équitation, en face les écuries et remises, un bel espace destiné au manége.

Le fruitier, placé sur une pente assez sensible, est séparé du manége par un mur d'appui, de manière à ne pas gêner la perspective; contre les anciens murs de clôture dans toute la longueur, jusqu'aux plantations d'arbres et d'arbustes, le long de la route départementale, l'espalier a été conservé et dissimulé. Les volières, les dépendances, la grille principale, semblent reposer sur un tapis vert faisant partie de la grande pelouse, et servent de point de vue du château au pied duquel l'on découvre, en surprise, le lac, le parc dans son ensemble, qui, placé sur un sol inférieur, paraît occuper toute la vallée de l'Ource. Comme le côté opposé, un mur circulaire surmonté de balustres soutient les terres qui descendent en rampes jusqu'au niveau du sol de l'esplanade du château, côté du perron. Ici la vue embrasse la pièce d'eau principale, peuplée de ses îles et îlots; une perspective habilement ménagée conduit le rayon visuel au loin, sous les rameaux des arbres, jusqu'à la base des collines du Biset.

Les divers sentiers, larges de 2 mètres, qui divisent la partie cultivée qui se trouve entre l'esplanade du perron et les eaux, sont destinés à dissimuler la pente trop sensible et escarpée d'une élévation mal comprise que l'on avait faite au moment de la construction de ce vaste et beau château. Des corbeilles de fleurs se renouvelant selon les saisons et des massifs de plantes à feuilles ornementales peuplent ces escarpements, ainsi que des arbres pyramidaux destinés à servir d'échelle, et des *Pinus Australis* (pins des marais) ; trois *Taxodium distichum* (taxodiums distiques), le long du chemin qui conduit aux bords des eaux.

Reprenant la promenade au point où nous l'avons laissée, nous remarquons une salle de 9 mètres sur 7, destinée aux fumeurs, placée au centre d'anciennes plantations, et au bord du grand lac.

L'entrée principale du potager est dissimulée par des arbres résineux et à feuilles caduques. Dans le fruitier, des pommiers nains, tige, pyramide ; des vignes, raisins de choix ; des pêchers, des pruniers et des cerisiers.

Le fleuriste est destiné à la culture des fleurs nécessaires à la garniture des corbeilles et des besoins en général du parc. Au potager se trouvent : melonniers, châssis mobiles, serres hollandaises, orangerie, jardin d'hiver.

L'habitation du jardinier a été placée le long du mur de la rue du Moulin, ainsi que le hangar pour remiser les outils et instruments de jardinage. Aux peupliers qui dissimulent les maisons qui se trouvent de l'autre côté de la rue sont réunis des épicéas, arbres résineux aimant à croître dans la localité.

Le jardin marais est divisé en six parties, au centre desquelles se trouve un bassin alimenté par une source inépuisable qui envoie l'excédant de ses eaux dans les trois autres et les maintient sans cesse au même niveau.

Le chemin de troisième classe conduit au château par le bord des eaux, passant sur un pont suspendu près duquel on aperçoit la chute du lac.

L'allée qui fait suite à ce pont se nomme chemin des Loutres, à cause des quadrupèdes de ce nom qui s'y rencontrent souvent et qui font les plus grands ravages parmi les poissons ; un pont en grume est placé dans un bouquet d'arbres qui, laissant tomber leurs rameaux en tous sens, le dissimule aux promeneurs jusqu'au moment où il leur devient nécessaire pour franchir l'anse et continuer la course jusqu'au pont principal établi en fonte.

Le chemin qui conduit au kiosque de l'île des Loutres nous ramène à un pont en charpente qui, avec le pavillon circulaire construit dans l'île, sert de perspective au château ; des bornes en fer, reliées entre elles par des chaînes, et des blocs de rochers, remplacent le garde-fou. Une belle corbeille de fleurs orne cet endroit. Les culées du pont sont aussi garnies de rochers se reliant à ceux du garde-fou, sans y être adhérents.

Par l'allée venant du château, nous passons sur un pont en pierre dont les rampes sont garnies de balustres.

Le chemin de deuxième classe que nous allons prendre ramène à la terrasse inférieure du château... Ici, le gué au travers duquel passe une partie des eaux excédant du grand lac.

Des massifs à fleurs ne s'élevant qu'à un mètre environ nous laissent apercevoir le lointain.

À la deuxième sortie des eaux du parc, large perspective plantée çà et là de bouleaux à écorce blanche, aux rameaux pendants et au feuillage gracieux et léger. De ce point on découvre la flèche svelte du clocher de la paroisse, à côté duquel se dressent les quatre tours du château nouvellement construit, qui, elles aussi, ont leurs flèches quadrangulaires sous lesquelles on a eu la sainte pensée de conserver une chapelle. Le monde est d'autant plus grand qu'il n'oublie pas que Dieu lui est supérieur !

Ici, les eaux qui arrivent de l'extérieur viennent se réunir à celles du lac du château pour sortir ensemble de la propriété ; deux ouvertures placées près l'une de l'autre nous présentent un tableau d'une grande sévérité, composé d'arbres résineux devant lesquels se trouve une pelouse d'un beau vert, encadrée d'arbres de même espèce ; suivant sous ces beaux ombrages, nous arrivons à la porte de Châtillon.

Avant de continuer notre promenade, sortant du parc par la grille, en avant d'un bel arbre peut-être séculaire, dont la tige ne mesure pas moins d'un mètre de circonférence, en face, entre ses tiges souterraines qui ressemblent en tout à des rochers vivants sortant du sol, vous lirez avec respect sur le bas-relief d'une croix de pierre simple et modeste : « *À la dévotion de mademoiselle Virginie-Adèle-Valentine de Maupas, septembre 1855,* » modèle de charité, de douceur, baronne d'Herlincourt, que Dieu enleva à ses pauvres, à tant d'affections, le 5 août 1861, d'une manière si tragique (au centre des collines de neige et de glace!).

Rentrant au parc, comme nous l'avons dit, allant au château par la terrasse inférieure, à côté du pont du torrent, se trouve la perspective intérieure, la plus étendue de cette création, d'une grande sévérité, sans que l'on découvre aucun objet d'art, pas même le château ; sur le dernier plan, on aperçoit des collines arides couronnées seulement de quelques végétations ; sur leur penchant, un bois d'arbres résineux ; à 45 mètres du pont du torrent, le carrefour de l'allée de deuxième classe.

Sur le tapis vert, un cèdre de l'Atlas, un *Virgilia lutea*, un *Catalpa*.

Ce chemin, comme celui que nous venons de quitter, large de 2 mètres, rejoint ceux du bord des eaux ; à chaque angle, des massifs de fleurs de la plus belle espèce et du plus grand effet.

Isolées et par groupes, çà et là sur les tapis verts des tertres de la terrasse, des plantes à feuilles ornementales, six *Caladium divaricatum*, trois *Bambusa Japonica variegata*, six *Pæonia* (pivoines en arbre), un petit groupe d'*Acanthus latifolius*, une corbeille de *Canna Indica superba*, une de *Canna gigantea*, une autre de *Canna rubra perfecta*.

De chaque côté du château, dans la partie circulaire des terrasses supérieures, des parterres selon le système de le Nôtre ; les orangers placés en quinconces sur la terrasse inférieure ne dominent pas le rez-de-chaussée et le perron du parc, de sorte que des appartements on a le panorama de tous ces précieux végétaux.

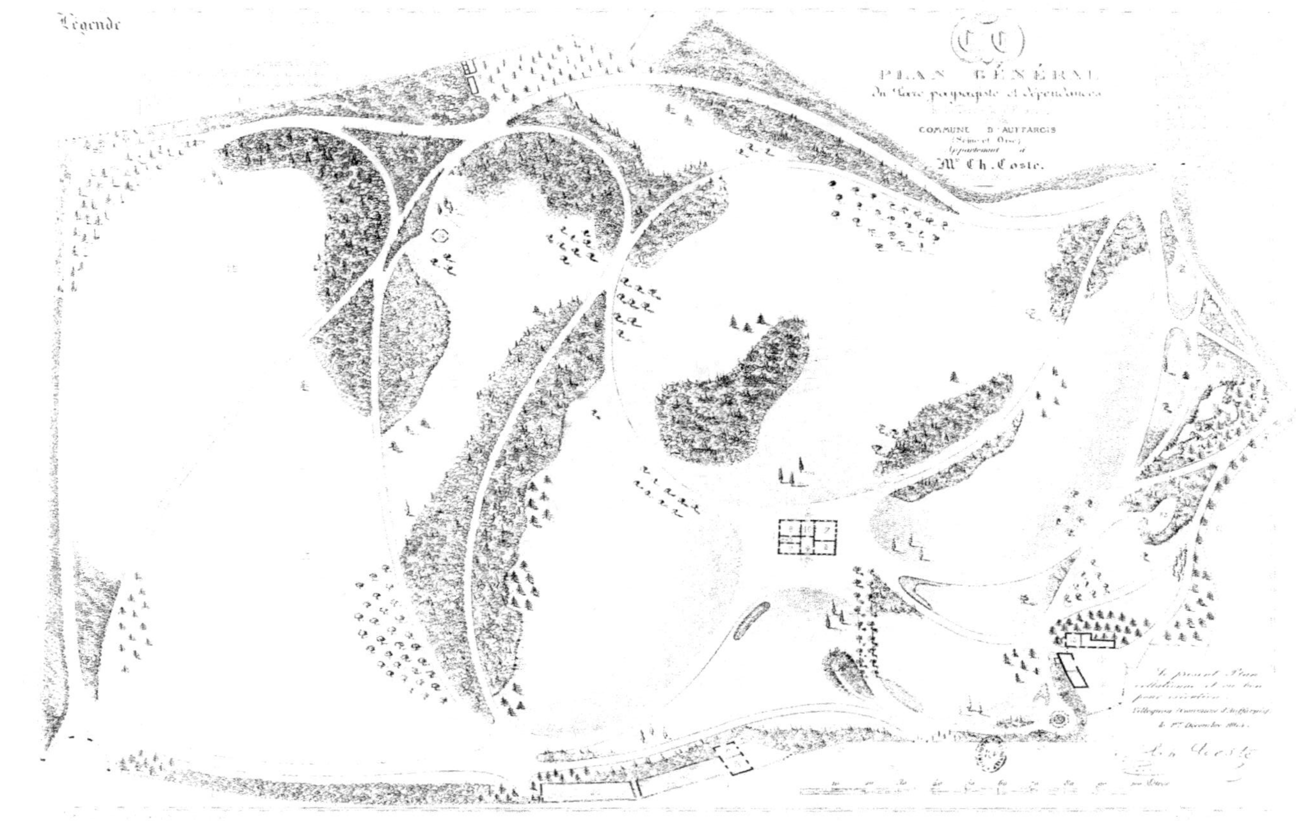

Légende
PLAN GÉNÉRAL
Du Parc paysagiste et dépendances
COMMUNE D'AUFFARGIS
(Seine-et-Oise)
Appartenant à
Mr Ch. Coste.

# PARC DE VILLEQUOY

COMMUNE D'AUFFARGIS, ARRONDISSEMENT ET CANTON DE RAMBOUILLET (SEINE-ET-OISE)

APPARTENANT A M. CH. COSTE

1865 — 66 — 67

Ce parc contient 9 hectares 90 ares 29 centiares; situé à un kilomètre de la forêt de Rambouillet, sur le plateau où sont creusés les rigoles et réservoirs qui alimentent les eaux de Versailles, et à l'origine de la belle vallée d'Yvette.

Cette situation, choisie depuis longtemps par le propriétaire, avait été plantée, il y a dix ans environ, çà et là, en châtaigniers, chênes, bouleaux, saules Marsault et quelques pins sylvestres; aussi des épicéas.

Le sol est formé de diverses déclivités dont la pente se dirige naturellement vers la vallée

Les parties de prairies qui se déroulent sur les versants de ces collines, et qui se continuent au delà de la propriété entourant les mamelons, donnent à cet endroit un caractère grandiose et pittoresque.

Ce parc est limité par le chemin vicinal du Perray à Villequoy et à Auffargis; par le sentier de Villequoy à la fontaine du Houx et à Auffargis; un chemin de Auffargis au Buisson et au Perray; l'autre partie sur le plateau par des terres arables.

Les entrées principales sont : les portes du Perray, de Villequoy, de la Fontaine, d'Auffargis, du Buisson, de la Marche et de l'exploitation agricole. Quatre de ces portes sont carrossables.

L'habitation actuelle étant en dehors du parc, j'ai dû chercher la place de celle à établir, que j'ai mise à côté d'un ancien souvenir des jardins de le Nôtre. L'architecte paysagiste se trouve quelquefois heureux de rencontrer de ces vieux témoins du règne végétal pour accompagner les constructions qu'il a besoin d'élever.

Cette position a été adoptée à cause du voisinage des gros tilleuls, et plus particulièrement pour la perspective qui s'étend dans la vallée. En face, j'ai fait arracher irrégulièrement les bois dans une largeur de 90 à 100 mètres, défricher et défoncer le sol, semer du foin entre les grands arbres isolés qui ont été conservés. Sur ces pentes, se dirigeant vers la vallée à laquelle le parc a été réuni, la vue embrasse les propriétés lointaines, qui toutes ont leurs déclivités opposées au point où nous sommes, et les montagnes boisées du château des Essarts-le-Roi. Au pied de toutes ces collines, l'église, présentée en quelque façon en surprise, semble s'élever du fond et de la source de l'Yvette. Tout, dans cette création, a dû se porter vers ce point comme étant celui qui devait étendre la perspective.

Le long du chemin de Villequoy au Perray, près la ferme particulière du parc, pour dissimuler les bâtiments, quatre *Pinus Pyrenaica* (pins des Pyrénées), *Azacero* (cerisiers du Portugal), *Gleditsia Sinensis* (féviers de la Chine); diverses variétés d'arbustes, *Alnus imperialis* (aune impérial). De ce point à la volière et à la porte du parc, des plantations composées de chênes, bouleaux, châtaigniers et quelques tilleuls; six *Gleditsia triacanthos* (féviers d'Amérique), *Acer Monspessulanum* (érables de Montpellier), *Cytisus* (cytise), *Cercis siliquastrum* (gainiers communs), *Ribes palmatum* (groseilliers odorants ou à feuille palmée), *Buxus Balearica* (buis de Mahon), *Spiræa* (spirées); sept *Phillyrea angustifolia, latifolia* et *linearis* (filarias à feuille étroite, large et linéaire).

De la volière, le long du mur du chemin, jusqu'à la porte de Villequoy (12), seize belles variétés de *Juniperus* (genévriers), parmi lesquels on a planté des *Indigofera dosna* (indigotiers dosna), *Spiræa Douglasii* (spirées de Douglas), *Berberis Nepalensis* (épines-vinettes du Népaul); dix *Maclura aurantiaca* (maclura épineux); cinq *Liquidambar styraciflua* (liquidambar copal).

Et de l'autre côté de cette entrée, une collection de houx greffés, composée de vingt-sept espèces; entre ces arbustes, dix acacias roses nains, la collection complète d'*Althæa frutex*; sur le dernier plan, des *Spiræa* variées, cinq *Catalpa*, trois *Amelanchier Canadensis* (amelanchiers du Canada), dix *Celtis* variés (micocouliers variés), cinq *Syringa Josikea*, lilas à feuille de Chionanthe, vingt-deux *Regia* (Charles X), divers arbustes n'atteignant pas un mètre de hauteur, huit *Diospyros Virginiana* (plaqueminiers de Virginie), cinq *Populus angulata* (peupliers de la Caroline), cinq *Platanus Orientalis* (platanes d'Orient), et plus loin, vingt-deux *Phillyrea* variés.

Le long du mur, cinq *Laurus Colchica* (lauriers de Colchide), huit *Amygdalus* (amandiers), vingt-six *Celtis Australis* (micocouliers de Provence), cinq *Occidentalis* (de Virginie), huit *Pyrus malus spectabilis* (pommiers à fleur double), sept *Cedrus*

*Virginiana* (cèdres de Virginie), *Genista juncea* (genêts d'Espagne), trois *Gymnocladus Canadensis* (bonducs du Canada), quinze *Cratægus glabra* (aliziers glabres), *Rhamnus* (nerprun), *Corylus purpurea* (noisetiers à feuille pourpre), et autres; sur le premier plan en avant, soixante *Hypericum* variés (millepertuis variés), onze *Viburnum Opulus sterilis* (boules de neige), neuf *Phlomis fruticosa* (phlomis frutescent), *Berberis vulgaris purpurea* (épines-vinettes à feuilles pourpres).

Une partie d'anciens bois composés de diverses essences, chênes, bouleaux et châtaigniers exploités en taillis; en avant, des *Cornus sanguinea* (cornouillers sanguins), vingt-huit *Genista juncea*, dix-neuf *Phlomis fruticosa*. L'entrée de l'abreuvoir est plantée en mêmes essences; parmi les arbres forestiers, il a été placé vingt-huit *Carpinus* (charmes), des *Evonymus* (fusains). Afin de protéger ces arbustes des bestiaux qui s'abreuvent en cet endroit, il se trouve une plantation irrégulière d'*Epicea*; le tout sur une pente assez sensible pour donner à cette partie de la composition le caractère pittoresque qui lui convient.

Opposé jusqu'à la porte agricole, diverses essences d'arbres forestiers : sept *Mespilus pyracantha* (buisson ardent), cinq *Pinus sylvestris* (pins sylvestres), destinés, comme les *Épicéas* que nous voyons en face, à garantir les plantes qui se trouvent en arrière ; plus loin, sept *Populus alba nicea* (peupliers blancs de Hollande cotonneux).

De cette porte à celle du Perray, sur une longueur de 150 mètres, des plantations d'essences forestières provenant de la propriété, qui se relient par leur sévérité à celles du bois, et destinées à briser le vent qui souffle avec violence de ce côté pendant une partie de l'année, parmi des houx de la plus grande espèce, et en quantité suffisante pour dissimuler de l'extérieur les personnes qui se trouvent dans le parc.

Près de la porte du Perray, les massifs d'arbres sont terminés par cinq *Pinus nigra Austriaca* (pins noirs d'Autriche) enlacés avec les houx.

Dans la partie agricole de la Marche, sur le bord du chemin, treize *Pinus sylvestris* ayant ensemble un grand caractère. De cette porte à celle du Buisson la plantation est très-heureusement disposée pour limiter l'horizon sur le plateau de Villequoy au Perray. Au premier plan, des *Ulmus campestris* (ormes champêtres), des *Quercus robur* (chênes communs), des *Betula alba* (bouleaux communs); sur le troisième et le quatrième, des *Corylus Byzantina* (noisetiers de Byzance), des *Evonymus Europæus* (fusains communs), *Fructu albo* (à fruit blanc), espèces se développant dans les haies et au bord des bois, quantité de houx qui remplissent la base des tiges; un chemin de 2 mètres conduit, à travers une plantation importante de *Pinus sylvestris*, à la porte du buisson; le sentier, qui y fait suite, nous ramène à l'allée de première classe que nous venons de quitter; en le suivant, on arrive bientôt dans le bois au hameau de la Marche, constructions pittoresques couvertes en chaume adossées à la montagne plantée d'essences forestières.

Ici le chemin qui conduit au Belvédère, d'où la vue s'étend sur l'église, les habitations de la commune, le petit chemin d'Auffargis aux Essarts-le-Roi, tracé dans les coteaux boisés. La situation de ce lieu de repos est admirablement choisie, dominant les taillis du parc.

Le bois continue jusqu'à la porte principale d'Auffargis avec quelques éclaircies pour égayer les tableaux.

Par le chemin de deuxième classe, en traversant des plantations nouvelles, le grand tapis vert et une partie des bois sur les versants des collines, on arrive sur le point culminant où se trouve le château.

L'allée de première classe nous ramène à la porte de la Fontaine, suivant une pente assez sensible protégée par des *Pavia rubra* (paviers à fleur rouge), des *Paulownia*, des *Virgilia lutea* (virgiliers à bois jaune), ainsi que par d'autres arbres-tiges, par les massifs qui sont près de la pièce d'eau et celui du grand lieu de repos.

Sur les tertres qui séparent le sentier de la fontaine du houx de l'allée de troisième classe du parc, se trouvent des châtaigniers, chênes, bouleaux, un groupe de houx indigènes à cette localité, ce qui fit donner ce nom à la fontaine, parmi lesquels j'ai ajouté des *Epiceas*, et sur les parties plantées nouvellement, des *Pinus Strobus* (pins du lord Weymouth; derrière les bâtiments, des *Pinus sylvestris*.

Du lieu circulaire appelé le Hameau, à cause de sa position élevée qui permet de découvrir les constructions pittoresques qui se trouvent à la petite porte de la Marche, pour reprendre celui de la Fontaine, on passe près des corbeilles de fleurs variées. La pièce d'eau irrégulière, située à mi-côte, entre le lieu de repos circulaire et celui oviforme de Villequoy, semble suspendue au-dessus de tout ce soulèvement du sol.

Le long du chemin de la Fontaine, le dessus de la pièce d'eau est planté de *Maclura aurantiaca* (maclura épineux), *Cupressus distichum* (cyprès chauve), *Quercus ilex* (chênes verts), *Suber* (liéges), *Cephalotaxus, Tamarix;* diverses variétés de plantes grimpantes garnissent les rochers placés naturellement entre ces arbres et arbustes, dix *Abies alba* (sapinettes blanches), neuf *Larix* (mélèzes) divers *Pavia* (paviers) et quelques *Taxodium sempervirens* (T. toujours vert).

Cette composition, d'un grand effet naturel, est une œuvre d'une simplicité et d'un pittoresque remarquables.

Il semble que cet emplacement ait été préparé par un soulèvement du sol, laissant ces mamelons recouverts d'une assez grande quantité de terre végétale pour recevoir les plantes de diverses natures enlacées dans les blocs de meulière.

En avant des *Pinus sylvestris*, placés pour dissimuler l'habitation du garde et la ferme particulière du parc, sur la partie élevée, neuf *Tilia argentea* qui amènent de différents points la vue vers cet endroit.

Dans la prairie, pour cacher l'entrée de la ferme, six *Épicea*, qui, par leur position, servent d'échelle aux promeneurs qui se trouvent au pied des collines et font repoussoir vers les neuf *Tilia argentea* (tilleuls argentés).

# PLAN
du Parc-paysagiste et de ses Dépendances
avec les Constructions nouvelles
créé
à la Propriété de
## M. le Baron Salomon de Rothschild
Situé à SURESNES (Seine)
1854.

# PARC DE SURESNES

DÉPARTEMENT DE LA SEINE, ARRONDISSEMENT DE SAINT-DENIS

APPARTENANT A M. LE BARON SALOMON DE ROTHSCHILD

— 1854 —

Cette propriété isolée, ayant pour limites la route de 1re classe n° 187 de Suresnes au pont de Neuilly, et sur ses trois autres côtés les rues de Seine, de Neuilly, du Baron, contient 26 hect. 49 ares 50 cent.

Le nom du propriétaire nous dispensera d'entrer dans de grands détails, les travaux ont la splendeur de la fortune du grand capitaliste.

J'ai lu, il y a bien des années, dans un journal, que pour obtenir une belle pelouse de gazon, on avait, dans cette propriété, placé à 1 mètre du sol, sur une surface de plusieurs hectares, une table de plomb sur laquelle était posé avec ordre un nombre considérable de tuyaux de même métal de diverses dimensions, terminés par des gerbes, petits et grands jeux d'orgue, lançant l'eau en diverses directions et en des sens plus variés, recouverts de terre végétale semée en gazon. Ces pelouses devaient être les plus belles connues.

Hélas! des événements trop douloureux sont venus, non pas comme dans d'autres familles, renverser cette fortune, mais briser, dévaster, incendier cette splendide demeure. L'ordre rétabli, un décret du gouvernement accorda des indemnités aux victimes, avec prières de faire disparaître immédiatement toutes les traces de ces dévastations.

M. le baron Salomon de Rothschild vint me chercher pour indiquer la place la plus convenable afin de reconstruire une nouvelle demeure. Je levais le plan général de la propriété avec ses détails, sur le même périmètre, j'étudiais la composition et fixais la construction.

Mes études d'ensemble terminées, je réunis toute cette terre végétale, et sur cette même planche de 19 hectares environ, je rétablis le système d'arrosement, les robinets, les dépendances, les ponts, les volières, etc.

L'entrée sur le quai de halage fut reportée à l'angle de la rue; à cet endroit, vingt et un *Wellingtonia gigantea* (sequoias gigantesques), pour dissimuler la base des machines hydrauliques ainsi que les bâtiments de service, trente-huit *Cedrus Libani* (cèdres du Liban); un sentier de 2 mètres conduit aux fleuristes, aux potagers et aux serres de diverses classes, 15 pièces d'eau circulaires, alimentées par la vapeur, fournissent l'eau nécessaire aux plantes. Dans la longueur du potager, un espace a été réservé pour les mélanges de terre, les tuteurs, le dépôt des châssis et des serres portatives; des arbres de moyenne grandeur dissimulent ces magasins aux promeneurs de l'allée du Parc-aux-Cerfs, à l'extrémité de laquelle sont plantés cinquante-neuf *Pinus sylvestris* (pins d'Écosse).

Le principal réservoir construit en fer battu, établi sur une élévation, cube 900 mètres; il est toujours tenu à la même hauteur, à l'aide de la machine hydraulique prenant l'eau à la Seine; des plantations en amphithéâtre sur les tertres le cachent complétement.

Dans la pelouse, vingt-sept *Larix Europæa* (mélèzes d'Europe), ajoutant au pittoresque; plus rapprochée du château, une corbeille de fleurs se renouvelant selon la saison.

Au côté opposé du réservoir, un rucher auquel on arrive par un sentier de 1 mètre 60, garni vers le chemin circulaire de houx de première grandeur et des plus belles variétés, en avant des *Lauro Colchica* (lauriers de Colchide), et sur le bord du chemin des *Mahonia aquifolium* (mahonias à feuille de houx), *fascicularis* (à fleur fasciculée), etc.

Dans la pelouse principale, dix *Quercus fastigiata* (chênes pyramidaux) et le même nombre de *Paulownia imperialis* (paulownias impériaux). A la pointe du grand chemin qui conduit à la grotte du chalet, vingt et un *Phillyrea crispa* (filarias à feuille crispée); le groupe sur le bord du chemin, en face le sentier du chalet, est peuplé d'*Elæagnus angustifolia* (chalefs-oliviers de Bohême), *Hippophaë Canadensis* (argousiers du Canada), *H. rhamnoïdes* (a. rhamnoïdes), groupe bien placé, allongeant la pelouse vers cette extrémité.

Dans le tapis vert, avant d'entrer sous la grotte, quarante *Pinus Strobus* (pins du lord Weymouth). Je donnerai les détails de ce véritable monument souterrain, sur la gravure qui sera publiée à la fin de cet ouvrage.

L'autre côté est occupé par neuf *Alnus fastigiata* (aunes pyramidaux), et vingt-deux *Cedrus argentea* (cèdres argentés de l'Atlas), les arbres isolés sont des *Populus fastigiata* (peupliers d'Italie).

Toutes les plantations qui bordent le chemin du chalet à l'avenue du Parc-aux-Daims, sont d'arbres de première grandeur, parmi lesquels dominent les *Populus alba nivea* (peupliers blancs cotonneux), côté du gazon des *Salix argentea* (saules argentés), *pentandra* (à feuille de laurier), des *Sambucus nigra laciniata* (sureaux communs à feuille laciniée), quatre-vingts *Phlomis fruticosa* (phlomis frutescents), dix-neuf *Tilia Americana argentea* (tilleuls d'Amérique à feuille argentée), dix *Sorbus* (sorbiers de diverses espèces), *Alnus glutinosa imperialis aspleniifolia* (aunes impériaux à feuille de fougère) ; à l'intérieur seize *Sambucus nigra laciniata*. Le côté opposé de l'allée est occupé par vingt-trois *Platanus cuneata* (platanes à feuille en coin), seize *Diospyros Lotus* (plaqueminiers d'Italie), et douze *Virginiana* (de Virginie), dix variétés de *Populus* (peupliers), ensemble trente-neuf sujets, cent cinquante *Corylus purpurea* (noisetiers à feuille pourpre), sept *Juglans Americana nigra* (noyers d'Amérique noirs), cinq *Pavia lutea* (paviers jaunes), neuf *Robinia glutinosa* (Acacias glutineux) ; de 0<sup>m</sup>,60 à 1 mètre de distance, des arbres variés aimant à croître protégés par des sujets plus élevés.

De l'avenue au lac, sur les bords des tapis verts, cent cinquante-cinq *Pinus nigra Austriaca* (pins noirs d'Autriche), présentant de cet endroit éloigné l'aspect du calme et de la solitude.

Encore un de ces obstacles si fréquents dans les propriétés anciennes, une double avenue, n'ayant pas de raison d'être et qu'il a bien fallu conserver ; ayant placé le Parc-aux-Daims sur l'un de ses côtés, elle est restée moins ridicule ; un hangar en grume a été construit pour servir d'abri à ces animaux, ainsi qu'un râtelier couvert ; l'abreuvoir est entouré d'un côté par quelques rochers ; huit *Salix Babylonica* (saules pleureurs) et les divers arbres qui se trouvent le long du mur achèvent de donner à cette partie le vrai caractère de nos forêts.

Les six plates-bandes qui font suite aux potagers, avec celles qui longent le parc, sont consacrées aux arbres fruitiers de choix.

Dans la pelouse qui se trouve à la suite de l'avenue et qui s'étend vers l'orangerie, neuf *Catalpa* tige, vingt et un *Wellingtonia gigantea* (sequoias gigantesques), dissimulent en partie le bâtiment afin de le présenter en surprise ; la plupart des études de cette composition ont été dirigées vers ce but. Le massif qui s'étend jusqu'au bord du chemin est planté d'arbres de première grandeur, *Pavia rubra* (paviers à fleur rouge), *Quercus rubra* (chênes rouges), *Gymnocladus Canadensis* (bonducs du Canada), *Betula papyracea* (bouleaux à papier), cinq *alba laciniata* (communs à feuille laciniée) ; sur la pelouse, trois *Viburnum opulus sterilis* (viornes boules de neige), huit *Salix alba* (saules communs), divers arbustes variés. De l'autre côté jusqu'au mur, des *Alnus glutinosa* (aunes communs), accompagnés d'un grand nombre d'essences forestières s'élevant à diverses hauteurs ; derrière l'orangerie, le chemin de la glacière est planté de même.

Les seize arbres qui se trouvent dans la grande pelouse de la façade principale, sont des *Quercus suber* (chênes-liéges) ; celui à tête ronde plus rapproché de l'esplanade est un *Pavia lutea* ; les quatorze qui sont à peu près au centre sont des *Catalpa bignonioides* (catalpas communs) ; dix-neuf *Pinus cembro* (pins Cembro) occupent l'intervalle principale allant au château. Les massifs de l'allée transversale sont composés par des *Robinia hispida* (robiniers roses), tige et nain, des *Vitex Agnus castus* (gatilliers communs), des *Hippophæ* (argousiers), cinq *Cratægus Aria* (aliziers blancs), *Aria latifolia* (de Fontainebleau), *Aria Nepalensis* (du Népaul). L'intérieur de ces groupes est garni de *Spiræa* (spirées) plusieurs variétés ; celui de la petite pelouse possède quatre *Amygdalus communis flore pleno*, trois *glandulosa*, sept *Georgica*, et la collection complète d'*Althæa frutex*.

L'extrémité, en face le chemin des volières, est plantée en *Rhamnus frangula* (nerpruns bourgènes) ; sur le bord des gazons des *Alpinus*, au même point, dans la petite pelouse, treize *Phillyrea angustifolia* (filarias à feuille étroite), *media* (moyenne), *latifolia* (large), au carrefour des allées du lac, toujours sur ce même tapis vert, vingt-deux *Abies nobilis* (sapins nobles), et quarante-quatre *spectabilis* (à cône pourpre), soutenus par diverses essences à feuilles caduques qui s'étendent jusqu'aux bords des eaux, dans lesquels j'ai fait un îlot occupé seulement par un magnifique platane garni de lierre ; une passerelle sans garde-fou permet d'arriver jusqu'au pied de cet arbre.

Une corbeille d'hortensias laisse apercevoir les eaux et le port, et cela en surprise ; près du pont un lieu de repos.

Les bords des eaux sont partout entourés de rochers, peuplés de *Rubus fruticosus flore albo pleno* (ronces communes à fleur blanche double), de *Hedera Helix folio cariegato* (lierres grimpants à feuille panachée), de *Periploca Græca* (periploca de la Grèce), *Clematis Viticella* (clématites bleues). La corbeille de fleurs est composée de plantes vivaces.

Reprenant la promenade se dirigeant vers l'orangerie, les plantations qui se trouvent sur la glacière longeant la rue de Neuilly sont la suite de celles qui existent derrière le Parc-aux-Cerfs et de même essence ; sur le premier plan, des *Ulmus* (ormes de toutes espèces), des *Acer* (érables de plusieurs variétés), des *Diospyros* (plaqueminiers), des *Celtis* (micocouliers), et quantité de *Spiræa*, *Syringa* (lilas), *Philadelphus* (seringas), *Viburnum opulus sterilis* ; sur le bord du chemin des *Mahonia*.

Le massif du Parc-aux-Vaches devant être aperçu de différents points, est composé d'arbres élégants ne dominant pas ceux qui se trouvent le long du mur, ce sont : des *Catalpa*, des *Sorbus*, des *Mespilus crus galli* et autres.

Un groupe occupant l'un des carrefours aux neufs chemins, est planté de soixante *Abies nobilis*.

M. le baron Salomon, voulant qu'après lui cette propriété qu'il affectionnait à si juste titre, restât telle qu'il l'avait créée, en fit don à son frère James, qui, comme tous les hommes ne sont pas exempts de faiblesse, eut celle d'arracher tous ces beaux et magnifiques arbres, de les emporter à l'une de ses propriétés, où il a fait bâtir un palais.

Que n'ai-je eu assez d'autorité !

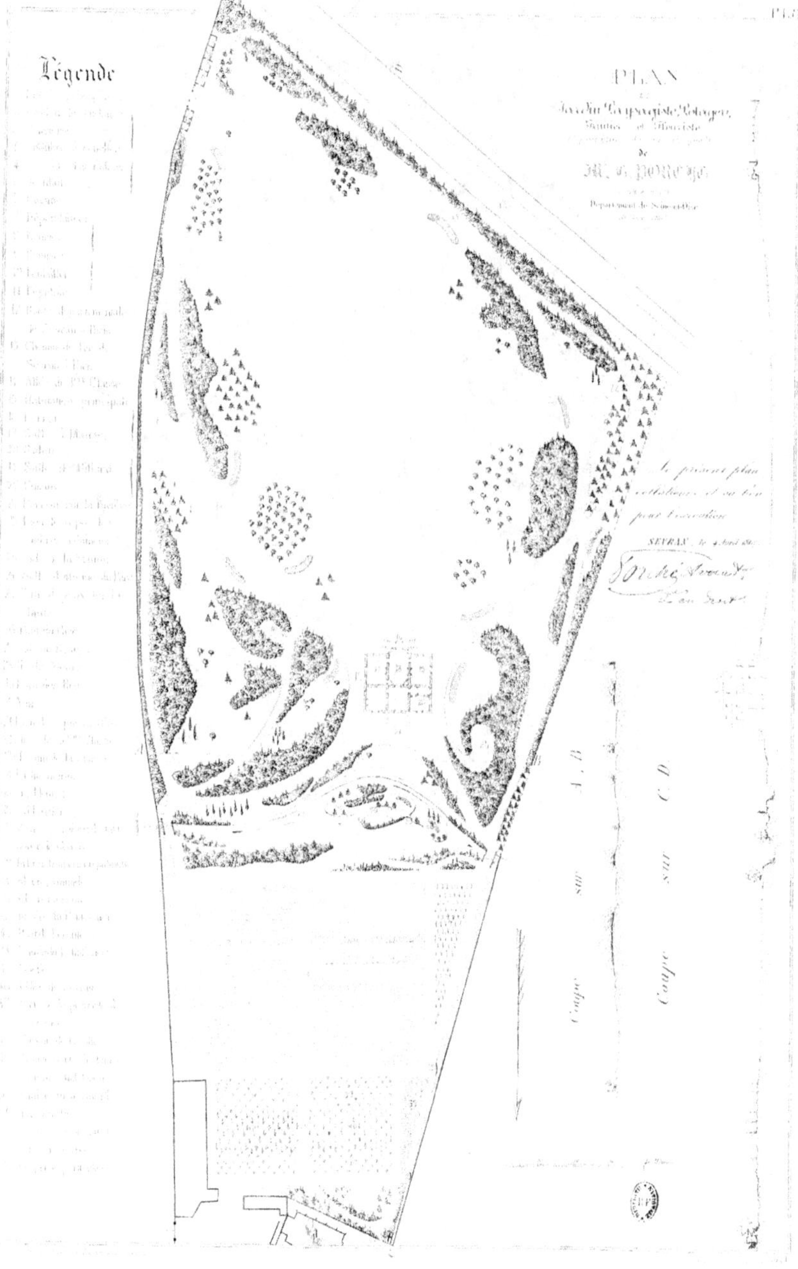

Légende
PLAN
SEVRAN
Coupe sur A.B
Coupe sur C.D

# JARDIN PAYSAGISTE

SITUÉ, DÉPARTEMENT DE SEINE-ET-OISE, ARRONDISSEMENT DE PONTOISE, CANTON DE GONESSE, COMMUNE DE SEVRAN,

APPARTENANT A M. E. PORCHÉ

— 1867 —

Bel exemple d'un jardin contenant 2 hect., 79 ares, 52 cent.

M. Porché, dans sa sagesse et en homme de goût, désirant remplacer l'habitation de famille, vint me consulter pour connaître l'emplacement où elle serait le mieux située.

Je choisis le centre d'un bois dessiné selon le système de le Nôtre ; les perspectives bien étudiées, je fis couper les arbres, réservant quelques sujets en groupe, ou isolés ; la jolie rivière du Petit-Souci a été modifiée et divisée, les terre-pleins ont produit une île des plus agréables, sur laquelle il a été créé des lieux de repos, plantés des arbres résineux et à feuilles caduques ; un pont gracieux relie les deux parties auxquelles ou n'arrive qu'à l'aide d'un bateau.

Du perron, la vue s'étend au-dessus des pelouses, vers la grille d'entrée, et au delà de la voie ferrée vers des collines lointaines et boisées, ornées d'une tour pittoresque.

Dirigeant la promenade à droite :

Dans la grande pelouse une corbeille de fleurs de 4 mètres 40 de long sur 1 mètre de large, en avant, huit *Virgilia lutea ;* les trois arbres pyramidaux sont des *Quercus fastigiata* (chênes pyramidaux); ceux à tête ronde, au nombre de vingt-huit, sont des *Catalpa.* Arrivant vers l'entrée principale, le massif bordant le chemin est occupé, sur le premier plan, de *Paulownia impe-rialis* (paulownias impériaux), de *Cerasus hortensis flore pleno* (cerisiers à fleurs doubles), cinq *Gymnocladus Canadensis* (bonducs, chicot du Canada) et différents arbustes à feuilles caduques.

La corbeille entre les deux massifs est composée de rosiers, souvenir de Malmaison ; viennent ensuite des plantations, parmi lesquelles dominent des *Betula alba,* arbre prenant un joli port dans cette localité.

En avant du massif, soixante-trois *Viburnum Opulus sterilis,* des *Carpinus Ostrya* (charmes d'Italie), dix *Lonicera Ledebouri* (chèvre-feuilles de Ledebour), huit *Corchorus Japonica flore pleno* (kerrias du Japon à fleurs doubles), vingt-deux *Coronilla Emerus* (coronilles des jardins). Dans la pelouse, trois *Cedrus Deodora,* le trio d'arbres à tête ronde, sont des *Pavia flava.* La corbeille de fleurs est occupée par des *Alcea rosea* (roses trémières).

Les neuf arbres isolés sont des *Pavia rubra* (paviers à fleurs rouges).

Le massif est composé de *Mespilus Oxyacantha flore roseo pleno* (épines blanches à fleur rose double), de quatre *Acer eriocarpum,* de seize *Ribes sanguineum,* trois *Liquidambar styraciflua* (liquidambar copal d'Amérique) et plusieurs autres espèces de plantes.

Nous continuerons la promenade, nous dirigeant vers l'habitation et en étudiant les arbres et arbustes qui se trouvent dans cette pelouse si gracieusement vallonnée, l'arbre isolé à tête ronde est un *Magnolia macrophylla* (magnoliers à grande feuille) et la corbeille de fleurs est composée de fleurs de saison.

Nous nous engageons sous l'ombrage de vingt-sept *Tilia Americana argentea ;* pour leur servir d'échelle un peu plus loin, un *Robinia pseudo-acacia pyramidalis.* Opposé au massif dans la pelouse, un trio de *Cedrus argentea* cel *Atlantica.*

Le beau et grand massif est peuplé de *Liriodendrum tulipifera* (tulipiers de Virginie), quelques *Cerasus Virginiana, Cornus Florida* (cornouillers de la Floride), sept *Sibirica,* des *Fraxinus juglandifolia* (frênes à feuilles de noyer), excelsior *aurea* (communs dorés), cinq *Evonymus latifolius* (fusains à large feuille), des *Ribes palmatum,* dix *Indigofera dosua,* des *Syringa vulgaris flore albo,* des *Juglans Americana.*

Dans la pelouse, vingt-six *Larix Europæa,* un de nos plus beaux arbres résineux à feuilles caduques.

La corbeille est garnie de phlox variés ; viennent ensuite quarante et un *Liriodendrum tulipifera.* Des fleurs de saison occupent cette nouvelle corbeille qui se trouve entre ces arbres à tête ronde et les trois *Pinus excelsa.*

Les arbres rapprochés du lieu de repos (24) appartiennent en partie à l'ancien jardin.

Le tapis vert dans lequel on n'a conservé aucun arbre isolé est destiné à dégager le bâtiment et à allonger la perspective dans la plus grande étendue de la propriété, sur cette pelouse une corbeille se renouvelant selon les saisons.

A l'extrémité de l'autre pelouse, des arbres de même essence, auxquels on a ajouté six variétés de *Ligustrum Japonicum* (troènes du Japon) et des *Mahonia aquifolium* (mahonias à feuille de houx), avec des *fascicularis* (à fleur fasciculée), un groupe d'*Hydrangea* (Hortensias des jardins).

Se dirigeant vers la salle (22), on traverse des plantations d'arbres résineux; sur la pelouse, vingt-neuf *Cedrus Libani*; celles opposées sur la ligne mitoyenne sont des *Abies picea* (sapins épicéas).

Dans le tapis vert, un trio de *Populus fastigiata* (peupliers d'Italie); l'arbre tige à tête ronde est un *Cerasus hortensis flore pleno* (cerisier à fleur double). En arrière le massif est planté en *Populus alba nicea* (peupliers blancs pleureurs), trois *Canadensis* (du Canada).

Le long de la clôture du chemin de fer, des arbustes de moyenne grandeur, diverses espèces de *Syringa* (lilas), neuf variétés de spirées, prenant dans cette terre légère et humide un développement remarquable.

La partie faisant face à cette pelouse est garnie de *Mahonia fascicularis*; vers les dépendances quelques *Pavia*; dans la petite pelouse quatre *Mespilus linearis*, un *Alnus fastigiata*.

En face les écuries, sept *Pinus Strobas*, destinés à dissimuler en partie les bâtiments.

Près de la maison du jardinier, une corbeille d'*Hortensias*, derrière jusqu'au mur s'étendant vers la pelouse; la plantation se compose de *Pyrus malus spectabilis* (pommiers à fruits rouges), trois *baccata alba* (de Sibérie à fruits blancs), de *Pavia lutea*; sur le dernier plan, des *Indigofera doxua*; sur les bords du prolongement de la pelouse au pied des arbres et arbustes, seize *Phlomis fruticosa* qui, par leurs feuilles cotonneuses, amènent la vue des diverses parties du jardin sur ce point extrême.

Le massif de 29 mètres 55 sur l'allée de première classe contient cinq *Gledilsia macrocanthos*, quatre *Phillyrea angustifolia*; sur le bord de la pelouse des *Viburnum macrocephalum* (viornes à gros capitules).

Les essences dominantes dans le massif de 25 mètres, donnant sur le sentier qui conduit au lieu de repos, sont celles des anciennes plantations, plus des *Carpinus betulus*, des *Mespilus pyracantha*, cinq *Acernegundo*.

En face, dans le gazon, treize *Pinus Taurica* (pins de la Tauride); la corbeille est occupée par une collection de phlox, l'arbre résineux isolé est un *Abies pinsapo*, les trois plus éloignés sont des *Thuya gigantea*.

Les plantations protégeant le lieu de repos se composent, comme la plupart de celles rapprochées de la construction nouvelle, d'arbres de l'ancien jardin régulier; entre j'ai placé la collection d'*Althea frutex*, de *Philadelphus* et des *Cerasus Colchica* (cerisiers de Colchide), le tout entouré du côté du gazon de vingt-trois *Budleia Lindleyana* (budleias de Lindley.)

L'allée couverte conduisant au pont est plantée, côté de la pelouse sur une longueur de 54 mètres, d'essences forestières; le dernier plan, côté des gazons, est occupé par des *Lonicera Ledebouri*; à l'intérieur quarante et un *Eleagnus macrophylla* (chalefs à grande feuille), quelques *Ilex aquifolium*; isolés dans le gazon, trois *Sophora Japonica pendula*, un *Pinus Lambertiana* (pin de Lambert); de l'autre côté du massif un *Cedrus Libani*, puis un *Populus alba pendula* (peuplier blanc pleureur) et trois *Quercus fastigiata*.

Le massif qui se trouve entre le *Pinus Lambertiana* et le *Cedrus Libani* est peuplé de cinq *Quercus Ballota* (chènes d'Espagne à glands doux), quatre *Ilex*, sept *Baxus sempercircus* (buis communs) et neuf *Mespilus pyracantha*, quelques *Deutzia scabra*; près le carrefour du pont, parmi les arbres supprimés, il a été conservé trois *Quercus*, quelques *Carpinus* auxquels j'ai réuni, du côté de la pelouse, des *Viburnum opulus sterilis*, etc.

Les plantations du carrefour du pont sont pour la plupart anciennes; parmi les nouvelles, il y a cinq *Berberis purpurea* et vingt *Quercus*, côté des gazons trente et un *Viburnum opulus*, seize *Deutzia scabra*, cinq *Broussonetia* et des *Hypericum*.

La corbeille est garnie d'œillets auxquels d'autres fleurs de saison viennent succéder.

Isolé dans les gazons un *Gleditsia Bajoti* (févier pleureur), trois *Pavia rubra*, cinq *Alnus pyramidalis*.

En face le lieu de repos quelques anciens arbres et des *Tilia*, plusieurs variétés, cinq *Crataegus* (aliziers), trois *Mespilus Oxyacantha flore albu et roseo*, côté des gazons; près le pont sur le bord de l'eau douze *Tamarix Gallica*, cinq *Berberis Nepalensis* (épines-vinettes du Nepaul).

Dans la pelouse, huit *Populus pyramidalis*. Le groupe traversé par le sentier est garni par six *Broussonetia cucullata* (broussonetia à capuchon), trois *Alnus barbata*, six *Althea frutex* variés, trois *Amorpha glabra*, côté des pelouses des rosiers cent feuilles, alternés avec des *Deutzia gracilis* (deutzias gracieux).

La corbeille contient les espèces et variétés de *Rhododendrum*, de pleine terre rustique, l'arbre à rameaux réfléchis est un *Gleditsia Bajoti*; sur la pente vers les eaux, côté opposé, trois *Abies nobilis*. Le massif, comme tous ceux qui entourent le château, se compose, sur le premier plan, d'anciens arbres accompagnés de *Syinga*, côté des gazons seize *Genista juncea*, des *Potentilla* et quelques autres arbustes.

Près le pont, trois *Salix Babylonica, annularis et argentea*, trois *Symphoricarpos*.

La salle de jeux des enfants, de 11 mètres de long sur 5, est parfaitement boisée; dans les anciennes plantations j'ai fait entrer dix *Corylus*, trois *Celtis Orientalis* et plusieurs autres arbustes.

Dans les iles des *Fraxinus*, des *Forsythia viridissima*, des *Evonymus*, des *Fagus*. Les cinq arbres pyramidaux qui se trouvent sur le tertre sont des *Taxodium sempercircus*, au bord de l'anse, trois *Thuya*, puis trois autres essences, des *Populus pendula*, près du pont un *Sophora pendula*.

Sur l'autre rive, côté du potager, divers arbustes, de moyenne grandeur. A l'extrémité, jardin fruitier et fleuriste.

Côté de la chapelle de famille et de l'église, des arbres peu élevés.

Dans la pelouse quatre *Abies nobilis* et quatre *Robinia tortuosa*.

Pl.9
JARDIN
DE COMMUNAUTÉ ET D'ÉDUCATION
de
L'INSTITUTION
Ste GENEVIÈVE
18, Rue des Postes à Paris
1854
Légende
1  Rue des Postes, 16 à 54.
2  Entrée.
3  Concierge.
4  Cour du Parloir.
5  Parloir.
6  Sacristie.
7  Chapelle.
8  Vestibule.
9  Escalier.
10  Perron du Jardin.
11  Réfectoire.
12  Cuisine.
13  Corridor.
14  Préau.
15  Passage à la Chapelle.
16  Cour.
17  Entrée de la Communauté au Jardin.
18  Avenue des Élèves.
19  Salle de récréation des Religieux.
20  St Ignace.
21  Berceau à l'Italienne.
22  Jardin réservé à la Communauté.
23  St Louis de Gonzague.
24  St Joseph.
25  Salle de récréation des Pères.
26  —          des Frères.
27  Porte de l'Avenue.
28  —  de l'Esplanade.
29  —  du centre.
30  —  des jeux.
31  —  des Professeurs.
32  Entrée particulière aux Salles de jeux.
33  Salle de jeux couverte.
34  Jeux.
35  Salle de billard.
36  Terrain.
37  Quinconce de tilleuls.
38  Statue de la Ste Vierge.
39  Esplanade des Élèves.
40  Corbeille de fleurs.
41  Porte du Jardin de Communauté.
42  Porte du chemin de la Salle de récréation des Pères.
Dessiné par G. Terray.

# JARDIN DE COMMUNAUTÉ

## ET DE MAISON D'ÉDUCATION

POUR LES JEUNES GENS

SITUÉ RUE DES POSTES, Nᵒˢ 16 A 24, A PARIS

Ce jardin contient 70 ares 80 centiares.

En 1837, dans le même endroit et au même périmètre, j'ai créé un jardin pour le monastère des dames de la Visitation, le potager en occupait la plus grande partie, un petit espace avait été consacré aux plantes médicinales le plus en usage; quelques plates-bandes larges de 1 mètre 60 étaient garnies de fleurs indispensables à l'ornement de la chapelle. L'ensemble de cette composition de très-peu d'importance était apprécié et on lui accordait un certain degré de perfection.

Les événements politiques de 1830 vinrent troubler cette solitude. Cet ordre monastique quitta ce cloître qui fut acheté par les pères jésuites.

Le révérend Père Loriquet, qui en était supérieur, modifia peu l'état de ce jardin; un berceau à l'italienne et en fer, uni avec des marronniers et un promenoir pour les Pères, furent les seuls changements qu'il fit.

En 1841, le nouveau supérieur, le Père Guidé, me fit faire un plan et un devis pour modifier l'ensemble, mais ce n'est qu'en 1854 et 1855, sous l'administration du meilleur des hommes, le révérend Père Delvaux, que ce jardin subit les plus grandes modifications, on fit alors de cette maison une école de haut enseignement.

Une avenue plantée en marronniers a été créée et précède une vaste esplanade destinée aux récréations et aux jeux; un quinconce de quatre lignes d'arbres tiges, essences tilleuls, protège les élèves contre les rayons du soleil; au sommet du tertre une statue de la Ste-Vierge est placée sur un piédestal.

Entre le jardin réservé à la communauté et les quinconces, se trouve l'esplanade où les élèves se livrent aux exercices des récréations sous la surveillance de leurs professeurs; de cette esplanade, on communique librement avec la salle de billard et la grande galerie couverte destinée aux jeux quand arrivent les pluies; en face se trouvent 17 marronniers de 30 à 35 ans, plantés du 21 au 30 octobre 1854, sous ces salles de jeux les water-closets.

Le rez-de-chaussée du bâtiment principal étant plus élevé que le sol du jardin, comme nous le voyons, il a été construit dans la largeur du perron un berceau à l'italienne.

L'esplanade, sur laquelle viennent se développer les chemins nécessaires à la promenade du jardin, est destinée aux grandes récréations de la communauté.

En face le perron, cinquante-cinq *Abies Nordmanniana* (sapins de Nordmann) s'étendant jusqu'à l'entrée des salles de jeux couvertes des élèves et de celles de récréations des religieux; un groupe bien garni d'arbres variés de première grandeur, comme dans tout l'ensemble de cette composition, les végétaux sont groupés de manière à fournir des sujets d'étude, un *Taxus*, trois *Quercus Robur* (chênes communs), cinq *Mespilus Oxyacantha flore albo pleno* (épines à fleurs blanches doubles), quatre *Acer platanoides* (érables de Norwège), trois *A. pseudo-platanus* (c. Sycomores), un *Fraxinus Ornus* (frène à fleurs), trois *F. excelsior aurea* (f. communs dorés), six *Evonymus Europæus fructu albo* (fusains communs à fruits blancs), trois *E. latifolius* (f. à larges feuilles), cinq *Cercis siliquastrum* (gainiers communs), cinq *Ribes palmatum* (groseilliers odorants), sept *R. sanguineum* (g. à fleurs rouges), quatre *Ilex aquifolium ferox* (houx communs herissons), et trois *I. microcarpa* (à petit fruit), trois *Syringa vulgaris flore albo* (lilas communs à fleur blanche), cinq *Maclura aurantiaca* (maclures épineux), trois *Æsculus Hippocastanum flore pleno* (marronniers d'Inde à fleur double), trois *Æ. rubicunda* (m. rubiconds à fleur rouge), trois *Celtis Orientalis* (micocouliers du Levant), un *Morus intermedia* (mûrier intermédiaire), quatre *Rhamnus Frangula* (nerpruns bourgènes), cinq *R. Alpinus* (n. des Alpes), un *Juglans regia folio laciniato* (noyer commun à feuille laciniée, trois *Pavia lutea* (paviers jaunes), cinq *Phlomis fruticosa* (phlomis frutescents), huit *Potentilla fruticosa* (potentilles frutescentes), et quelques autres arbres s'élevant peu. L'arbre isolé dans le tapis vert est un *Paulownia imperialis* (paulownia impérial).

Les plantations de l'extrémité de la pelouse, en face l'entrée de la salle couverte des jeux, sont composées de trois *Prunus spinosa flore pleno* (pruniers épineux à fleur double) et trois *P. Sinensis flore roseo pleno* ( p. de Chine à fleur rose double).

trois *Robinia hispida* (robiniers roses), quatre *Salix argentea* (saules argentés), un *S. annularis* (s. à feuille annulaire), quatre *Koelreuteria* (savonniers), six *Philadelphus grandiflorus* (seringas à grande fleur), un *Sophora Japonica* (sophora du Japon), cinq *Spirœa lævigata* (spirées à feuille lisse), trois *S. Billardii* (s. de Billard), cinq *S. Lindleyana* (s. de Lindley), quatre *Rhus typhinum* (sumacs de Virginie), trois *Symphoricarpos parviflora* (symphorine à petite fleur), trois *Staphylea Colchica* (staphylea de la Colchide), cinq *Ligustrum ovalifolium* (troënes à feuille ovale), quatre *L. Japonicum* (t. du Japon), trois *Viburnum macrocephalum* (viornes à gros capitules), sept *Weigelia amabilis* (weigelias aimables); sur le tapis vert vingt *Abies Canadensis* (sapins du Canada); l'arbre pyramidal isolé est le *Robinia pseudo-acacia pyramidalis* (robinier faux-acacia pyramidal).

De la porte de la salle des jeux à celle du sentier jusqu'à la clôture, deux *Quercus Ballota* (chênes d'Espagne à glands doux), deux *Q. coccifera* (Kermès) et trois *Q. Suber* (c. liéges) qui par leurs feuilles persistantes dissimulent en toutes saisons cette partie importante de l'esplanade, quatre *Cerasus Lusitanica* (azarero), cinq *Elæagnus reflexa* (chalefs à fleur réfléchie) et trois *Æ. macrophylla* (c. à grande feuille), quatre *Lonicera cærulea* (chèvres-feuilles à fruit bleu), trois *L. Alpigena* (c. des Alpes), cinq *L. odoratissima* (c. très-odorants), trois *Chimonanthus fragrans* (chimonanthes odoriférants), trois *Cydonia Japonica* (coignassiers du Japon), trois *Coronilla Emerus* (coronilles des jardins), et sept *Mahonia fascicularis* (mahonias à fleur fasciculée).

De cette porte à l'avenue, un *Gleditschia macrocanthos* (févier à grosse épine), trois *G. Sinensis* (f. de la Chine), un *G. inermis* (f. sans épine), quatre *Berberis Darwinii* (épines-vinettes de Darwin), trois *B. Nepalensis* (c. du Népaul), deux *B. Sinensis* (c. de la Chine), trois *Phillyrea angustifolia* (filarias à feuille étroite), trois *P. media* (f. à feuille moyenne), deux *P. latifolia* (f. à feuille large), cinq *Evonymus Japonicus argenteus* (fusains du Japon argentés), un *Cercis siliquastrum* (gainier commun), et pour amener la perspective vers ce point, trois *Populus alba nivea* (peupliers blancs cotonneux), trois *Ilex aquifolium crassifolium* (houx communs à feuille épaisse), trois *I. aquifolium latispinum* (h. communs à large épine) et un *I. Fortunei* (h. de Fortune), cinq *Syringa regia* (lilas Charles X), trois *Lycium Sinense* (lyciets de la Chine), des *Spirœa* variées achèvent de garnir la base de ces arbres et arbustes.

Les plantations qui se rattachent à l'avenue des marronniers, jusqu'au chemin de la salle de récréations des Pères, sont composées de cinq *Fagus sylvatica* (hêtres communs), quatre *Robinia viscosa* (robiniers visqueux), trois *Acer Monspessulanum* (érables de Montpellier), trois *A. Negundo* (c. à feuille de frêne), un *A. eriocarpum* (c. à fruit cotonneux), deux *Populus Ontariensis* (peupliers du lac Ontario), trois *Planera acuminata* (planera acuminé), cinq *Corylus purpurea* (noisetiers à feuille pourpre), cinq *Cornus sanguinea* (cornouillers sanguins), onze *Mahonia* variés, cinq *Berberis vulgaris purpurea*, quatre *Fontanesia*, cinq *Cerasus Lauro-Colchica* (lauriers-cerises de Colchide), trois *Evonymus Europæus*, cinq *E. Japonicus*, sept *Deutzia scabra* (deutzias rudes), trois *Maclura aurantiaca* (maclures épineux), six *Hypericum hircinum* (millepertuis à odeur de bouc), et quelques autres arbustes de moyenne taille.

Une petite pelouse sépare deux groupes d'arbres à feuilles persistantes, composés de trois *Cerasus Lusitanica* (azarero), trois *C. Lauro-Colchica* (cerisiers-lauriers de Colchide), trois *C. Lauro-Caucasica* (c. lauriers du Caucase), six *Mahonia Fortunei* (mahonias de Fortune), trois *M. Bealii* (m. de Beal), et cinq *M. Japonica* (m. du Japon), cinq *Evonymus Japonicus tricolore* (fusains du Japon tricolores), trois *Spirœa prunifolia flore pleno* (spirées à feuille de prunier à fleur double), trois *S. Douglasii* (s. de Douglas) et quatre de *Reevesi flore pleno* (de Reeves à fleur double), deux *Ligustrum glabrum* (troënes glabres), un *L. Japonicum variegatum* (t. du Japon à feuille panachée argentée).

En face, dans la pelouse, le massif contient cinq *Acer Negundo folio argenteo variegato* (érables à feuille de frêne panachée argentée), trois *Liquidambar styraciflua* (liquidambar copal), cinq *Viburnum Opulus sterilis* (Boule-de-neige), six *Phlomis fruticosa* (phlomis frutescent), quatre *Syringa Rothomagensis* (lilas varins), trois *S. Persica* (l. de Perse), quatre *Weigelia rosea* (weigelias à fleur rose) et cinq *Berberis Darwinii* (épines-vinettes de Darwin).

La corbeille de fleurs est occupée par des plantes se renouvelant selon les saisons.

L'arbre isolé est un *Quercus fastigiata* (chêne pyramidal).

Derrière la statue de saint Louis de Gonzague, sept *Pinus Lambertiana* (pins de Lambert). Onze *Ulmus campestris pyramidalis* (ormes champêtres pyramidaux) isolés sur le tapis vert achèvent de donner la perspective à l'ensemble de cette pelouse, quinze *Sequoia sempervirens* (sequoias toujours verts) leur servent de repoussoir.

Il est entré parmi les arbres et arbustes qui composent le massif le plus rapproché de la promenade et de la salle des Pères, des *Pavia discolor* (paviers discolores), des *Mespilus pyracantha* (buissons ardents), des *Kœlreuteria* (savonniers), cinq *Cytisus Adami* (cytises d'Adam), six *C. hirsutus* (c. velu), six *Robinia hispida* (robiniers roses), huit *Berberis vulgaris purpurea* (épines-vinettes à feuilles pourpres), dix *Cornus mascula* (cornouillers mâles), cinq *C. sanguinea* (c. sanguins), sept *Bupleurum fruticosum* (buplevres oreille-de-lièvre), cinq *Prunus spinosa flore pleno* (pruniers épineux à fleur double), trois *Cerasus Lauro-Colchica* (cerisiers lauriers de Colchide), cinq *Pæonia arborea* (pivoines en arbre).

Le parterre, selon le système régulier créé dans l'intérieur du préau, protégé par la grande élévation des bâtiments, a permis quelques plantes de terre de bruyère, au milieu de la corbeille du centre un *Magnolia grandiflora* (magnolier à grande fleur), sous les rameaux duquel il se trouve quelques plantes alpines.

Cette création mixte réunit dans un petit espace l'utile et l'agréable. École de haut enseignement, il fallait aux élèves une esplanade, des quinconces, des jeux couverts; aux professeurs un jardin réservé, appartenant à la communauté; il fallait aussi des dispositions particulières pour les récréations des autres religieux.

# ECOLE DE BOTANIQUE

Créée

*pour l'Institution de*

## Mr Poiloup

situé

*à Vaugirard, Grande Rue N.° 209*

Année 1838

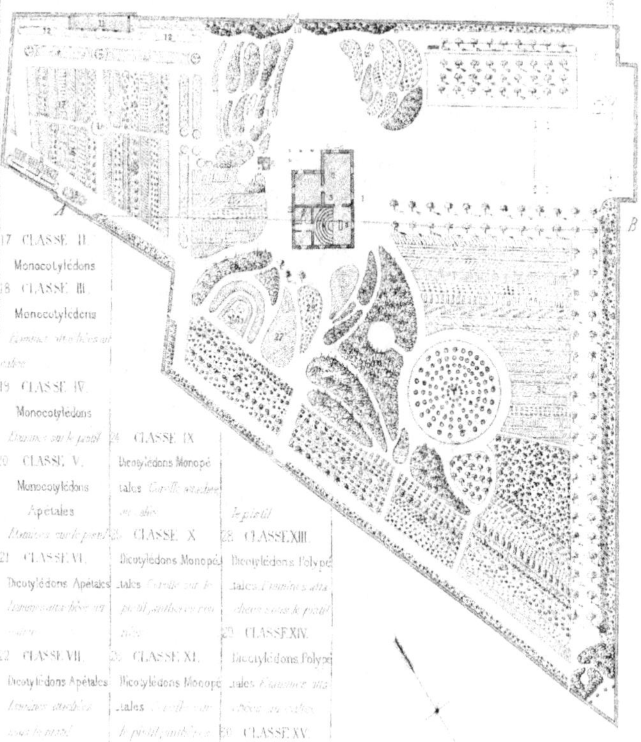

Légende.

1 Habitation du Directeur
2 Vestibule et Vestiaire
3 Collections de plantes médicinales et agricoles
4 Amphithéâtre
5 Escalier
6 Water Closed — Lavabo
7 Orangerie, Serres froide, tempérée et chaude
8 Chassis portatifs
9 Passage souterrain de l'Ecole au Collège
10 Entrée principale de l'Ecole
11 Terrasse et Salle d'étude
12 Terres sur lesquels on cultive des plantes à feuilles charnues
13 Plantes de Serre en pot
14 Pièce d'eau peuplée de plantes aquatiques
15 Groupes de plantes exotiques
16 Trois pièces d'eau contenant chacune une famille de plantes aquatiques

CLASSE I. Acotylédons *[illegible]*

17 CLASSE II. Monocotylédons

18 CLASSE III. Monocotylédons *Étamines attachées au calice*

19 CLASSE IV. Monocotylédons *Étamines sur le pistil*

20 CLASSE V. Monocotylédons Apétales *Étamines sur le pistil*

21 CLASSE VI. Dicotylédons Apétales *Étamines attachées au calice*

22 CLASSE VII. Dicotylédons Apétales *Étamines attachées sous le pistil*

23 CLASSE VIII. Dicotylédons Monopétales *Corolle attachée sous le pistil*

24 CLASSE IX. Dicotylédons Monopétales *Corolle attachée au calice*

25 CLASSE X. Dicotylédons Monopétales *Corolle sur le pistil, anthères réunies*

26 CLASSE XI. Dicotylédons Monopétales *Corolle sur le pistil, anthères distinctes*

27 CLASSE XII. Dicotylédons Polypétales *Étamines sur [illegible]*

*le pistil*

28 CLASSE XIII. Dicotylédons Polypétales *Étamines attachées sous le pistil*

29 CLASSE XIV. Dicotylédons Polypétales *Étamines attachées au calice*

30 CLASSE XV. Dicotylédons Apétales *[illegible]*

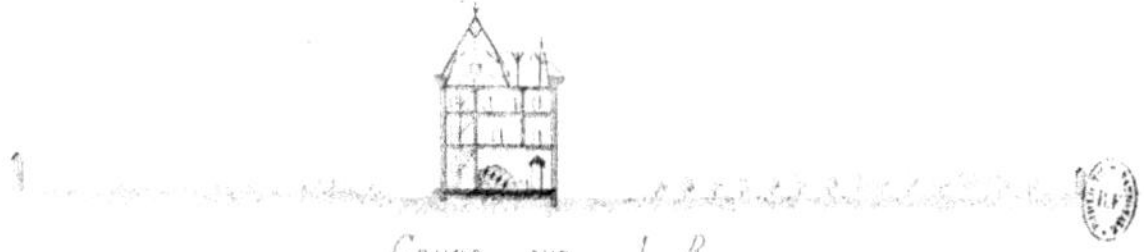

*Coupe sur A B*

# ÉCOLE DE BOTANIQUE

## DE L'INSTITUTION DE M. POILOUP

SITUÉE À PARIS, GRANDE RUE DE VAUGIRARD, N° 106

**1838**

En 1838, lorsque l'enseignement semblait prendre une direction vraiment pratique, je créais diverses écoles de Botanique pour maisons d'éducation de jeunes gens et de jeunes personnes.

Il est utile de signaler ici cette distinction d'une grande importance, comme on le verra par divers exemples dans le courant de cet ouvrage.

Ces classifications selon les lois naturelles ainsi que l'enseignement ne pouvaient être abordées que par des professeurs prudents et très-sérieux.

Appelé à donner les premiers éléments des sciences végétales aux élèves les plus avancés de l'Institution que M. Poiloup avait fondée à Vaugirard, Grande Rue, n° 106, j'ai pensé qu'il était indispensable d'établir une école dans laquelle on trouverait les éléments essentiels de cette aimable science.

Au delà de la rue, au n° 104, dans un petit espace où l'on arrive par un souterrain, le savant M. l'abbé Georget, qui avait fondé cette maison, voulut bien mettre à ma disposition les éléments nécessaires pour faire quelque chose de complet, où les élèves, pendant leurs dernières années d'étude, viendraient ajouter la pratique à cette savante théorie qui leur était enseignée pendant leur séjour au collège.

Dans cet espace restreint j'enseignais la Botanique, l'Arboriculture, l'Art forestier, l'Agriculture et l'Horticulture.

Le bâtiment du centre, où est né le fondateur célèbre du séminaire de Saint-Sulpice (1), a été converti au rez-de-chaussée en amphithéâtre ; aux étages supérieurs étaient le Directeur, les professeurs, le jardinier.

Sur la grande esplanade est un gymnase important où l'exercice est très-facile et présente la plus grande sécurité.

Par le souterrain que je viens d'indiquer on communique directement avec le collége, évitant ainsi les inconvénients de communication par le dehors et le rapprochement des étrangers.

Le long de la rue de Vaugirard, il a été placé des plantes croissant naturellement aux Pyrénées, des *Aconitum pyrenaïcum* (aconits des Pyrénées), *Thalictrum aquilegifolium* (pigamous à feuilles d'Ancolie), *Anemone vernalis* (anémones de printemps), *Ranunculus aconitifolius* (renoncules à feuilles d'aconit), *R. parnassiæfolius* (r. à feuilles de Parnassie), *R. gracilis* (r. gracieuses), *Reseda sesamoides* (résédas sésamoïdes), *Hypericum nummularium* (millepertuis nummulaires), *Arabis Alpina* (arabettes des Alpes), et cette autre jolie crucifère l'*Iberis carnosa* (ibérides charnues), des *Draba pyrenaïca* (draves des Pyrénées), des *Astragalus Monspessulanus* (astragales de Montpellier), plusieurs *Potentilla*, parmi lesquelles se font remarquer les *P. nivalis* (p. des neiges), *P. fruticosa* (p. frutescent), et *P. grandiflora* (p. à grandes fleurs), des *Cotoneaster vulgaris* (néfliers cotonneux), bel arbuste aux fruits rouges, et plusieurs autres plantes aimant à croître sur les rochers humides.

Les arbustes s'étendant vers la porte sont des *Daphne* de diverses espèces; au premier rang les neuf arbres, en quinconce à tête ronde appartiennent à différents genres essences forestières.

La deuxième, à d'autres genres de première grandeur employés le plus communément dans la composition des parcs et jardins.

La troisième ligne, plusieurs variétés d'*Acer* (érables), de *Fagus* (hêtres).

Et la quatrième neuf variétés du genre *Æsculus* (marronniers).

Du gymnase au lieu de repos, le long du mur diverses plantes aimant à croître à l'abri du soleil, les *Saxifragea* (saxifragées), rangées parmi la division n'ayant qu'un ovaire supère, une capsule à deux pointes : *Heuchera americana* (heuchera d'Amérique).

Celles à feuilles entières, à tiges presque nues : Les *S. hirsuta* (s. velues), et *S. umbrosa* (s. ombreuses).

Les espèces à feuilles entières, à tiges feuillues : les *S. rotundifolia* (s. à feuilles rondes), et *S. oppositifolia* (s. à feuilles opposées).

(1) M. l'abbé Olier.

Et les feuilles lobées : les *S. granulata* (s. grenues), *S. decipiens* (s. palmées), *S. geranioïdes* (s. à feuilles de géraniums).

Parmi les vingt-et-un arbres-tiges qui protègent ces plantes des montagnes, j'ai placé la collection d'*Æsculus* (marronniers), et ses variétés *Æ. Hippocastanum* (m. d'Inde), *Æ. Hippocastanum folio laciniato* (m. d'Inde à feuilles laciniées), *Æ. Hippocastanum flore pleno* (m. d'Inde à fleurs doubles), *Æ. rubicunda* (m. rubiconds à fleurs rouges) ; les *Pavia rubra* (paviers à fleurs rouges), *P. discolor* (p. discolore), *P. hybrida* (p. hybride), *P. flava* (p. jaune.)

Ceux opposés se composent de : *Populus heterophylla* (peupliers hétérophylles), *P. balsamifera* (p. baumiers), *P. alba* (p. blanc de Hollande), *P. alba pendula* (p. blanc pleureur), *P. alba nivea* (p. blanc cotonneux), *P. Græca* (p. d'Athènes), *P. Angulata* (p. de la Caroline), *P. fastigiata* (p. d'Italie), *P. Canadensis* (p. du Canada), *P. Ontariensis* (p. du lac Ontario), *P. nigra* (p. noir), *P. monilifera* (p. suisse), *P. tremula* (p. tremble). De *Platanus cuneata* (platanes à feuilles en coin) *P. Occidentalis* (p. d'Occident), *P. Orientalis* (p. d'Orient), *P. Canadensis* (p. du Canada). Et de *Robinia pseudo-acacia* (robiniers faux-acacia), *R. spectabilis* (r. élegant), *R. pendula* (r. pendant) et *R. tortuosa* (r. tortueux).

Entre les classes XI et XV, des conifères : *Juniperus* (genévriers), *Cupressus* (cyprès), *Abies* (sapins), *Larix* (mélèzes), *Pinus* (pins), *Biota* (thuia), *Taxodium* (taxodiers), *Abies* (epicea), *Libocedrus* (libocedrus), et quelques autres.

Au delà des Dicotylédons, quelques planches destinées aux expériences agricoles. C'est dans cette partie qu'au milieu de nombreux semis de graines de pommes de terre, il s'est rencontré une variété remarquable et de qualité supérieure à toutes celles connues, qu'une commission nommée par la Société royale d'Horticulture, composée de MM. le vicomte Debonnaire de Gif, Payen, Batereau, Danet, Poiteau, Rendu et Duvillers, a désigné cette variété sous le nom de *Duvillers* (*Annales de la Société royale d'Horticulture*, tome XX, page 218). C'est là aussi que de nombreuses expériences ont été faites sur le maïs, le millet, le seigle multicaule. (*Revue progressive d'Agriculture et de Jardinage*, 16 décembre 1843, notice par M. Duvillers.

En face les crucifères, des *Alnus cordifolia* (aunes à feuilles en cœur), *A. barbata* (a. barbus), *A. glutinosa* (a. communs), *A. laciniata* (a. à feuilles laciniées), *A. quercifolia* (a. à feuilles de chêne), *A. oxyacanthæfolia* (a. à feuilles d'aubépine), *A. imperialis aspleniifolia* (a. impérial à feuilles de fougères).

Des variétés et espèces de *Betula urticæfolia* (bouleaux à feuilles d'ortie), *B. papyracea* (b. à papier), *B. alba* (b. commun), *B. laciniata* (b. à feuilles laciniées), *B. pendula* (b. pleureur), *B. lenta* (b. merisier), et le plus petit de tous, le *B. pumila* (b. nain) ; trois espèces de *Broussonetia papyrifera* (broussonetia, mûrier à papier), *B. cucullata* (en capuchon), *B. heterophylla disserta* (b. hétérophylle), et ces autres Papilionacées, les *Colutea arborescens* (baguenaudiers en arbre) de Tournefort, accompagné de trois variétés.

Opposé à la classe IX, la collection d'*Aucuba Japonica* (aucuba du Japon), *A. viridis* (a. à feuilles vertes), *A. bicolor* (a. à deux couleurs), *A. foliis aureo variegato* (a. à feuilles marginées de jaune), *A. picta femina* (a. panaché femelle), *A. mascula* (a. mâle).

Dans le petit groupe en face le chemin se trouvent réunis les *Aralia spinosa* (aralia épineux), *A. Japonica* (a. du Japon), au pied les Polygonées *Atraphaxis spinosa* (atraphaxis épineux).

La partie allongée s'engageant dans la classe VIII renferme les *Andromeda cassinefolia* (andromeda à feuilles de cassiné), *A. polifolia* (a. à feuilles de pouliot), *A. axillaris* (a. axillaire), *A. caliculata* (a. caliculé), *A. coriacea* (a. à feuilles coriaces), *A. Rollissoni* (a. de Rollisson), *A. Mariana* (a. du Maryland), *A. pulverulenta* (a. pulvérulent), toutes jolies plantes de terre, de bruyère du genre Ericacées.

Dans le groupe en face des grands arbres appartenant à diverses familles, les *Melia Azedarach* (lilas des Indes), famille des Méliacées.

Le *Catalpa bignonioïdes* (catalpa commun), famille des Bignoniacées ; les *Cerasus hortensis flore pleno* (cerisiers à fleurs doubles), *C. semperflorens* (c. de la Toussaint), *C. Sibirica* (c. de Sibérie), *C. avium* (merisier commun), *C. padus* (merisier à grappes), *C. Mahaleb* (c. odorant ou Sainte-Lucie), faisant partie de la famille des Amygdalées.

Toute la partie garnissant le lieu de repos est plantée de *Quercus* (chênes), espèces d'Europe et d'Amérique.

Dans la pièce d'eau, divers réservoirs contenant des plantes aquatiques ou aimant à croître dans les lieux marécageux.

Au delà du chemin isolant les *Quercus*, une partie garnie de la collection d'*Elæagnus* (chalefs).

Dans le massif qui se trouve plus loin sur le même chemin, les *Calycanthus* (calycanthes).

Dans la petite figure, des *Cistus ladaniferus* (cistes ladanifères). La plus importante contient la collection de *Pæonia albiflora* (pivoines de Chine) et *P. arborea* (P. en arbre).

Les trois arbres-tiges placés en face les classes VII et IX sont : le premier un *Juglans regia folio laciniato* (noyer commun à feuilles laciniées), l'autre un *J. regia macrocarpa* (n. commun à très-gros fruits), et le troisième un *J. Americana fraxinifolia* (n. d'Amérique à feuilles de frêne).

Entre les classes XII et XIII, les *Spiræa* (spirées).

De l'autre côté de la classe VI, les *Larix Europæa* (mélèzes d'Europe), *L. Americana* (m. d'Amérique), *L. Sibirica* (m. de Sibérie), tous beaux arbres de nos forêts appartenant à la famille des Albiétinées.

Près le banc destiné au travail, la partie circulaire est consacrée aux végétaux aquatiques.

Les premières plantations de la figure longitudinale sont des *Celtis* (micocouliers). Dans les onze autres massifs sont rangées des plantes ligneuses de familles diverses.

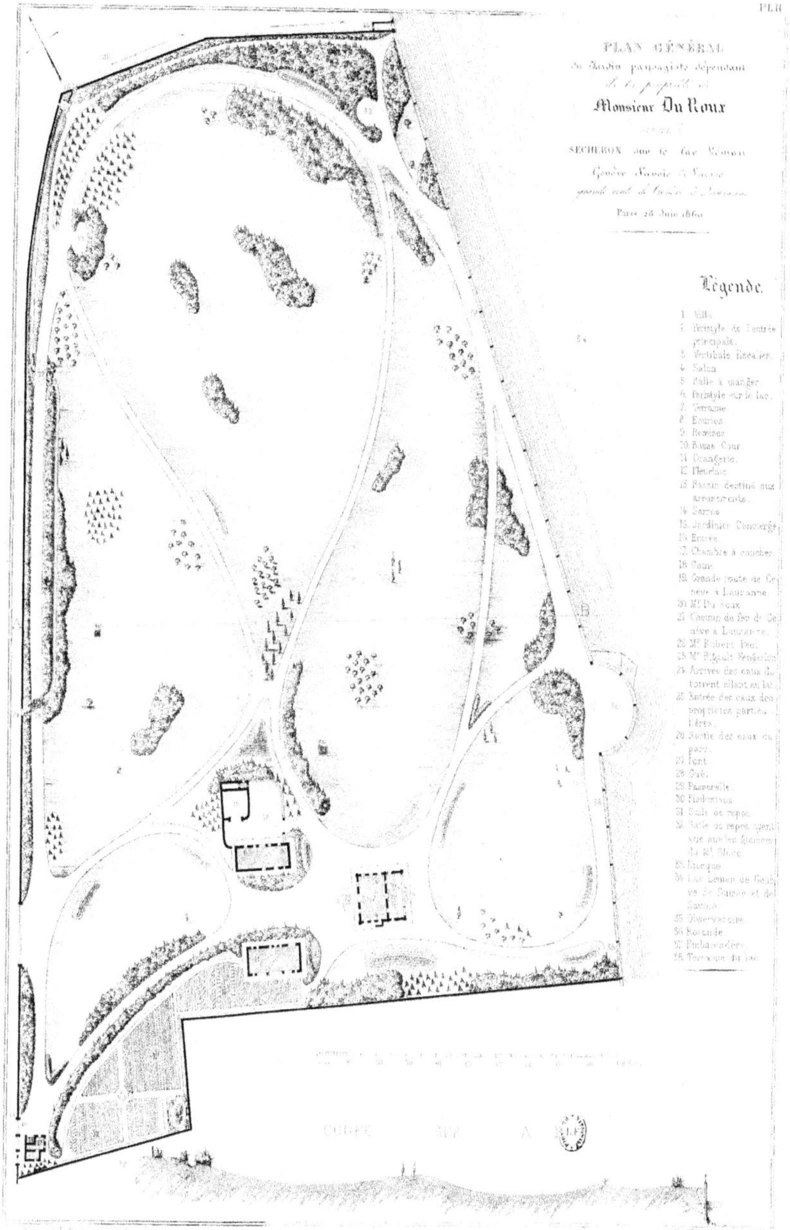

PLAN GÉNÉRAL
du Jardin paysagiste dépendant
de la propriété de
Monsieur Du Roux
située à
SÉCHERON sur le lac Léman
Genève Suisse
Paris 28 Juin 1860

Légende.
1. Villa
2. Péristyle de l'entrée principale.
3. Vestibule Escalier.
4. Salon
5. Salle à manger
6. Péristyle sur le lac.
7. Terrasse
8. Écuries.
9. Remises.
10. Basse Cour.
11. Orangerie.
12. Fleuriste
13. Bassin destiné aux arrosements.
14. Serres
15. Jardinier Concierge.
16. Entrée.
17. Chambre à coucher.
18. Cour.
19. Grande route de Genève à Lausanne.
20. Mr Du Roux
21. Chemin de fer de Genève à Lausanne.
22. Mr Robert Peel
23. Mr Rigault Vendétion
24. Arrivée des eaux du lac allant au lac
25. Entrée des eaux des propriétés particulières.
26. Sortie des eaux du parc.
27. Pont.
28. Gué.
29. Passerelle.
30. Fladenteux
31. Salle de repos
32. Salle de repos ouvert avec sur les glaciers du Mont Blanc
33. Barque
34. Lac Léman de Genève de Suisse et de Savoie.
35. Observatoire.
36. Rocaille
37. Pédincadéru
38. Terrasse du lac

# JARDIN PARC-PAYSAGISTE

DÉPENDANT DE LA PROPRIÉTÉ DE M. DUROUX

SITUÉE A SÉCHERON, SUR LE LAC LÉMAN, GENÈVE, SAVOIE ET SUISSE,

GRANDE ROUTE DE GENÈVE A LAUSANNE (SUISSE)

1860

De toutes les positions topographiques, il n'en est pas de plus favorable, pour la création d'un parc, que celle du bord des eaux ; ce sont ces situations qui ont si souvent inspiré nos meilleurs poëtes, nos auteurs les plus sérieux et nos romanciers les plus aimés.

Mais la propriété limitée par un lac s'appuyant sur deux puissances fournissant les premiers éléments à l'un des plus grands fleuves de l'Europe, qui va se perdre dans la Méditerranée, est assurément la plus heureusement située, et le paysagiste est un instant aux prises avec les combinaisons les plus hardies qui dominent son intelligence.

Ce parc est créé sur une surface de 5 hectares 22 ares, ayant sur le bord du lac 310 mètres avec un port pour la promenade nautique; au côté opposé la grande route de Genève à Lausanne.

Il est mitoyen avec la propriété du célèbre ministre anglais, sir Robert Peel.

L'entrée principale a été reportée à l'extrémité la plus rapprochée de Genève, où j'ai construit l'habitation du jardinier ; entre ce petit pavillon et le mur, sont douze *Pinus nigra Austriaca* (pins noirs d'Autriche), rehaussant par la teinte de leurs feuilles ce joli bâtiment ; à l'extrémité opposée est un jardin d'hiver et un potager ; vient ensuite le fleuriste qui s'étend dans la direction et en face de l'orangerie.

A cause de l'élévation des bâtiments, il a été planté cinq *Platanus Canadensis* (platanes du Canada), huit *Ulmus campestris purpurea* (ormes champêtres à feuilles pourpres), cinq *Æsculus rubicunda* (marronniers rubiconds à fleurs rouges).

A l'entrée du fleuriste, en avant des arbres, repose un groupe d'*Hydrangea hortensis* (hortensias roses).

Ce sont encore des arbres élevés qui se trouvent dans le massif opposé à celui du potager et placé dans le tapis vert : huit *Catalpa*, huit *Paulownia*, dix *Virgilia lutea* (virgiliers à bois jaune), onze *Pavia lutea* (paviers jaunes), six *P. rubra* (p. à fleurs rouges), seize *Syringa vulgaris flore albo* (lilas communs à fleurs blanches) et onze *S. Rothomagensis* (l. Varin).

L'une des corbeilles de cette même pelouse est destinée aux *Hibiscus* (althæas); cette dernière, plus rapprochée des dépendances, contient les *Chrysanthemum coronarium album* (chrysanthèmes des jardins à fleurs blanches).

Le tapis vert en face l'ancienne entrée, donnant la perspective de l'habitation sur la route et sur la voie ferrée, se distingue par un vallonnement sensible et l'absence de tout arbre isolé.

Autour du bâtiment qui fait face à l'orangerie sont plantés : sept *Planera* (planeras), huit *Acer pseudo-platanus* (érables sycomores), cinq *Catalpa* (catalpas), huit *Æsculus* (marronniers), trois *Tilia* (tilleuls), six *Photinia glabra* (photinies luisants), trois *Cerasus lauro Colchica* (cerisiers-lauriers de la Colchide), sept *Aucuba* (aucubas), dix-huit *Berberis Darwinii* (épines-vinettes de Darwin) et sept *Mespilus pyracantha* (buissons-ardents).

Seize *Pinus Coulteri* (pins à gros cônes) dissimulent le mur de clôture, côté de la basse-cour. Les arbres à feuilles caduques qui leur font suite sont : sept *Ailantus glandulosa* (vernis du Japon), cinq *Sophora Japonica* (sophoras du Japon), dix *Populus alba nivea* (peupliers blancs cotonneux), sept *Sorbus* (sorbiers), sept *Pinus maritima* (pins maritimes), terminent la série des plantations.

Dans la corbeille une collection d'*Alcæa rosea* (roses trémières à fleurs doubles); celle qui se trouve près de l'écurie ne contient que des *Hydrangea hortensis*.

Suivant le mur qui nous sépare de sir Robert Peel jusqu'au lac, les premières plantations se composent : de six *Populus fastigiata* (peupliers d'Italie), sept *Platanus fastigiata* (platanes pyramidaux), trois *P. Orientalis* (p. d'Orient), quatre *Planera*, six *Acer negundo*, sept *Weigelia rosea* ; les arbres résineux sont vingt-trois *Larix Europea* (mélèzes d'Europe) ; viennent ensuite des *Cercis siliquastrum* (arbres de Judée), *C. siliquastrum flore albo* (gaîniers communs à fleurs blanches), *C. Canadensis* (g. du Canada), sept *Photinia glabra*, cinq *Cerasus Lusitanica* (cerisiers-lauriers du Portugal), neuf *C. lauro Colchica* (c. lauriers de Colchide).

6

En face les *Larix* et le massif il se trouve un groupe de trois cents Rosiers tiges, demi-tiges et nains ; près l'observatoire, un autre groupe de *Pæonia Albiflora* (pivoines de Chine).

A l'intérieur de la pelouse, huit *Catalpa* et trois *Abies balsamea* (sapins baumiers de Gilead).

Près la corbeille de fleurs un *Paulownia* ; cette dernière est remplie d'*Œnothera biennis* (enothères bisannuelles).

En face la rotonde du lac, un groupe de dix *Virgilia lutea*, cinq *Mespilus nigra* (épines à fruits rouges), six *Persica vulgaris flore albo pleno* (pêchers à fleurs blanches doubles), trois *Pyrus salicifolia* (poiriers à feuilles de saule), cinq *Berberis Darwinii* (épines-vinettes de Darwin).

Isolés, les trois pyramidaux sont des *Quercus fastigiata* (chênes pyramidaux).

A l'angle de l'allée du lac, une corbeille irrégulière de *Verbena* (verveines) ; en suivant ce chemin, on traverse un groupe d'arbres tiges, essence *Acer negundo folio argenteo variegato* (érables à feuilles de frêne panachées argentées), puis un petit fourré sous les rameaux duquel on aperçoit la navigation et les côtes lointaines ; ces plantations sont composées de cinq *Acer Monspessulanum*, six *Evonymus latifolius* (fusains à larges feuilles), onze *Rubus odoratus* (framboisiers du Canada), sept *Hibiscus*, cinq *Ribes sanguineum*, cinq *Jasminum nudiflorum* (jasmins à fleurs nues), quatre *J. fruticans* (j. à feuilles de cytise), treize *Fagus purpurea* (hêtres à feuilles pourpres) ayant des branches de la base au sommet.

Que vous dire de cette terrasse ? Que de richesses ! il faudrait une autre plume que celle du praticien paysagiste pour peindre ces eaux claires et limpides qui semblent immobiles, et n'en sont pas moins l'élément principal du plus grand fleuve de France ; ses eaux calmes, après s'être englouties sous les rochers, reparaissent mystérieusement pour passer sous le pont de Grezin. Mais laissons le fleuve et revenons au lac, à mes arbres, objets les plus importants de cette hardie composition.

A l'extrémité de la pelouse, six *Elæagnus angustifolia* (oliviers de Bohême), quatre *Liquidambar styraciflua* (copalmes d'Amérique), trois *Lycium Sinense* (lyciets de la Chine), six *Hypericum Kalmianum* (millepertuis à feuilles de kalmia), cinq *H. calycinum* (m. à grandes fleurs), trois *H. hircinum* (m. à odeur de bouc), cinq *Phlomis fruticosa*.

Le long du lac, en avant de la perspective, cinq *Spiræa crenata* (spirées à feuilles crénelées), trois *S. hypericifolia* (s. à feuilles de millepertuis), cinq *S. prunifolia flore pleno* (s. à feuilles de pruniers à fleurs doubles).

C'est ici que, protégé par des arbres de première grandeur et des arbustes variés, l'on doit s'arrêter un moment, la vue s'étend jusqu'aux glaciers du Mont-Blanc. Que dire encore de toutes les magnificences que l'œil découvre avant d'arriver à ces neiges éternelles ! Je renonce à décrire cette multitude d'objets si intéressants.

Dans le petit tapis vert, un *Persica flore roseo pleno*, l'arbre qui lui est opposé est un *Persica flore albo pleno*.

De la pelouse à l'écluse, contre le parapet du lac, cinq *Tamarix Germanica* (tamarix d'Allemagne), quatre *T. tetrandra* (t. à quatre étamines), cinq *T. Indica* (t. de l'Inde), sept *T. Gallica* (t. de Narbonne) et plusieurs autres arbres et arbustes variés.

Les plantations qui protègent les visiteurs qui s'arrêtent à cette seconde salle de repos s'étendent jusqu'aux arbres résineux, ce sont : vingt-sept *Populus* (peupliers), plusieurs variétés, trois *Robinia pseudo-acacia* (robiniers faux-acacias).

Près cette dernière, quatorze *Ligustrum* (troènes), plusieurs variétés.

De l'écluse à la sortie des eaux du parc, le long du mur des *Hedera Hibernica* (lierres d'Irlande), quelques arbustes variés achèvent de dissimuler cette clôture ; sous cette allée couverte, les bordures sont en *Hedera*.

Des plantations qui nous ont occupé avant celles-ci jusqu'à l'extrémité près la salle de repos, trente-six *Larix Europæa*, en face dans la pelouse, quarante-deux *Cedrus argentea* (cèdres de l'Atlas).

Autour du lieu de repos, la collection de *Quercus* et de *Rhamnus*. Derrière, dans le gazon, le trio est composé de *Pavia rubicunda* (paviers rubiconds).

Le groupe isolé le plus rapproché du trio est planté de onze *Acer negundo folio argenteo variegato* et de vingt et un *Phlomis fruticosa*. L'autre, moins éloigné de la corbeille de fleurs, est composé de quinze *Malus*, plusieurs variétés ; entre les tiges, quatre *Lonicera cærulea*, cinq *L. Ledebouri*, quatre *L. Tatarica*.

Dans la corbeille des *Canna Indica* (balisiers cannes d'Inde).

Les quinze arbres réunis sont tous des *Cerasus hortensis flore pleno*, qui, au moment de la floraison, produisent un effet prodigieux à cause de la blancheur des pétales rehaussée par le fond vert des gazons.

Vers la pointe, quatorze *Quercus fastigiata* (chênes pyramidaux).

Le plus grand des massifs isolés dans cet immense tapis vert se compose, sur le premier plan, de sept *Liriodendrum*, sur le deuxième, six *Carpinus*, huit *Baccharis*, cinq *Colutea*, dix *Gymnocladus*, onze *Deutzia* et plusieurs arbustes variés.

Au bord de l'allée, neuf *Mespilus linearis* (épines linéaires).

L'importante plantation que nous voyons dans la même localité se fait remarquer par cinq *Acer rubra* (érables rouges), cinq *Ulmus purpurea* (ormes pourpres), onze *Quercus*, huit *Fagus sylvatica purpurea*, onze *F. aspleniifolia*.

A l'extrémité, dans le gazon, trois *Virgilia lutea* (virgiliers à bois jaune).

Le massif de fleurs qui est opposé à l'allée contient des Rosiers nains, souvenir de Malmaison.

Côté opposé au torrent, les essences dominantes sont : cinq *Diospyros*, trois *Malus spectabilis*, cinq *Ptelea*, quatre *Koelreuteria*, cinq *Salsola*, cinq *Spiræa lævigata*, trois *Ligustrum Japonicum*, sept *Weigelia rosea*, dix-huit *Tilia argentea* occupent l'espace du pont, à l'extrémité de la pelouse.

Si nous suivons le même chemin jusqu'à l'arrivée du torrent, nous serons protégés par des plantations dans lesquelles sont entrés des *Sorbus*, des *Salix* plusieurs variétés, quelques arbustes de moyenne taille achèvent de remplir les vides.

---

Pl. 12
PLAN
du Jardin paysagiste dépendant
de la propriété de
Monsieur A. Chessé
à
Limours
Seine et Oise
1857
Légende
COUPE SUR A B

# JARDIN-PAYSAGISTE

SITUÉ A LIMEIL-BREVANNES, CANTON DE BOISSY-SAINT-LÉGER, ARRONDISSEMENT DE CORBEIL (SEINE-ET-OISE),

DÉPENDANT DES PROPRIÉTÉS DE M. A. CHESSÉ

1857

Cette création contient, non compris les bâtiments, 88 ares 35 centiares.

La première cour où est logé le jardinier-concierge est d'une irrégularité peu agréable, et devant gêner la gravure dans son ensemble, j'ai pensé qu'il serait utile de ne pas en tenir compte, bien que ce soit dans cette localité que se trouve la petite basse-cour; elle est séparée régulièrement de la deuxième cour par un mur d'appui surmonté d'une grille.

Ce vaste emplacement est occupé par deux doubles lignes en forme de fer à cheval, sur lesquelles, à chaque printemps, viennent se placer les caisses d'orangers.

En face la porte principale est une corbeille de fleurs contenues dans une caisse en roche.

Dans la pelouse, une volière de forme octogone, renfermant des oiseaux indigènes et des faisans de diverses espèces. Des plantations d'arbres de premières grandeurs et divers arbustes à feuilles persistantes cachent le mur ainsi que les habitations extérieures.

Une corbeille isolée dans ce tapis vert est garnie de plantes vivaces les plus intéressantes, dissimulée en partie par les arbustes de diverses natures qui protégent les visiteurs. La vue, de ce point, s'étend au loin sur les bois dépendant du parc de Brevannes.

De l'intérieur de l'habitation, on a le panorama le plus varié, au-dessus du jardin, sur les bois que nous venons de signaler et sur de vastes plaines fertiles.

Le long du mur de droite existait une avenue de *Tilia* (tilleuls), dont on a conservé les plus rapprochés de la ligne mitoyenne, se confondant par parties avec ceux des propriétés extérieures.

Une importante corbeille d'*Hydrangea hortensis* (hortensias roses) occupe le premier rang du massif composé de *Rhododendrum* (rhododendrons) qui se continuent jusqu'aux arbres résineux.

Dans la pelouse, vingt-cinq *Catalpa bignonioides* (catalpas communs); en avant un *Populus fastigiata* (peuplier d'Italie). Le groupe contre lequel est appuyé le faune est garni d'arbres intéressants: cinq *Liquidambar styraciflua* (liquidambars copals), cinq *Gingko biloba* (gingkos à deux lobes), trois *Fraxinus excelsior aurea* (frènes communs dorés), trois *F. excelsior scolopendrifolia* (F. communs à feuilles de scolopendre), trois *Cytisus laburnum* (cytises faux ébéniers), *C. sessilifolius* (c. à feuilles sessiles), onze *Genista juncea* (genêts d'Espagne), sept *Photinia glabra* (photinies luisants) qui, par leurs feuilles rouges carmin, sont du plus heureux effet en automne; des *Althaea frutex* (ketmies des jardins), des *Spiraea* (spirées) terminent la composition de ce groupe. Contre le mur jusqu'au fruitier, cinquante *Abies picea* (sapins Épicéas). Dans la pelouse, afin de dissimuler la porte de service du potager, trente *Pinus nigra Austriaca* (pins noirs d'Autriche).

Les plantations qui limitent le jardin fruitier au carrefour des cinq allées sont composées de *Pavia lutea* (paviers jaunes) et *P. rubra* (p. à fleurs rouges), *Pyrus Malus baccata* (pommiers porte-baies), *Berberis vulgaris purpurea* (épines-vinettes à feuilles pourpres), *Corylus Bysantina* (noisetiers de Byzance), *Weigelia rosea* (weigelias à fleurs roses), *Coronilla Emerus* (coronilles des jardins).

Celles opposées dans la pelouse sont: sur le premier plan, trois espèces de *Sorbus* (sorbiers), six *Betula alba pendula* (bouleaux communs pleureurs), trois *Æsculus Hippocastanum* (marronniers d'Inde), six *Cydonia Japonica* (coignassiers du Japon), cinq *Syringa Persica* (lilas de Perse), sept *Althaea frutex* et quelques autres arbustes.

Le groupe isolé est composé de neuf *Acer Negundo folio argenteo variegato* (érables à feuilles de frène panachées argentées), quatre *Mespilus Oxyacantha flore coccineo pleno* (épines à fleurs coccinées doubles), trois *M. O. flore albo pleno* (e. blanches à fleurs doubles), cinq *Syringa Rothomagensis* (lilas varins), quatre *S. Josikea* (l. à feuilles de chionanthe) et trois *S. regia* (l. Charles X); seize *Deutzia gracilis* (deutzias gracieux) forment le dernier plan, accompagnés de sept *Evonymus Japonicus albo variegatus* (fusains du Japon à larges feuilles blanches panachées), dix *Genista juncea* (genêts d'Espagne). Les quatre arbres résineux sont des *Cryptomeria Japonica* (cryptoméries du Japon).

La corbeille de 9 m. 80 de long sur 1 m. de large est garnie de plantes à feuilles ornementales, telles que : *Wigandia Caracasana*.

En face le massif, trois *Cedrus Deodora* (cèdres de l'Inde).

Cette plantation de 21 m. de long sur 5 m. de profondeur est garnie d'*Æsculus rubicunda* (marronniers rubiconds à fleurs rouges), onze *Mespilus pyracantha* (épines buissons-ardents), cinq *Ilex aquifolium folio variegato* (houx communs à feuilles panachées), quatorze *Ruscus aculeatus* (fragons piquants), cinq *Maclura aurantiaca* (maclures épineux), seize *Phlomis fruticosa* (phlomis frutescents), sept *Hippophae* (argousiers), trois *Cerasus hortensis flore pleno* (cerisiers à fleurs doubles), trois *Arbutus* (arbousiers), cinq *Cytisus trifolium* (cytises à feuilles sessiles), cinq *Rubus odoratus* (framboisiers du Canada), huit *Robinia hispida* (robiniers roses) nains, quatre *Leycesteria formosa* (leycesterias élégants).

Les arbres pyramidaux sont des *Quercus fastigiata* (chênes pyramidaux).

Pour dissimuler l'entrée du verger, une plantation d'arbres à feuilles caduques composée de sept *Maclura aurantiaca*, trois *Malus baccata* (pommiers de Sibérie), cinq *Syringa vulgaris flore albo* (lilas communs à fleurs blanches), trois *S. Rothomagensis* (l. Varins), onze *Spiræa* (spirées).

Contre le mur, des *Cerasus Lusitanica* (lauriers de Portugal), des *Evonymus*; derrière la pièce d'eau, seize *Pinus sylvestris* (pins d'Écosse).

Le groupe planté dans le verger, en face les allées de la pièce d'eau, est occupé par huit *Pinus Strobus* (pins du lord Weymouth), garni à l'intérieur de neuf *Mespilus pyracantha*.

Chaque ligne d'arbres du verger est composée d'espèces variées ; ceux d'une végétation plus vigoureuse se trouvent sur le premier plan.

Quarante-et-un *Abies Nordmanniana* (sapins de Nordmann), marquent la limite du verger au jardin.

En face, le fleuriste des *Malus baccata*, neuf *Cercis siliquastrum* (arbre de Judée), cinq *Cerasus hortensis flore pleno*, trois *Populus alba nivea* (peupliers blancs cotonneux), sept variétés de *Fraxinus*, cinq *Larix* (mélèzes), dix-sept *Cerasus Lusitanica*, quinze *Evonymus Japonicus* (fusains du Japon, feuilles vertes), dix-huit *Mahonia*, seize *Genista juncea* (genêts d'Espagne), huit *Hypericum* (millepertuis), cinq *Ilex aquifolium*, et vingt-sept petits arbustes variés.

Côté opposé à l'extrémité bord de la grande allée, six *Koelreuteria paniculata* (savonniers paniculés), sept *Photinia glabra* (photinies luisants), dix *Aucuba Japonica*, cinq *Mahonia* et sept *Viburnum Tinus* (lauriers-tins), cinq *Ilex aquifolium ferox* (houx communs hérissons) ; ce massif, près de l'allée de première classe, a 18 mètres de long, celui donnant sur l'allée qui conduit au lieu de repos a 11 mètres. Isolés sur le tapis vert, trois *Populus fastigiata* (peupliers d'Italie).

Suivant le sentier de 2 mètres, on traverse des plantations déjà décrites en partie, côté du fleuriste. Celles sur le gazon sont composées de six *Phillyrea angustifolia* et *latifolia*, cinq *Althæa* variées, sept espèces de *Spiræa*, cinq *Ceanothus divaricatus* (ceanothes à feuilles divariquées), cinq *Indigofera dosua* (indigotiers dosua), trois *Salsola* (soudes), cinq *Robinia hispida*, nains, trois *Elæagnus reflexa* (chalefs à fleurs réfléchies) et trois *Fontanesia*. Le trio rapproché de l'allée principale est composé de *Paulownia imperialis*.

Sur les gazons, dans la ligne de perspective de la serre et de l'orangerie, un *Wellingtonia gigantea* (sequoia gigantesque), aussi un *Ulmus pendula* (orme pleureur).

Le lieu de repos du fruitier et du fleuriste a sur l'un de ses côtés, dans un petit tapis vert, une belle corbeille de Rosiers hermosa.

Les plantations au bord du fruitier sont composées d'*Elæagnus reflexa*, d'*Hippophae*, de *Persica vulgaris flore albo pleno* (pêchers à fleurs blanches doubles), de *Bupleurum fruticosum* (Buplèvres oreilles de lièvre), de trois *Malus spectabilis* (pommiers à fleurs doubles), cinq *Althæa* et diverses espèces de *Spiræa* variées.

Près de la pelouse jusqu'au carrefour des cinq allées, les arbres à feuilles persistantes dominent afin de dissimuler les promeneurs qui se seraient arrêtés à ce lieu de repos; parmi les arbres à feuilles caduques se voient : cinq *Photinia glabra*, dix *Ligustrum Japonicum* et *Californicum* (troënes du Japon et de Californie), cinq *Ilex*, onze *Robinia hispida*, six *Potentilla fruticosa*, trois *Liriodendrum tulipifera* (tulipiers de Virginie), bel arbre d'un port majestueux, quelques *Deutzia gracilis* et *scabra* (deutzias gracieux et rudes).

La partie côté du fruitier est occupée par trois *Gleditschia sinensis* (févriers de la Chine), trois *Sequoia sempervirens* (sequoias toujours verts), trois *Pavia lutea* (paviers jaunes), sept *Evonymus Japonicus albo variegatus*, six *Coronilla Emerus* (coronilles des jardins), trois *Arbutus*, trois *Mespilus pyracantha*; dans la pelouse opposée au lieu de repos, trois *Fagus sylvatica purpurea* (hêtres communs à feuilles pourprés) basse tige.

Le caractère essentiel de cette étude est de ne contenir qu'un très-petit nombre d'arbres de première grandeur, choisis parmi les plus remarquables, distribués de façon à ne jamais dissimuler la belle et riche vallée de Brevannes, animée par les arbres séculaires du parc de son château.

---

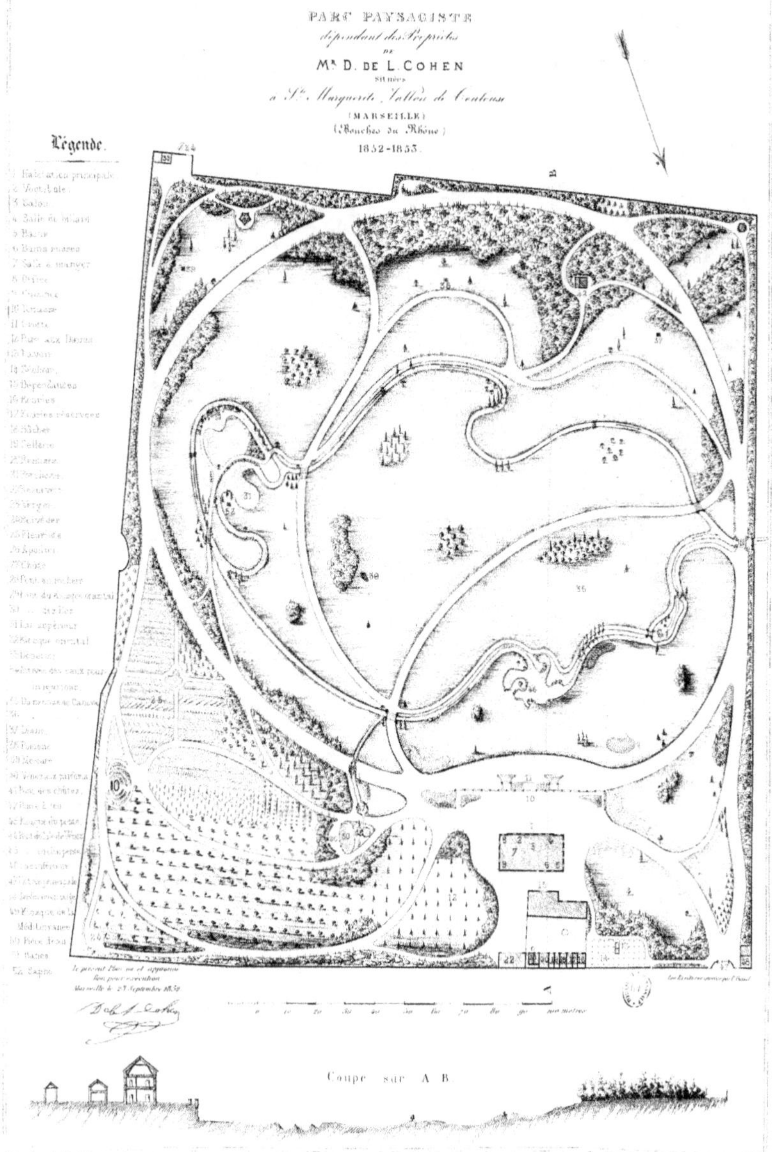
Pl. 13.
PARC PAYSAGISTE
dépendant des Propriétés
DE
Mr D. DE L. COHEN
situées
à Ste Marguerite, Vallon de Toulouse
(MARSEILLE)
(Bouches du Rhône)
1852-1853.
Légende.
Coupe sur A B

# PARC DE SAINTE-MARGUERITE

## APPARTENANT A M. D. DE L. COHEN

SITUÉ CHEMIN DU VALLON DE TOULOUSE A MARSEILLE (BOUCHES-DU-RHÔNE)

### 1852 — 1853

Voici une de ces situations exceptionnelles pour le paysagiste, 12 hectares 92 ares, auxquels on arrive venant de Marseille par un chemin sinueux bien encaissé de murailles peu élevées, comme la plupart des clôtures des propriétés environnant cette métropole du commerce et de la navigation.

L'entrée principale, qui se trouvait vers le milieu de la propriété, a été reportée à l'angle le plus rapproché venant de la ville, où a été élevée une magnifique grille soutenue par des piliers établis en pierres d'Arles.

Avant d'entrer dans les détails de cette belle composition, il est utile de conduire les promeneurs à l'intérieur de ce périmètre. Une habitation principale (bastide), ayant ses dépendances séparées et parfaitement garnies d'anciens arbres résineux, *Pinus Pinea* (pins pignons), des *Olea* (oliviers) en grand nombre aussi et très-anciens, des quinconces d'*Amygdalus* (amandiers), un vignoble, et le long d'un mur en ruine quantité de *Ceratonia* (caroubiers), de *Pistacia* (pistachiers) et de *Capparis* (câpriers). Le poste à feu possédait dans son voisinage les trois plus beaux *Pinus Halepensis* (pins d'Alep) du territoire, sous les rameaux desquels il se trouvait d'autres arbres de même essence, plus petits.

C'était donc sur le sol habité par tous ces végétaux qu'il s'agissait de mettre à exécution les études et dessins faits sur place qui furent approuvés et signés le 12 septembre 1852.

Après avoir franchi la grille principale, un chemin de 5 mètres conduit sur la terrasse; des plantations bien ordonnées dissimulent le lavoir et le séchoir, un sentier couvert en permet la communication, ainsi qu'aux dépendances. Parmi ces arbres cinq *Platanus Canadensis fastigiata* (platanes du Canada pyramidaux), sept *Platanus Orientalis* (platanes d'Orient), cinq *Celtis* (micocouliers), cinq *Planera* (planeras), onze *Maclura aurantiaca* (maclures épineux), trois *Broussonetia papyrifera cucullata* (broussonetias en capuchon), quatre *Populus balsamifera* (peupliers baumiers) et quelques autres arbres tiges, cinq *Persica vulgaris flore albo pleno* (pêchers à fleur blanche double), divers arbustes à feuilles persistantes.

L'arbre à rameaux réfléchis qui se trouve dans le gazon est un *Sophora Japonica pendula* (sophora du Japon pleureur); le pyramidal appartient à la famille des *Quercus* (chênes); le troisième est un *Æsculus Hippocastanum* (marronnier d'Inde). Vingt-quatre *Cedrus Atlantica* (cèdres argentés de l'Atlas) se présentent majestueusement à l'extrémité du tapis vert; un *Robinia pseudo-acacia pyramidalis* (robinier faux-acacia pyramidal) étend la perspective sur cette partie élevée, à l'autre extrémité six *Fraxinus excelsior atrovirens* (frènes communs verts foncés).

La partie qui tient à la terrasse est garnie d'une corbeille de Rosiers mains francs de pied, en cinquante variétés.

Un *Paulownia* isolé occupe le point le plus élevé et fait repoussoir à l'arbre pyramidal qui est opposé au chemin. Le groupe isolé est planté d'arbres de moyenne grandeur : trois *Pavia lutea* (paviers jaunes), trois *Pavia rubra* (paviers rouges), cinq *Pavia discolor* (paviers discolores), onze *Hibiscus* (althæas) variées et greffées.

Plus loin, un *Mespilus linearis* (épines linéaires); trois *Cedrus Libani* (cèdres du Liban) achèvent de peupler ce tapis-vert. Pour ne pas perdre de vue la perspective qui s'étend au-delà des propriétés sur la mer, il n'est entré dans le groupe limité par le chemin que des arbres peu élevés, des *Cytisus Adami* (cytises d'Adam) et quatre autres variétés, cinq *Mespilus Oxyacantha flore albo pleno* (épines à fleur blanche double), quantité d'autres arbustes; à l'extrémité une corbeille garnie de plantes à feuilles ornementales.

Du pont à l'entrée principale vingt-deux *Mespilus Oxyacantha flore roseo pleno* (épines à fleur rose double), seize *Tamarix*, dix-huit *Hibiscus*, seize *Evonymus latifolius* (fusains à feuille large). Plus rapprochés de l'entrée principale des arbres plus élevés : trois *Quercus ilex* (chênes verts), cinq *Quercus coccifera* (chênes kermès), plusieurs *Gleditschia* (féviers), des *Diospyros* (plaqueminiers); sur le dernier plan, près de la bordure, huit *Vitex Agnus castus* (gattiliers communs) et divers arbustes.

Si nous passons de l'autre côté du pont, nous trouverons le long du mur, jusqu'au kiosque, sur le bord des eaux, trois *Salix Babylonica* (saules pleureurs), sept *Tamarix Gallica* (tamarix de Narbonne), dix *Evonymus Japonicus flavescens* (fusains du Japon jaunâtres), vingt-six *Spiræa* variées.

7

Il est entré dans les massifs qui se trouvent au carrefour de la petite allée quatre *Mespilus Oxyacantha flore albo pleno*, cinq *Cratœgus glabra*, six *Cotoneaster rotundifolia* (cotoneasters à feuille ronde), trois *Cotoneaster Simmondsii* (cotoneasters de Simmonds), trois *Cydonia Japonica inermis* (coignassiers du Japon inermes), deux *Cydonia Japonica rosea* (coignassiers du Japon roses), plusieurs autres arbres et arbustes.

Entre ce petit chemin et le pont du ruisseau, six *Acer platanoïdes folio laciniato* (érables planes à feuille laciniée), cinq *Hibiscus*, quatre *Ribes Alpinum* (groseilliers des Alpes), trois *Hippophae*, neuf *Genista scoparia*, six *Spirœa lœvigata*.

A la pointe de l'allée principale, trois *Koelreuteria* (savonniers), six *Punica* (grenadiers).

Les plantations qui s'étendent de l'allée du kiosque à celle principale sont composées de huit *Populus Ontariensis* (peupliers du lac Ontario), cinq *Sophora*, quatre *Sorbus Americana*, huit *Rhus typhinum* (sumacs de Virginie), cinq *Rhus Cotinus* (sumacs fustets), vingt-deux *Mahonia fascicularis* (mahonias à fleur fasciculée), et *Fortunei* (de Fortune).

Le chemin du poste traverse un groupe de sept *Sambucus nigra cannabifolia* (sureaux communs à feuille de chanvre), cinq *Sambucus racemosa* (sureaux à grappes), six *Sambucus nigra flore pleno* (sureaux communs à fleur double).

Isolés dans la pelouse de Diane, cinq *Cedrus Deodora*, un *Quercus pedunculata fastigiata*, un *Robinia* de même nature et un *Sophora Japonica pendula*.

En face le poste, neuf *Juniperus*, sept *Ribes sanguineum*, cinq *Sorbus domestica* (sorbiers domestiques), trois *Sorbus hybrida* (sorbiers hybrides), six *Salix argentea* (saules argentés), dix *Cornus Sibirica* (Cornouillers de Sibérie), seize *Spirœa salicifolia* (spirées à feuille de saule), dix *Coronilla Emerus* (Coronilles des jardins).

De l'autre côté du poste, huit *Sorbus hybrida*, cinq *Sorbus Americana*, dix *Juniperus Virginiana*, sept *Taxus* (ifs), six *Planera*, cinq *Celtis*, cinq *Tamarix Gallica*.

Au-delà du grand chemin suivant le sentier, sept *Ulmus campestris latifolia* (ormes champêtres à large feuille), six *Ulmus Sinensis* (ormes de la Chine), cinq *Populus* (peupliers blancs cotonneux).

Il est dû une mention particulière aux *Pinus* du Poste plantés avant ma création ; les propriétés du territoire de Marseille sont en général dotées de ces magnifiques arbres appartenant à la famille des Conifères, ce sont des *Pinus Pinea* ou *Halepensis* (pins pignons ou d'Alep), dominés de bois mort, piége tendu aux oiseaux de toute nature, plus particulièrement à ceux de passage. C'est encore pour augmenter le danger de ces intéressants émigrants que j'ai placé sur tout le terrain environnant le Poste des arbres et arbustes à fruits, aimant à croître dans les bois.

Jusqu'à la partie traversée par la grande allée qui dirige les promeneurs vers le lac, cent-vingt *Pinus Halepensis*, quarante-huit *Robinia pseudo-acacia* et trente-deux *Robinia viscosa*, vingt-neuf *Betula* (bouleaux), trente-et-un *Cratœgus aria latifolia*, quantité d'arbres et d'arbustes.

Derrière Sapho, dans le gazon, un *Æsculus*, un *Sophora pendula*, cinq *Pinus Pinea*, un *Quercus pedunculata fastigiata*, à l'angle du chemin du Poste, un *Cedrus argentea*.

Sur le bord de la pelouse se trouvent dix-neuf *Acer Negundo folio argenteo variegato*, cinq *Mespilus Oxyacantha*, quatre *Mespilus crus galli*, treize *Berberis vulgaris*, huit *Symphoricarpos racemosa*.

Le long du ruisseau d'irrigation établi au pied du mur, neuf *Quercus robur*, trois *Populus monilifera*, cinq *Populus angulata*, six *Rhus typhinum*, cinq *Athœa frutex*.

Dans le tapis vert, un *Pinus pumilio* et un *Robinia pseudo-acacia pyramidalis*.

Un groupe de dix-huit *Paulownia* tige peuplent la pelouse dans sa plus grande partie.

Opposé au chemin qui conduit au Marabout, cinq *Populus alba nivea*, trois *Populus Ontariensis*, cinq *Phillyrea latifolia*, cinq *Phillyrea angustifolia*; dans le petit groupe, trois *Pavia rubra*, trois *Celtis* et dix *Buxus sempervirens*.

En avant du dépotoir, vingt-deux *Quercus ilex*, neuf *Quercus coccifera*, cinq *Ribes Alpinum*, cinq *Sorbus* variés.

Sur le bord du tapis vert, trois *Ulmus campestris purpurea*, huit *Ptelea trifoliata*, six *Rhamnus alaternus*, treize *Rhamnus alaternus angustifolia*.

Dans le gazon, un *Populus fastigiata*, un *Fraxinus excelsior pendula* et cinq *Quercus pedunculata fastigiata*.

De la pointe à l'arbre à rameaux pendants, seize *Liriodendrum*, dix *Planera*, vingt-huit *Paliurus*, trois *Corylus Americana*, neuf *Corylus purpurea*, onze *Genista juncea*.

Les plantations opposées dans la pelouse du tapis vert, sept *Larix Europœa*, dix *Rhus typhinum*, cinq *Staphylea*, six *Symphoricarpos racemosa*, six *Symphoricarpos parviflora*, onze *Genista scoparia*.

Près le pont des îles, six *Taxodium distichum*; au-delà, les trois arbres pyramidaux sont des *Populus fastigiata*.

Le plus éloigné, à rameaux fasciculés, appartient au genre Quercinées ; celui qui nous fait face, au genre Salicinées.

Derrière le banc, la collection de *Tamarix* en quatre espèces, trois *Tilia Americana argentea*.

Il est bien regrettable que les limites de cet ouvrage ne me permettent pas d'entrer dans tous les détails de cette intéressante composition et de son système d'irrigation naturelle.

(Les arbres et arbustes les plus remarquables ont été fournis par Marmillot, pépiniériste à Montélimart.)

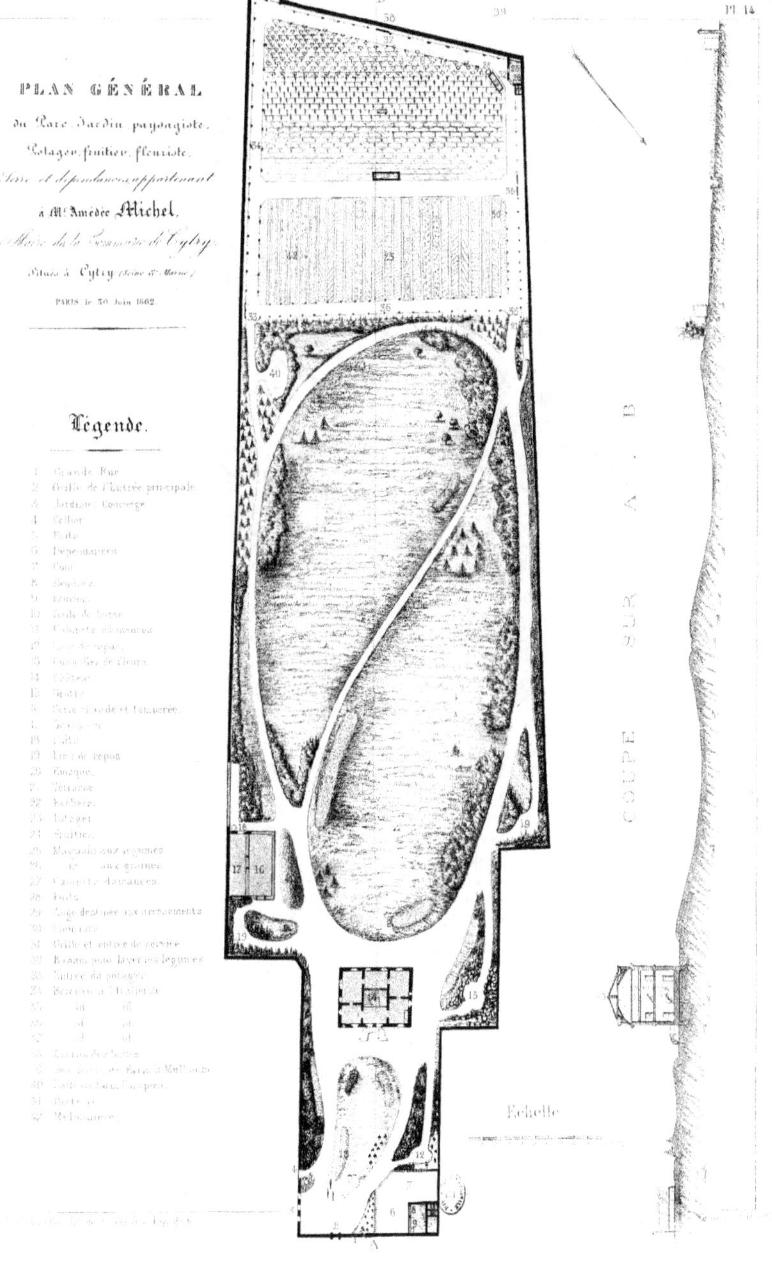



PLAN GÉNÉRAL

du Parc, Jardin paysagiste,

Potager, fruitier, fleuriste,

Serre et dépendances appartenant

à M. Amédée Michel,

Maire de la Commune de Cytry,

Situés à Cytry (Seine et Marne)

PARIS, le 30 Juin 1862.

## Légende.

1. Grande Rue
2. Grille de l'Entrée principale
3. Jardinier Concierge
4. Cellier
5. Puits
6. Dépendances
7. Cour
8. Remises
9. Ecuries
10. Ecole de basse
11. Coquette d'abreuvoirs
12. Lieu de repos
13. Corbeilles de fleurs
14. Château
15. Grotte
16. Serre chaude et tempérée
17. Sortie
18. Patis
19. Lieu de repos
20. Kiosque
21. Terrasse
22. Rochers
23. Potager
24. Fruitier
25. Magasin aux légumes
26. id aux graines
27. Coquette d'aisances
28. Puits
29. Auge destinée aux arrosements
30. Fleuriste
31. Grille et entrée de service
32. Bassin pour laver les légumes
33. Entrée du potager
34. Berceau à l'Italienne
35. id id
36. id id
37. id id
38. Gazon de choix
39. une Route de Paris à Mulhouse
40. Route ou Parc Anglais
31. Bosquet
32. Mélèzes

# JARDIN PAYSAGISTE

## POTAGER ET FRUITIER

SITUÉ COMMUNE DE CITRY, CANTON DE LA FERTÉ-SOUS-JOUARRE, ARRONDISSEMENT DE MEAUX, DÉPARTEMENT DE SEINE-ET-MARNE.

APPARTENANT A M. A. MICHEL

Créé en 1862

De la rue principale sur une partie de terrain étroite et inclinée vers le chemin des Buttes, près du rail-way de Paris à Melun, d'une contenance de 11,754 m. 66, divisée en : 1,844 m. d'allées, 1,030 m. de massifs et parties cultivées, 90 m. de corbeilles, 6,478 m. 83 de tapis vert et 2,311 m. 83 de jardin fruitier et potager, il a été planté :

Près les dépendances, quatorze *Abies picea* (sapins epicens); le long du mur opposé, trois *Cerasus Lauro-Colchica* (cerisiers Lauriers de Colchide), trois *Viburnum Tinus* (viornes Lauriers-tins) et plusieurs arbustes.

Jusqu'au bâtiment, trois *Robinia hispida* (robiniers roses), six *Syringa Rothomagensis* (lilas Varin), cinq *Syringa media* (lilas de Marly), sept *Aucuba Japonica* (aucubas du Japon), cinq *Spiræa ariæfolia* (spirées à feuille d'Aria) et sept *Cerasus Lauro-Colchica*. Le massif en face le lieu de repos est garni de six *Cytisus laburnum* (cytises faux-Ébéniers), trois *Cratægus* (alisiers), sept *Mespilus pyracantha* (épines buissons-ardents), trois *Cerasus Lusitanica* (cerisiers-Lauriers de Portugal), diverses *Spiræa*, le sol recouvert par des *Hypericum calycinum* (millepertuis à grande fleur).

Sur le tapis vert, en face le chemin de la partie qui vient de nous occuper, neuf *Cedrus argentea vel Atlantica* (cèdres argentés de l'Atlas); à la pointe, cinq *Thuia filiformis* (thuias filiformes), un *Fagus sylvatica pendula* (hêtre commun pleureur), un *Yucca pendula*. Dans le petit groupe isolé, cinq *Althœa* diverses variétés, cinq *Mahonia Fortunei* (mahonias de Fortune).

La corbeille est garnie de fleurs se renouvellant selon les saisons.

Pour dissimuler le service du puits, trois *Cerasus Lusitanica*, trois *Evonymus* (fusains), cinq *Mahonia*.

Le long du mur, jusqu'au pan coupé, cinq *Acer platanoides* (érables planes), cinq *Cytisus laburnum*, quatre *Mespilus Oxyacantha flore roseo pleno* (épines à fleur rose double), trois *Mespilus Oxyacantha flore albo pleno* (épines à fleur blanche double), six *Genista juncea* (genêts d'Espagne), cinq *Lonicera Sinensis* (chèvrefeuilles de la Chine), cinq *Evonymus latifolius* (fusains à large feuille), six *Rhamnus alaternus latifolius* (nerpruns alaternes à large feuille), quelques autres plantes à feuilles persistantes. La corbeille est garnie d'une collection de *Phlox decussata* en cinquante variétés.

En retour, jusqu'aux serres, trois *Populus fastigiata*, sept *Maclura aurantiaca* (macluras épineux), neuf *Evonymus latifolius* (fusains à large feuille), huit *Mahonia fascicularis* (mahonias à fleur fasciculée), onze *Spiræa* variées, sept *Cydonia Japonica* (coignassiers du Japon), six *Althœa* et dix *Cotoneaster*.

Dans la pelouse, une collection de *Pæonia arborea* (pivoines en arbre); les trois arbres isolés sont des *Magnolia grandiflora* (magnolias à grande fleur).

En face les serres vient se placer chaque année la collection de Dahlias, variétés nouvelles.

Pour dissimuler la servitude d'une vue directe sur la cour des serres, il a été planté dans le tapis vert onze *Quercus ilex* (chênes verts), trois *Quercus suber* (chênes liéges), cinq *Quercus kermès* (chênes coccifera), sous les rameaux desquels sont venus prendre place vingt-deux *Aucuba Japonica* (aucubas du Japon); à la suite, jusqu'aux trente *Pinus nigra Austriaca* (pins noirs d'Autriche), six *Acer pseudo-platanus folio purpureo* (érables sycomores à feuille pourpre), onze *Acer Pensylvanicum* (érables jaspés), six *Fraxinus excelsior aurea* (frênes communs dorés), douze *Mespilus Oxyacantha* (épines blanches), *Mespilus Oxyacantha flore coccineo* (aubépine à fleur coccinée), neuf *Cytisus laburnum*, quinze *Spiræa* de diverses variétés.

Au-delà des arbres résineux, jusqu'au potager, trois *Pavia lutea* (paviers jaunes), trois *Diospyros* (plaqueminiers), cinq *Syringa Rothomagensis* (lilas Varin), sept *Syringa Persica* (lilas de Perse), cinq *Althœa*, six *Mahonia*.

Les quatorze arbres résineux faisant partie des plantations du lieu de repos sont des *Larix* (mélèzes). Parmi les autres plantations on peut voir cinq *Æsculus rubicunda* (marronniers à fleur rouge), sept *Pavia macrostachya* (paviers à long épi), trois *Evonymus Europæus fructu albo* (fusains communs à fruit blanc), sept *Corylus purpurea* (noisetiers à feuille pourpre), cinq *Rhamnus*, cinq *Elæagnus angustifolia* (châlefs Oliviers de Bohême), cinq *Phlomis fruticosa* (phlomis frutescents), huit *Robinia hispida* nains, trois *Cerasus Lauro Lusitanica*, six *Spiræa Douglasii*, six *Lonicera Ledebouri*.

Dans la pelouse, l'arbre isolé pleureur est un *Salix Babylonica* (saule pleureur).

Le potager est caché par dix *Ligustrum Japonicum* (troënes du Japon), sept *Cerasus Lauro Lusitanica*, trois *Juniperus* (genévriers), dix *Viburnum Tinus*, dix *Salsola fruticosa* (soudes en arbre), trois *Ulmus Sinensis* (ormes de la Chine), six *Rhamnus Billardii* (nerpruns de Billard), sept *Cerasus Lauro-Caucasica* (cerisiers Lauriers du Caucase), six *Ilex aquifolium ferox* (houx communs hérissons), vingt-deux *Mahonia*; près la porte, douze *Pinus sylvestris* (pins sylvestres).

Parmi les rochers qui soutiennent les terres de la terrasse, cinq *Ilex aquifolium ciliatum* (houx communs à feuille ciliée), seize *Genista juncea*, trois *Cercis* (gainiers), six *Rubus odoratus* (framboisiers du Canada), quatre *Phillyrea latifolia* (filarias à feuille large), diverses Pervenches à grande fleur, des Iris, quelques *Cedrus* (Cèdres).

Dans la pelouse, les plantations qui dissimulent l'entrée du potager sont composées de cinq *Populus alba nivea*, trois *Acer saccharinum* (érables à sucre), six *Philadelphus*, trois *Ulmus campestris* (ormes à petite feuille), trois *Evonymus latifolius*, trois *Cytisus Adami* (cytises d'Adam), six *Cytisus laburnum* (cytises faux-Ébéniers), sept *Cytisus sessilifolius* (cytises à feuille sessile); sur le bord de la pelouse, six *Cydonia Japonica*, huit *Coronilla Emerus* (coronilles des jardins), seize *Phlomis fruticosa*, onze *Potentilla fruticosa*.

Celles en face les *Pinus nigra Austrica* sont composées de trois *Cerasus hortensis flore pleno* (cerisiers à fleur double), de cinq *Quercus coccinea* (chênes écarlates), six *Caragana*, quatre *Gymnocladus* (bonducs), quatre *Cratægus aria latifolia* (alisiers de Fontainebleau), trois *Alnus glutinosa laciniata* (aunes communs à feuille laciniée), sept *Althæa*, quatorze *Amygdalus Georgica* (amandiers de Géorgie), neuf *Viburnum Opulus sterilis* (viornes Boules-de-neige).

A l'extrémité, près de la serre, cinq *Quercus coccifera* (chênes kermès), cinq *Quercus suber* (chênes liéges), trois *Quercus Mirbecki* (chênes Zang), sept *Spiræa lævigata*, six *Laurus Benzoin* (lauriers faux-Benjoin), vingt-huit *Mahonia*.

Dans la pelouse, les trois arbres résineux sont des *Cedrus argentea vel Atlantica*; le trio qui leur est opposé est en *Catalpa*. Celui à rameaux réfléchis en *Sophora pendula* (sophoras pleureurs). La corbeille de fleurs est plantée de cent quatre-vingts Rosiers général Jacqueminot, qui en fleurs sont d'un magnifique effet.

Les plantations à l'extrémité de l'autre pelouse, vers la terrasse, sont composées de trois *Fraxinus aurea*, cinq *Acer saccharinum*, trois *Acer eriocarpum*, trois *Ulmus campestris purpurea* (ormes champêtres à feuille pourpre), trois *Quercus palustris* (chênes des marais), cinq *Quercus Phellos* (chênes saules), trois *Cerasus hortensis flore pleno*, cinq *Salix pentandra* (saules à feuille de laurier), trois *Carpinus Ostrya* (charmes houblons), trois *Gleditschia inermis* (féviers sans épines), neuf *Berberis Nepalensis* (épines-vinettes du Népaul), cinq *Corylus purpurea* (noisetiers à feuille pourpre), huit *Deutzia staminea* (deutzias à longue étamine), six *Mespilus pyracantha*, neuf *Ribes sanguineum*, sept *Genista juncea*, quatre *Syringa regia* (lilas royal), cinq *Lyciet Sinensis* (lyciet de la Chine), six *Mahonia*, dix *Philadelphus inodorus* (seringas inodores), cinq *Spiræa Billardii*, cinq *Spiræa eximia*, (spirées superbes).

En face, dans le tapis vert, huit *Taxodium distichum* (Taxodiums distiques).

Après la perspective, cinq *Liquidambar styraciflua* (liquidambars copals), trois *Maclura aurantiaca*, trois *Ulmus campestris urticæfolia* (ormes à feuille d'ortie), trois *Paulownia*, cinq *Althæa frutex*, quatre *Persica vulgaris flore albo pleno*, cinq *Pavia macrostachya* (paviers nains), cinq *Spiræa tormentosa* (spirées cotonneuses), cinq *Spiræa eximia*, quatre *Tamarix Gallica* (tamarix de Narbonne), cinq *Coronilla Emerus* (Coronilles des jardins).

Après la corbeille de fleurs, trois *Tilia Europæa macrophylla* (tilleuls communs à grande feuille), trois *Tilia Americana argentea* (tilleuls d'Amérique à feuille argentée), cinq *Liriodendrum* (tulipiers), quatre *Virgilia lutea* (virgiliers à bois jaune), vingt *Acer Negundo folio argenteo variegato* (érables à feuille de frêne panachée argentée), onze *Virgilia lutea*, cinq *Elæagnus reflexa* (chalefs à fleur réfléchie), six *Broussonetia*, trois *Alnus imperialis*; le dernier plan est occupé par une série de *Berberis Darwinii*, et onze *Ruscus racemosus* (fragons à grappe).

L'arbre isolé est un *Wellingtonia gigantea*, le plus élevé des arbres résineux.

La corbeille contient cent-vingt Rosiers Souvenirs de Malmaison; quatre *Cedrus Libani* (cèdres du Liban) terminent les plantations de ce tapis vert.

La corbeille qui se trouve dans la même pelouse opposée aux *Quercus ilex* est occupée par une collection de *Chrysanthemum Indicum* (Chrysanthèmes des Indes).

De la grotte à l'angle, le long du mur, seize *Rhamnus alaternus angustifolius* (nerpruns alaternes à feuille étroite), cinq *Cerasus Lusitanica* (cerisiers Lauriers de Portugal), six *Berberis Darwinii* (épines vinettes de Darwin).

La partie opposée est plantée de trois *Tilia pendula*, cinq *Tamarix Indica* (tamarix de l'Inde), trois *Chamæcerasus*.

Dans la pelouse, un *Mespilus linearis* (épines linéaires).

En face la perspective qui s'étend au-delà de la propriété, trois *Populus fastigiata*, trois *Tamarix*, trois *Syringa vulgaris*, six *Althæa frutex* trois variétés.

L'autre massif est occupé par trois *Liriodendrum*, deux *Betula*; côté des gazons, cinq *Indigofera dosua*, quatre *Althæa*, un *Fagus sylvatica purpurea* (hêtre commun à feuille pourpre), six *Ilex aquifolium folio variegato argenteo*.

De ce lieu de repos à la terrasse, des *Rhamnus alaternus*, des *Mespilus pyracantha* (épines Buissons-ardents), et quelques autres plantes à feuilles persistantes et caduques.

Le fruitier est garni de vingt-six poiriers quenouille, trente-trois cerisiers, douze pruniers, onze abricotiers, vingt-quatre pêchers, quinze pommiers, trois figuiers, des groseillers à grappes et épineux.

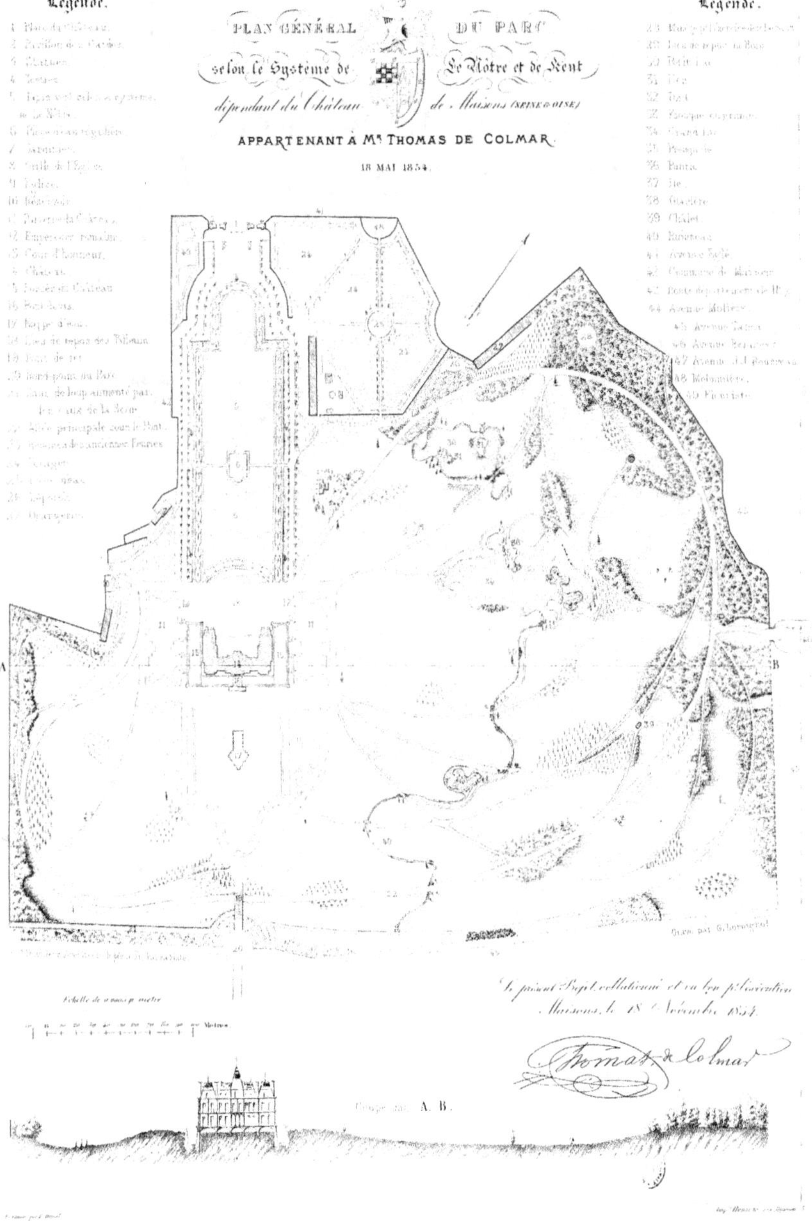

PLAN GÉNÉRAL DU PARC
selon le Système de Le Nôtre et de Kent
dépendant du Château de Maisons (SEINE & OISE)
APPARTENANT À Mr THOMAS DE COLMAR
18 MAI 1854

Légende.
1 Place du Château
2 Pavillon des Gardes
3 Château
4 Terrasse
5 Jardin selon le système de Le Nôtre
6 Parterres réguliers
7 Labours
8 Grille de l'Église
9 Pelouse
10 Réservoir
11 Parterre du Château
12 Empereur romain
13 Cour d'honneur
14 Château
15 Fossés du Château
16 Boulingrins
17 Nappe d'eau
18 Lieu de repos des Tilleuls
19 Pont de fer
20 Rond-point du Parc
21 Cours de loup alimenté par les eaux de la Seine
22 Allée principale sous le Pont
23 Bosquets des anciennes Futaies
24 Verger
25 Pièce d'eau
26 Laiterie
27 Orangerie

Légende.
28 Lieu de repos au Bois
29 Lieu de repos au Bois
30 Réservoir
31 Ile
32 Parc
33 Kiosque égyptien
34 Grand lac
35 Presqu'île
36 Pente
37 Ile
38 Glacière
39 Chalet
40 Ruisseau
41 Avenue Salée
42 Commune de Maisons
43 Route départementale de Rly
44 Avenue Molière
45 Avenue Racine
46 Avenue Berlioz
47 Avenue J.J. Rousseau
48 Melonnières
49 Fleuriste

A
B
Échelle de 2 mm par mètre
Coupe sur A. B.
Le présent Plan, collationné et vu bon pour exécution
Maisons, le 18 Novembre 1854
Thomas de Colmar

# PARC

DU

# CHATEAU DE MAISONS

CANTON DE SAINT-GERMAIN-EN-LAYE, ARRONDISSEMENT DE VERSAILLES, DÉPARTEMENT DE SEINE-ET-OISE

APPARTENANT A M. THOMAS, DE COLMAR

Créé en 1854—1855

Cette terre appartenait depuis deux siècles à la famille des Longueil, lorsqu'en 1642 René de Longueil fit commencer le château, sur les plans du célèbre architecte Mansart. Cette gigantesque construction ne fut terminée qu'en 1651.

Cette seigneurie passa, en 1731, au marquis de Soyecourt; en 1777, au comte d'Artois; en l'an VI, à Lanchère; en 1804, au maréchal Lannes, duc de Montebello; puis, en 1818, à M. Laffitte; et en 1849, elle entra dans la famille de M. Thomas, de Colmar, qui comprit l'importance d'un pareil monument pour l'histoire.

Sa première pensée fut de réparer les ravages que M. Laffitte et le temps avaient fait à cette résidence seigneuriale.

Je fus appelé à étudier les projets du parc, que je rétablis selon le système de Le Nôtre pour toutes les parties qui se rapprochaient du château; les plus éloignées furent converties en un vaste paysager.

A l'entrée, deux statues en marbre, près lesquelles viennent se placer des orangers; des fragments d'anciennes avenues de marronniers, qui paraissent avoir plusieurs siècles, ont été continuées jusqu'à la cour d'honneur.

Dans les tapis verts, de 5 m. de large, chaque 10 m., un demi-cercle occupé par un socle supportant un vase Médicis; au centre, des *Taxus* (ifs) taillés en pyramides, afin d'augmenter la perspective.

Au milieu de la grande pelouse, un bassin, avec jet d'eau qui s'élève à la hauteur du premier étage.

Des Orangers, de première grandeur, sont placés en quinconce en face les fossés, afin d'imiter les orangers de Blidah.

Des parterres accompagnent le château sur ses deux façades.

Côté du pont-levis, au centre du tapis vert, un bassin recevant ses eaux en cascades; de chaque côté, des vases dont l'eau jaillit à plusieurs mètres. Des plates-bandes garnies de fleurs en font les limites avec des dessins de broderie.

De la cour d'honneur, se dirigeant vers le jardin paysagiste par un chemin de 5 m. traversant les bois, les prairies, et suivant les nombreux accidents du sol, l'arbre isolé, près les ruines, est un *Quercus pedunculata fastigiata* (chêne pédonculé pyramidal); autour des anciennes dépendances, divers arbres de première grandeur et arbustes à feuilles caduques.

Le petit chemin conduisant aux dépendances traverse une plantation de *Pinus nigra Austriaca* (pins noirs d'Autriche).

Le long du mur, des *Abies picea* (sapins Epicea); en avant, quelques arbustes s'élevant peu et à fleurs.

Un *Ulmus campestris pyramidalis* (orme champêtre pyramidal) leur sert d'échelle.

Les arbres qui composent ce petit groupe sont des *Catalpa*, trois *Populus alba nivea* (peupliers blancs cotonneux), sept *Berberis vulgaris purpurea* (épines-vinettes communes à feuille pourpre).

Jusqu'au dépotoir, le chemin est couvert par trois *Ulmus campestris latifolia* (ormes champêtres à large feuille), six *Ulmus campestris tortuosa* (ormes champêtres tortillards), sept *Cercis siliquastrum* (gainiers, Arbres de Judée), six *Quercus rubra* (chênes rouges), dix-huit *Berberis Nepalensis* (épines-vinettes du Népaul); le long du mur, des *Rhamnus alaternus angustifolius* et *latifolius* (nerpruns alaternes à feuille étroite et à feuille large), neuf *Phillyrea latifolia* (filarias à feuille large).

En face l'orangerie, et pour la dissimuler, une importante plantation de *Larix* (mélèzes).

Le chemin qui conduit au lieu de repos couvert et à la porte de J.-J. Rousseau est planté de *Populus alba* (peupliers blancs de Hollande), de huit *Quercus Robur* (chênes communs), onze *Quercus rubra* (chênes rouges), onze *Fraxinus* (frênes) diverses espèces, plusieurs *Castanea* (châtaigniers), des *Corylus* (noisetiers), soixante *Carpinus* (charmes), vingt-deux *Betula* (bouleaux), des *Viburnum Opulus sterilis* (viornes Boules-de-neige) et les essences les plus répandues dans nos forêts.

De cette porte à la glacière, cinquante *Quercus Robur*, trente *Quercus Robur pedunculata* (chênes communs à long pédoncule), vingt-deux *Quercus Cerris* (chênes chevelus), des *Carpinus*, des *Fagus*, des *Fraxinus*, des *Betula*, des *Castanea*, comme dans les plantations précédentes, toutes essences forestières livrées à leur végétation naturelle.

Du pont à l'extrémité, le long de la clôture, le chemin est couvert par les mêmes arbres et arbustes qui composent les massifs précédents.

L'arbre isolé placé dans la pelouse est un *Populus fastigiata* (peuplier d'Italie).

A l'extrémité, vingt-sept *Quercus pedunculata fastigiata* (chênes communs pyramidaux).

8

Les plantations traversées par le sentier de trois mètres sont composées de onze *Hippophae* (argousiers), six *Elæagnus angustifolia* (châlefs Oliviers de Bohême), quatorze *Cratægus aria latifolia* (alisiers de Fontainebleau), sept *Amelanchier Canadensis*, onze *Amelanchier vulgaris*, dix *Amorpha* et quelques autres arbustes.

Sur le bord du grand chemin, vingt-huit *Juniperus Virginiana* (genévriers Cèdres de Virginie).

Les trois arbres isolés sont des *Æsculus Hippocastanum*. A l'autre extrémité de la pelouse, neuf *Acer rubrum*, onze *Acer Pseudo-platanus*, cinq *Acer platanoides*, neuf *Economus Europæus*, six *Economus latifolius*, dix-neuf *Ribes Gordonianum*. Le massif opposé contient cinq *Fagus sylvatica*, trois *Populus alba nivea*, six *Ilex aquifolium*, cinq *Diospyros*, huit *Maclura aurantiaca*, onze *Lonicera cærulea*, six *Lonicera Alpigena*, dix-huit *Potentilla fruticosa*. Dans la pelouse, vingt-trois *Pavia lutea* tige.

Le massif sur le bord de la clôture est occupé par neuf espèces de *Salix*, dix *Spiræa opulifolia*, sept *Spiræa salicifolia*, cinq *Sophora Japonica*, dix-huit *Berberis*. Plus loin, six *Rhus typhinum*, neuf *Rhus Cotinus*, huit *Symphoricarpos parviflora*, neuf *Viburnum Opulus sterilis*.

Près le pont, cinq *Populus Ontariensis*, trois *Quercus Robur pedunculata*, six *Sambucus nigra flore pleno*, cinq *Sambucus nigra cannabifolia*, huit *Salsola*, quatre *Sorbus hybrida*. Les arbres à tête ronde, dans la même pelouse, sont des *Catalpa* tige.

Après avoir passé sous l'arche du pont de fer, on trouve trois *Fagus sylvatica purpurea*.

L'arbre isolé est un *Robinia pseudo-Acacia pyramidalis* (robinier faux-Acacia pyramidal).

Le long du mur, jusqu'à l'église, des arbres de diverses essences, parmi lesquels dominent des *Quercus Americana*, des *Phillyrea*, des *Sophora Japonica*, des *Gymnocladus Canadensis*, des *Pavia*, diverses espèces d'arbres résineux, tous d'une brillante végétation et ayant pris un développement qui en font les plus beaux arbres du règne végétal; ils furent plantés par le général Montebello, qui avait choisi cet endroit pour la réunion des chênes de Michaux et quantité d'autres arbres les plus intéressants du règne végétal et peu connus dans nos parcs.

Contre l'église, jusqu'aux réservoirs, nous traversons une plantation de soixante-douze *Pinus Strobus* (pins du lord Weymouth ; c'est par des arbres de même essence que le sentier des souterrains est protégé.

Les autres arbres résineux, de chaque côté du chemin du château à la commune, sont des *Pinus sylvestris* (pins d'Écosse); contre le chenil et la maison du jardinier, cinq *Phillyrea angustifolia*, un *Phillyrea latifolia*, neuf *Syringa media*, six *Syringa Rothomagensis*, quatorze *Philadelphus*, dix-neuf *Cerasus Lauro-Colchica*, vingt-huit *Spiræa* de diverses espèces, quatorze *Tilia Americana*, sept *Tilia Americana argentea*.

Reprenant la promenade au point où nous l'avons commencée, l'arbre isolé est un *Quercus pedunculata fastigiata*.

Au bord du chemin qui conduit au pont du lac Supérieur, justement nommé, ayant en sous-sol, à 12 mètres de profondeur, une surface à peu près de 10,000 mètres occupée par une eau qui peut être comparée, par sa limpidité, à celle du lac de Genève, quinze *Tilia Americana argentea*. Près le pont, une corbeille de fleurs garnie de plantes vivaces.

Isolé, un *Quercus Robur* d'une végétation régulière, le plus bel exemple de sa race, et témoin des premières plantations.

En face les allées du potager et de l'orangerie, six *Mespilus Oxyacantha flore roseo pleno*, cinq *Hippophae*, sept *Elæagnus angustifolia*, cinq *Gymnocladus*. Dix *Taxodium sempervirens* leur font repoussoir dans la pelouse.

Près le pont, quatre *Taxodium distichum*. Sept *Pinus excelsa* occupent la partie avancée dans les eaux.

A l'extrémité du chemin du grand lac, seize *Liquidambar styraciflua*, vingt-deux *Spiræa*, dix-huit *Berberis Nepalensis*.

Dix *Fagus sylvatica purpurea* se trouvent dans la pelouse opposée.

Près le lac, les massifs, séparés par le chemin, sont plantés de dix-huit *Corylus purpurea*, dix *Corylus Byzantina*, onze *Berberis*, cinq *Liriodendrum*, sept *Pavia* et divers arbustes. Sur le bord des eaux, la collection de *Tamarix*.

Au carrefour des allées du kiosque, cinquante-deux *Pinus sylvestris*. Au delà du ruisseau, dix-neuf *Pinus Pinea*.

Reprenant le chemin du kiosque, en face le manége, nous traversons les anciennes plantations. Seize *Pinus nigra Austriaca* se trouvent isolés dans la pelouse. Près le kiosque, encore des arbres forestiers, auxquels il a été ajouté des *Ilex*, des *Ligustrum Japonicum*, des *Robinia pseudo-Acacia* et quelques *Fagus*.

En face les cinquante-deux *Pinus sylvestris*, neuf *Populus alba nicea*, cinq *Cytisus laburnum*, huit *Cercis siliquastrum*, cinq *Fraxinus aurea*, seize *Viburnum Opulus sterilis*, quarante-deux *Genista juncea*. L'arbre isolé est un *Robinia pseudo-acacia pyramidalis*.

Henri Nicolle, dans son histoire : *le Château de Maisons*, pages 161, 162, 163 et 164, en parle avec éloge et en donne la gravure.

L'auteur du *Bon Jardinier*, dans le volume des planches, page 512, en donne aussi la gravure, et parle de cette création comme d'une des plus complètes de notre époque.

La *Revue horticole*, 1858, 1er mars, n. 5, la publie et en fait le plus grand éloge.

*Les Mondes*, première année, tome II, 13e livraison, 29 octobre 1863, page 342, cite cette création et en donne la gravure, comme une œuvre d'un grand mérite.

Henry Lauzac, dans la *Galerie historique et critique du XIXe siècle*, tome IV, pages 594, 595, 596 et 597, en parle comme d'une composition supérieure à toutes celles connues.

Et divers ouvrages horticoles et historiques en ont publié la gravure, racontant le mérite de cette œuvre mixte, la plus complète du genre.

PLAN
du beau Parc Paysagiste & Fruitier

Dépendant des Propriétés

de Mr. F. Pigneron
situées

À YVERDON
Canton de Vaud (Suisse)
1868

Légende.

1. Route d'Yverdon à Neuchâtel
2. Grille de l'Entrée principale
3. Loge
4. Balcons
5. — de la Tour
6. — du Parc
7. Perron
8. Vestibule
9. Salon
10. Petit salon
11. Cuisine
12. Office
13. Escalier
14. Salle à manger
15. Cabinet de travail et de lecture
16. Chambre Concierge
17. Chambre à coucher
18. Cuisine de réserve
19. — de service
20. Cour
21. Grande Cour
22. Remise
23. Basse-cour
24. Tour à poules
25. Porte du Parc au fruitier
26. Lieu de repos du gros noyer
27. — des Pins noirs d'Autriche
28. — de l'entrée
29. Corbeilles de fleurs
30. Clôture du fruitier
31. Porte des dépendances au fruitier
32. Une autre porte du fruitier au potager
33. Volière à faisans
34. Fontaines
35. Magasin du fruitier
36. Pelouse
37. Puits

Écritures par F. Huvel

Le présent plan collationné
et vu bon pour exécution.
Yverdon Suisse le 3 9bre 1868.
F. Pigneron

COUPE SUR A B

A    B

# JARDIN PAYSAGISTE

## ET FRUITIER

### APPARTENANT A M. F. PIGUERON

SITUÉ ROUTE D'YVERDON A NEUCHATEL, CANTON DE VAUD, BORD DU LAC DE NEUCHATEL (SUISSE)

1868

Sur cette Suisse où la nature a prodigué tant de richesses géologiques et végétales, où les sites varient à l'infini et présentent à chaque pas les aspects les plus grandioses et les plus sévères, c'est après avoir visité pendant dix années ce grand parc des touristes, y avoir séjourné, que M. Pigueron s'est arrêté au bord du lac de Neuchâtel, à un espace n'ayant que 10,000 mètres, sur lequel il a construit une habitation et créé un jardin paysagiste de 3,931 m. 27, où le pittoresque ne le cède en rien à tout ce qui l'entoure ; le fruitier contient 2,300 mètres. Partout à la promenade des perspectives différentes, le sentier qui conduit à Sainte-Croix et l'étroit chemin taillé avec tant d'audace sur les bords de la gorge de la Covatannaz; l'aiguille de Beaulme et le mont Suchet, entre lesquels j'ai vu, le 11 novembre 1868, les plus grands effets de coucher de soleil; plus loin, entre Bullet et Chasseron, des sites différents et d'un autre caractère, tout est grandiose et imposant sur ce dernier horizon.

M. Pigueron, à qui les connaissances étendues et la bonne administration n'ont jamais fait défaut, m'a livré tous les moyens d'exécuter dans un rapide délai.

Le terrain entièrement découvert, j'ai placé la construction à 22 mètres de la route et les dépendances à côté de l'entrée principale, fermée par une grille, soutenue par des piliers octogones d'une seule pièce en granit pris dans des blocs erratiques.

L'allée de 2 m. 60 de l'entrée principale à la Verendha, en tournant le grand tapis vert, nous conduit aux écuries et remises, dissimulées par une plantation d'arbres de première grandeur et d'arbustes à feuilles persistantes.

Le long du mur de la route, allant de la grille au lieu de repos du gros noyer, six *Sophora Japonica* (sophoras du Japon), onze *Æsculus Hippocastanum flore pleno* (marronniers d'Inde à fleur double), trois *Platanus* (platanes), trois *Ulmus campestris latifolia* (ormes à large feuille), huit *Ilex aquifolium ferox folio variegato argenteo* (houx communs hérissons à feuille panachée de blanc), six *Broussonetia papyrifera* (broussonetias mûriers à papier), neuf *Mespilus pyracantha* (épines Buissons-ardents), trois *Phillyrea latifolia* (filarias à feuille large), sept *Hibiscus* (althæas), dix *Buplexrum* (buplèvres), trois *Cornus sanguinea* (cornouillers sanguins), six *Cornus Sibirica* (cornouillers de Sibérie), sept *Coronilla emerus* (coronilles des jardins), un *Castanea* greffé (châtaignier-marron de Lyon), quatorze *Celtis* (micocouliers), deux *Mespilus Oxyacantha flore roseo.*

Dans la pelouse, en face le lieu de repos du Noyer, sur diverses élévations, cinq *Betula alba laciniata* (bouleaux communs à feuille laciniée), deux *Fraxinus excelsior aurea* (frênes communs dorés), trois *Salisburia adianthifolia* (gingkos à deux lobes), un *Cedrus Deodora* (cèdre de l'Inde), un *Fraxinus excelsior pendula* (frênes communs pendants).

Le massif près de l'allée principale est composé de six *Æsculus rubicunda* (marronniers à fleur rouge), trois *Populus balsamifera* (peupliers baumiers), un *Robinia pseudo-acacia* (robiniers faux-Acacias), trois *Thuia gigantea* (thuias gigantesques), quinze *Spiræa lanceolata* (spirées à feuille lancéolée), dix *Cytisus sessilifolius* (cytises à feuille sessile), cinq *Indigofera dosua* (indigotiers dosuas), six *Althæa frutex*, trois *Artemisia arborescens* (armoises en arbre).

A l'autre extrémité, un superbe groupe d'arbres et d'arbustes composé de dix *Liquidambar styraciflua* (liquidambars copal), cinq *Cerasus hortensis flore pleno* (cerisiers à fleur double), onze *Cratægus glabra* (photinies luisants) et dix-neuf *Mahonia* variés.

La pelouse qui domine la perspective de cette admirable position est peuplée à son extrémité de dix *Pinus nigra Austriaca* (pins noirs d'Autriche); sur le bord de l'allée principale, un *Gynerium argenteum* (gynerium argenté).

Des *Pinus nigra Austriaca* au jardin fruitier, le long du mur: sept *Maclura aurantiaca* (macluras épineux), trois *Gymnocladus* (bonducs); près le fruitier, un *Syringa Rothomagensis* (lilas Varin), huit *Syringa media* (lilas de Marly), vingt *Indigofera dosua* (indigotiers dosuas), dix *Cytisus laburnum* (cytises faux-Ébéniers), quinze *Arbutus Uva ursi* (arbousiers Busserole), quatre *Philadelphus* (seringas), neuf *Chamæcerasus* (chamecerisiers), un *Pistacia* (pistachier). Cette série d'arbres se termine par quatre *Amygdalus communis flore pleno* (amandiers communs à fleur double).

Les plantations du lieu de repos des *Liriodendrum* (tulipiers) sont, pour le massif de la pelouse, trois *Liriodendrum tulipifera* (tulipiers de Virginie), un *Ulmus pendula* (orme pleureur), deux *Syringa Josikea* (lilas à feuille de Chionanthe), trois

Amygdalus communis flore pleno, un *Fraxinus excelsior aurea*, neuf *Cotoneaster*, huit *Mahonia*, quatre *Potentilla*, un *Malus baccata* (pommier de Sibérie), deux *Broussonetia papyrifera*, un *Cerasus Padus*, trois *Rhus typhinum*.

La partie opposée est peuplée d'un *Syringa Josikea*, huit *Liriodendrum*, six *Mespilus Oxyacantha flore roseo pleno*, cinq *Cytisus laburnum*, deux *Cotoneaster*, cinq *Phillyrea latifolia*, dix *Syringa regia*, sept *Evonymus Japonicus flavescens*, six *Cerasus Padus*, deux *Rhus typhinum*, trois *Potentilla*, six *Deutzia scabra* et un *Cerasus pumila* (cerisier Ragouminier) tige.

Le long de la clôture à claire-voie, de 1 m. 30 de haut, qui sépare le fruitier du jardin paysagiste, dix-sept *Cerasus Lauro Lusitanica*, quatorze *Buxus Balearica*, vingt-trois *Ligustrum Japonicum* quatre *Ligustrum ovalifolium*, neuf *Robinia hispida*, six *Jasminum nudiflorum*, trois *Spiræa* variées, cinq *Ulex Europæus flore pleno* (ajoncs marins à fleur double); contre la séparation, des *Bignonia grandiflora*, des Rosiers Banksiana à fleur jaune et blanche, des *Clematis* (Clématites), diverses espèces.

En face la porte du fruitier, les premières plantations sont quatre *Cratægus Aria latifolia*, trois *Aralia spinosa* (aralias épineux), cinq *Quercus Suber* (chênes liéges), huit *Quercus coccifera* (chênes kermès), quatorze *Mahonia* de diverses espèces; deux *Maclura* terminent cet intéressant groupe. Dans la pelouse, un *Cephalotaxus Fortunei*, trois *Acer Pensylvanicum* (érables jaspés), un *Fagus sylvatica pendula*, un *Taxus*; parmi le petit groupe, sept *Caragana*, six *Forsythia viridissima* (forsythias à feuillage très-vert), dix *Pæonia arborea*; la corbeille de fleurs est garnie de trois cent trente Rosiers général Jacqueminot.

Le massif opposé au *Quercus Suber* renferme dix-sept *Quercus ilex* (chênes verts), cinq *Betula* (bouleaux), cinq *Sorbus Americana*, un *Cratægus*, vingt-cinq *Cotoneaster*; sur le dernier plan, dans la pelouse, un *Taxus*, trois *Magnolia grandiflora*, un *Fraxinus excelsior pendula*, trois *Ulmus campestris pyramidalis*, un *Araucaria imbricata*; dans le massif du carrefour, quatre *Paulownia*, six *Kœlreuteria* (savonniers), cinq *Mespilus Oxyacantha flore roseo pleno*, cinq *Mespilus Oxyacantha flore albo pleno*, cinq *Cornus sanguinea*, trois *Persica vulgaris flore albo pleno*, quatre *Rhus typhinum*, trois *Cercis siliquastrum* (gainiers-Arbres de Judée), cinq *Tamarix*, deux *Ptelea trifoliata*, quatre *Philadelphus inodorus*, quatre *Chamæcerasus*.

L'autre est peuplé de trois *Kœlreuteria*, trois *Pavia lutea*, cinq *Mespilus Oxyacantha flore albo pleno*, trois *Salix pentandra*, cinq *Salix Babylonica*, sept *Ptelea trifoliata*, six *Elæagnus latifolia*, cinq *Philadelphus inodorus*, trois *Cercis siliquastrum*, touffe, un *Morus papyrifera* et huit *Potentilla fruticosa*; sur la pelouse, un *Sophora pendula*, un *Gynerium argenteum*, un *Biota*; et à l'extrémité, cinq *Robinia pseudo-Acacia pyramidalis*.

Du fruitier aux dépendances, six *Larix*, cinq *Acer pseudo-Platanus*, quatre *Diospyros Virginiana*, trois *Ulmus campestris latifolia*, deux *Æsculus*, un *Planera*, deux *Cedrus Atlantica*, six *Abies picea*, six *Abies alba cærulea* (sapins Sapinettes bleues). Près la porte du fruitier, un *Cerasus Lusitanica*, un *Evonymus Japonicus flavescens* et un à l'extrémité; près la petite cour des dépendances, dix *Buxus Balearica*, huit *Phillyrea latifolia*, neuf *Mespilus pyracantha*, deux *Berberis*, onze *Rhamnus Frangula*, six *Ribes*. Cet ensemble produit un dernier plan au paysage et dissimule les propriétés extérieures; la corbeille de fleurs est occupée par douze *Hydrangea Hortensia* (hydrangées Hortensias des jardins).

Dans la pelouse principale, vallonnée avec une grande perspective, cinq *Catalpa*, un *Sorbus domestica* (cormier), huit *Quercus pedunculata fastigiata*; sur la partie la plus élevée, trois *Cedrus Atlantica*, un *Magnolia tripetala* (magnolia parasol), trois *Lusitanica*, un *Salix Babylonica*, un *Magnolia conspicua* (magnolia Yulan), un *Magnolia Soulangeana* (magnolia de Soulange), un *Pinus Pinea*, treize *Pinus Halepensis*, un *Gynerium argenteum*, un *Amygdalus argentea*, basse tige.

Au centre d'un groupe de plantations d'arbres de première grandeur, un lieu de repos présenté en surprise, à cause des nombreux arbres et arbustes qui l'entourent, deux *Cedrus Deodora*, deux *Juniperus Japonica pyramidalis*, cinq *Taxodium sempervirens*, un *Populus tremula* (peuplier tremble), cinq *Quercus rubra*, un *Tilia pendula*, deux *Liquidambar styraciflua*, quatre *Pavia*, vingt et un *Cornus sanguinea*, neuf *Cratægus glabra*, trois *Populus alba nivea*, trois *Tilia Americana argentea*, sept *Fraxinus Ornus*, trois *Mespilus germanicus* (néfliers communs à gros fruit), six *Cornus mascula* (cornouillers), vingt *Hippophae*, vingt *Elæagnus latifolia*, huit *Corylus*, douze *Symphoricarpos racemosa*, quatre *Baccharis*, deux *Salix*, deux *Betula*, deux *Viburnum Opulus sterilis*, quatre *Corolina Emerus*, sept *Morus papyrifera*, neuf *Berberis vulgaris purpurea*, quatre *Pavia*, trois *Persica vulgaris flore rubro pleno*; la corbeille est garnie de cinq cent trente Souvenirs de Malmaison.

Pour dissimuler, des différents points du jardin, les dépendances, et indiquer une entrée principale, un *Cedrus Libani*, un *Acer Negundo folia argenteo variegato*, cinq *Abies balsamea*, cinq *Robinia viscosa* tige, neuf *Æsculus Hippocastanum flore pleno*, neuf *Acer Negundo*, un *Morus alba*, trois *Populus balsamifera*, quatre *Cerasus Lusitanica*, neuf *Staphylea*, trois *Mespilus pyracantha*, dix *Robinia hispida* nains et demi-tige, huit *Fagus purpurea* nains et demi-tige, trois *Planera*, six *Buxus sempervirens*, neuf *Aucuba Japonica*, six *Cercis siliquastrum* touffe, neuf *Rhamnus*, douze *Viburnum Opulus sterilis*, dix-huit *Berberis Nepalensis*, neuf *Berberis Hookeri*, huit *Cytisus laburnum*, trois *Amorpha fruticosa*, dix *Colutea*, cinq *Pyrus Japonica*, huit *Spiræa ulmifolia*, dix *Cerasus Lauro-Colchica*, un *Acer pseudo-Platanus*, un *Fraxinus Ornus*, trois *Persica vulgaris flore albo pleno*, cinq *Salix pentandra*, deux *Gleditschia inermis*, huit *Elæagnus*, qui, par leur bois et leur feuillage cotonneux, amènent la perspective au delà du tapis vert sur cet ensemble bien ordonné.

Près l'entrée principale, à l'extrémité de la pelouse, treize *Pinus Halepensis*, un *Paulownia*, cinq *Virgilia lutea*; dans le petit massif, neuf *Cerasus pumila*, haute tige, quatre *Mespilus Oxyacantha flore roseo pleno*, onze *Taxodium distichum*, cinq *Mahonia*, dix *Kerria Japonica flore pleno*, un *Pinus Pinea*, la corbeille est garnie de Rosiers-Thés, francs de pied.

Dans la pelouse qui lui est opposée se trouvent onze *Cryptomeria*, un *Taxus*, trois *Acer Pensylvanicum* et un *Mespilus linearis*; la corbeille est garnie de fleurs se renouvelant selon les saisons.

Les dépenses de cette création, qui a été entièrement terminée en cinquante jours, se sont élevées à 4,333 fr. 65.

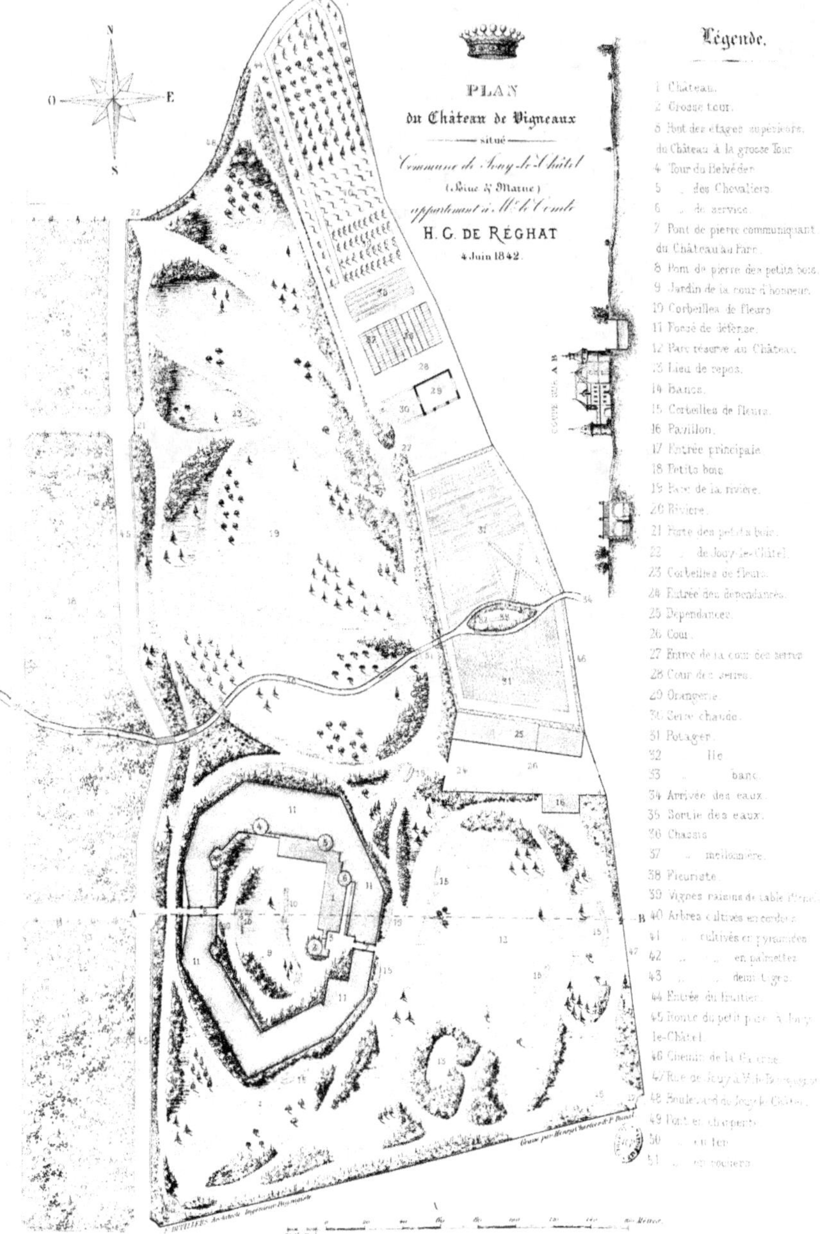

PLAN
du Château de Vigneaux
— situé —
Commune de Jouy-le-Châtel
(Seine & Marne)
appartenant à Mr le Comte
H. G. DE RÉGHAT
4 Juin 1842.

N
O — E
S

Légende.

1 Château.
2 Grosse tour.
3 Pont des étages supérieurs.
du Château à la grosse Tour
4 Tour du Belvédère.
5 — des Chevaliers.
6 — de service.
7 Pont de pierre communiquant.
du Château au Parc.
8 Pont de pierre des petits bois.
9 Jardin de la cour d'honneur.
10 Corbeilles de fleurs.
11 Fossé de défense.
12 Parc réservé au Château.
13 Lieu de repos.
14 Bancs.
15 Corbeilles de fleurs.
16 Pavillon.
17 Entrée principale.
18 Petits bois.
19 Parc de la rivière.
20 Rivière.
21 Porte des petits bois.
22 — de Jouy-le-Châtel.
23 Corbeilles de fleurs.
24 Entrée des dépendances.
25 Dépendances.
26 Cour.
27 Entrée de la cour des serres.
28 Cour des serres.
29 Orangerie.
30 Serre chaude.
31 Potager.
32 — Île.
33 — banc.
34 Arrivée des eaux.
35 Sortie des eaux.
36 Chassis.
37 — melonnière.
38 Fleuriste.
39 Vignes raisins de table d'ornement.
40 Arbres cultivés en cordons.
41 — cultivés en pyramides.
42 — en palmettes.
43 — demi tiges.
44 Entrée du fruitier.
45 Route du petit parc à Jouy-le-Châtel.
46 Chemin de la Garenne.
47 Rue de Jouy à Ville-Benoite.
48 Boulevard de Jouy-le-Châtel.
49 Pont en charpente.
50 — en fer.
51 — en rochers.

# PARC PAYSAGISTE ET FRUITIER

## DU

# CHATEAU DE VIGNEAUX

COMMUNE DE JOUY-LE-CHATEL, DÉPARTEMENT DE SEINE-ET-MARNE

APPARTENANT A M. LE COMTE H. G. DE RÉGHAT

**Créé en 1842**

---

Cet ancien château fort (abbaye), l'un des plus beaux souvenirs de la féodalité, est situé à 64 kilomètres de Paris. Lors de sa restauration on retrouva, dans les bas-fonds des tours, tant de richesses archéologiques, que l'on construisit une galerie spéciale pour les collectionner; à l'aide de ces fragments épars d'architecture, il fut possible de restaurer ce monument, en se rapprochant de l'époque première.

Il n'en fut pas de même pour le parc : il ne restait aucune trace de sa présence, pas un seul témoin végétal qui pût nous raconter l'histoire de ces terrains où les produits agricoles avaient, sans doute, pris la place des quinconces et du système de Le Nôtre.

Venant de Jouy-le-Châtel, des petits bois limitent l'horizon sur des plaines fertiles de cette contrée essentiellement agricole.

Entrant par le pont de pierre des petits bois, le long du mur des fossés, dix *Althœa frutex* (ketmies des jardins) variées, neuf *Cratægus glabra* (photinies luisants), six *Cerasus Lusitanica* (cerisiers Lauriers de Portugal), cinq *Aralia spinosa* (aralias épineux), dix *Robinia hispida* (robiniers roses) mains, vingt-deux *Mahonia* (mahonias) variés, seize *Aucuba Japonica* (aucubas du Japon) ; les bordures sont en *Hedera Hibernica* (lierres d'Irlande).

Dans le tapis vert, le groupe de gauche contient trois *Pauloœnia* (paulownias), six *Syringa Josikea* (lilas à feuille de Chionanthe), cinq *Ribes sanguineum* (groseilliers à fleur rouge), trois *Amygdalus Georgica* (amandiers de Géorgie), cinq *Spiræa Billardii* (spirées de Billard), six *Daphne Mezereum* (daphnes Bois-jolis), cinq *Weigelia rosea* (weigelias à fleur rose) ; l'autre contient trois *Pauloœnia imperialis*, trois *Syringa vulgaris flore albo* (lilas communs à fleur blanche), trois *Syringa Rothomagensis* (lilas Varin).

Dans la pelouse, un *Wellingtonia gigantea* (sequoia gigantesque) ; la corbeille qui se trouve en face le pont est plantée de Rosiers hermosa; l'autre, de fleurs se renouvelant selon les saisons.

Du pont du parc au pont de l'entrée principale, le long des fossés, six *Ilex aquifolium ciliatum* (houx communs à feuille ciliée), trois *I. aquifolium taurifolium* (h. communs à feuilles de Laurier), cinq *I. aquifolium serratum* (h. communs à feuille en scie), six *I. aquifolium serratum latifolium* (h. communs à feuille en scie large), quatre *I. aquifolium crassifolium* (h. communs à feuille épaisse), six *I. aquifolium cornutum* (h. communs à feuille corne), sept *I. aquifolium folio variegato argenteo* (h. communs à feuille panachée de blanc), cinq *I. variegata aureo* (h. panachés de jaune), trois *I. aquifolium calamistratum* (h. communs à feuille contournée), trois *I. aquifolium latispinum* (h. communs à large épine), cinq *I. aquifolium fructu luteo* (h. communs à fruit jaune), cinq *I. Balearica* (h. de Mahon), vingt et un *Genista juncea* (genêts d'Espagne), trois *Mespilus Oxyacantha flore albo pleno* (épines blanches à fleur double), trois *Pavia discolor* (paviers discolores), trois *P. hybrida* (p. hybrides), sept *P. macrostachya* (p. mains), cinq *Spiræa prunifolia flore pleno* (spirées à feuille de prunier à fleur double), cinq *S. grandiflora* (s. à grande fleur), trois *S. callosa* (s. à graine calleuse), six *S. tomentosa* (s. cotonneuses), sept *S. Billardii* (s. de Billard), trois *S. Lindleyana* (s. de Lindley) et sept *S. bella* (s. élégantes); les bordures sont en gazon.

Sur la pelouse, le massif le plus important est planté de six *Æsculus rubicunda* (marronniers rubiconds à fleur rouge), cinq *Koelreuteria* (savonniers), quatre *Fraxinus excelsior aurea* (frênes communs dorés), trois *Acer Monspessulanum* (érables de Montpellier), trois *Quercus ilex* (chênes verts), trois *Phillyrea latifolia* (filarias à feuille large), cinq *Syringa media* (lilas de Marly), trois *Rhamnus Frangula* (nerpruns bourgènes), six *Ribes albidum* (groseilliers à fleur blanche), trois *Corylus purpurea* (noisetiers à feuille pourpre), six *Deutzia scabra* et dix-sept *Spiræa* variées. Celui du carrefour, quatre *Æsculus rubicunda*, trois *Sorbus Americana* (sorbiers d'Amérique), trois *Sophora Japonica* (sophoras du Japon), trois *Philadelphus* (seringas), cinq *Salix annularis* (saules à feuille annulaire), six *Spiræa lævigata*, cinq *S. tomentosa*, quatre *Salsola* (soudes) ; à l'extrémité, trois *Koelreuteria*, un *Tilia Europæa laciniata* (tilleuls communs à feuille laciniée), trois *Ligustrum lucidum* (troènes à feuille luisante), six *Berberis Darwinii* (épines-vinettes de Darwin), isolés sept *Quercus pedunculata fastigiata* (chênes à longs pédoncules pyramidaux), trois *Thuia giganten* (thuias gigantesques), trois *Liriodendrum* (tulipiers); l'autre trio est composé de *Tilia Americana argentea* (tilleuls d'Amérique à feuille argentée).

Le massif du lieu de repos, côté des bois, est planté de trois *Fraxinus juglandifolia* (frênes à feuille de Noyer), trois *Evonymus Europœus fructu albo* (fusains communs à fruit blanc), cinq *E. latifolius* (F. à large feuille), cinq *Fontanesia Fortunei* (fontanesias de Fortune), six *Spirœa*; le suivant, de trois *Mespilus Oxyacantha flore coccineo pleno* (épines à fleur coccinée double), deux *Fraxinus excelsior aucubœfolia* (frênes communs à feuille d'Aucuba), trois *Acer Pensylvanicum* (érables jaspés), quatre *Evonymus verrucosus* (fusains à bois galeux), cinq *Cytisus sessilifolius* (cytises à feuille sessile), six *Daphne Laureola* (daphnes Lauréoles).

Le long du saut de loup, jusqu'au pont, cinq *Ulmus campestris latifolia* (ormes champêtres à large feuille), cinq *U. campestris urticœfolia* (O. champêtres à feuille d'Ortie), cinq *Populus Ontariensis* (peupliers du lac Ontario), six *Acer Monspessulanum*, cinq *Planera acuminata* (planeras acuminés), quatre *Platanus Occidentalis* (platanes d'Occident), dix *Ptelea trifoliata* (pteleas à trois fenilles), six *Salsola*, cinq *Philadelphus*, six *Baccharis halimifolia* (baccharides à feuille d'Halime), trois *Salix pentandra* (saules odorants), quinze *Althœa* variés, trente-deux *Potentilla fruticosa* (potentilles frutescentes), seize *Spirœa lœvigata*, quatre *Sorbus hybrida* (sorbiers hybrides).

Dans la pelouse, entre le lieu de repos n° 13, le premier massif contient cinq *Sorbus Americana*, trois *Sophora Japonica*, six *Philadelphus coronarius* (seringas des jardins), trois *Elœagnus angustifolia* (châlefs Oliviers de Bohême), cinq *Spirœa salicifolia*, trois *Corylus purpurea*, un *Sambucus racemosa*, (sureau à grappe); celui à l'autre extrémité, cinq *Koelreuteria*, trois *Salix nigra* (saules noirs), trois *Prunus spinosa flore pleno* (pruniers épineux à fleur double), cinq *Diospyros Virginiana* (plaqueminiers de Virginie), quatre *Smilax aspera* (salsepareilles épineuses), cinq *Spirœa grandiflora*, sept *Potentilla fruticosa*; le troisième renferme trois *Liquidambar styraciflua* (liquidambars copals), quatre *Maclura aurantiaca* (macluras épineux), trois *Syringa Josikea*, quatre *Kerria* (corchorus); dans le tapis vert, trois *Platanus Canadensis fastigiata*.

Du banc n° 14, à l'entrée principale, vingt et un *Fagus Americana*, six *Ilex Balearica*, sept *I. Japonica*, dix *Hypericum*, sept *Ribes albidum*, cinq *R. malvaceum*, seize *Hibiscus flore albo pleno*, dix *Ligustrum Japonicum*, trente-deux *Buplevrum fruticosum*; la corbeille est garnie d'une collection de *Campanula* (campanules) vivaces.

Autour du lieu de repos, cinq *Liriodendrum*, cinq *Fagus sylvatica aspleniifolia* (hêtres communs à feuille de fougère), cinq *Cornus mascula*, seize *Corylus purpurea*, six *Chamœcerasus Alpigena*, vingt-deux *Genista juncea*, quatre *Cercis Canadensis*, cinq *Indigofera*, onze *Syringa regia*, dix *Mahonia aquifolium*, trois *Broussonetia papyrifera*, neuf *Rhamnus alaternus latifolius*, quatre *Staphylea*, six *Cerasus Lauro cerasus*; en face l'entrée, un *Æsculus Hippocastanum flore pleno*, un *Gleditschia triacanthos*, soixante *Deutzia Fortunei*, neuf *Mespilus pyracantha*, cinq *Berberis Darwinii*, un *Acer Monspessulanum*, trois *Evonymus latifolius*; dans cette même pelouse, un *Gleditschia Bujoti*; dans la grande, trois *Fitz-Roya*, un *Robinia pseudo-acacia pyramidalis*, trois *Catalpa* et cinq *Cedrus argentea Atlantica*.

Une corbeille est ornée d'*Hydrangea Hortensia* (hydrangées Hortensias des jardins), l'autre de 280 Rosiers Géants des batailles. Le massif près des *Cedrus* est garni de onze *Fraxinus aurea*, quatre *Phillyrea latifolia*, trois *Acer Neapolitanum* (érables de Naples), six *Evonymus*, huit *E. Japonicus*, quatre *Cytisus Adami*, quatre *Mespilus crus galli*, cinq *Berberis vulgaris purpurea*, trois *Cydonia Japonica rubra grandiflora*, quatre *Cornus sanguinea*.

Dans le massif de la pelouse allongée, un *Liriodendrum*, trois *Hippophae argentea* (argousiers argentés), deux *Baccharis*, cinq *Ononis*, trois *Vitex Agnus castus*, un *Amygdalus argentea*, deux *Amorpha*, trois *Mahonia*; dans le gazon, trois *Ulmus campestris pyramidalis*, un *Wellingtonia gigantea*, un *Paulownia*, un *Sophora Japonica pendula*, sept *Pinus pumilio*; un petit groupe de *Cratœgus glabra*, avec quelques *Aucuba Japonica*.

De l'entrée principale à la perspective, trois *Populus Grœca*, deux *Broussonetia papyrifera cucullata*, trois *Corylus Byzantina*, un *Celtis Orientalis*, un *Juglans Americana pekan*, quatre *Paliurus aculeatus*, un *Persica vulgaris flore albo pleno*, cinq *Mahonia Fortunei*, sept *Hypericum calycinum*; dans la perspective, un *Populus fastigiata*; jusqu'au pavillon, trois *Ulmus campestris urticœfolia*, quatre *Larix Europœa*, cinq *Indigofera*, huit *Corchorus Japonica flore pleno*, cinq *Koelreuteria*, quatre *Berberis Sinensis*, un *Acer eriocarpum*, dix *Coronilla Emerus*, trois *Cydonia Japonica Maillardii*.

De ce pavillon à l'entrée de la cour des dépendances, quatre *Quercus Ballota*, trois *Q. coccifera*, sept *Q. Suber*, seize *Mahonia*, onze *Evonymus* verts, quatorze *Potentilla*; les arbres plantés dans la pointe sont des *Robinia hispida* greffés en tige, des *R. pseudo-acacia tortuosa*, des *Cerasus hortensis flore pleno*, cinq *Calicanthus Floridus*, huit *Genista juncea*; dans la pelouse, trois *Pinus* de la section Pseudo-Strobus et un *Robinia pseudo-acacia pyramidalis*.

Dans l'autre pelouse, le long de l'allée principale, trois *Tilia Americana argentea*, quatre *Cratœgus glabra*, six *Genista juncea*, sept *Vitex*, un *Cercis*; à la pointe, trois *Mespilus Oxyacantha flore roseo pleno*, trois *Hibiscus*, cinq *Berberis Darwinii*; dans le gazon, trois *Quercus pedunculata fastigiata* et un *Acer Pensylvanicum*.

La corbeille près le pont est garnie de fleurs se renouvelant selon les saisons. De ce point à l'autre pont de pierre, la collection de *Tamarix* en vingt-huit sujets, cinq *Salix pentandra*, dix-huit *Ruscus* (fragons), onze *Rubus odoratus*, dix-huit *Evonymus Japonicus macrophyllus*, quatorze *Mespilus pyracantha*.

Ce parc présente un intérêt particulier, composé pour la plus grande partie d'arbres et d'arbustes ayant quelque rapport, par leur sévérité, avec ces constructions féodales.

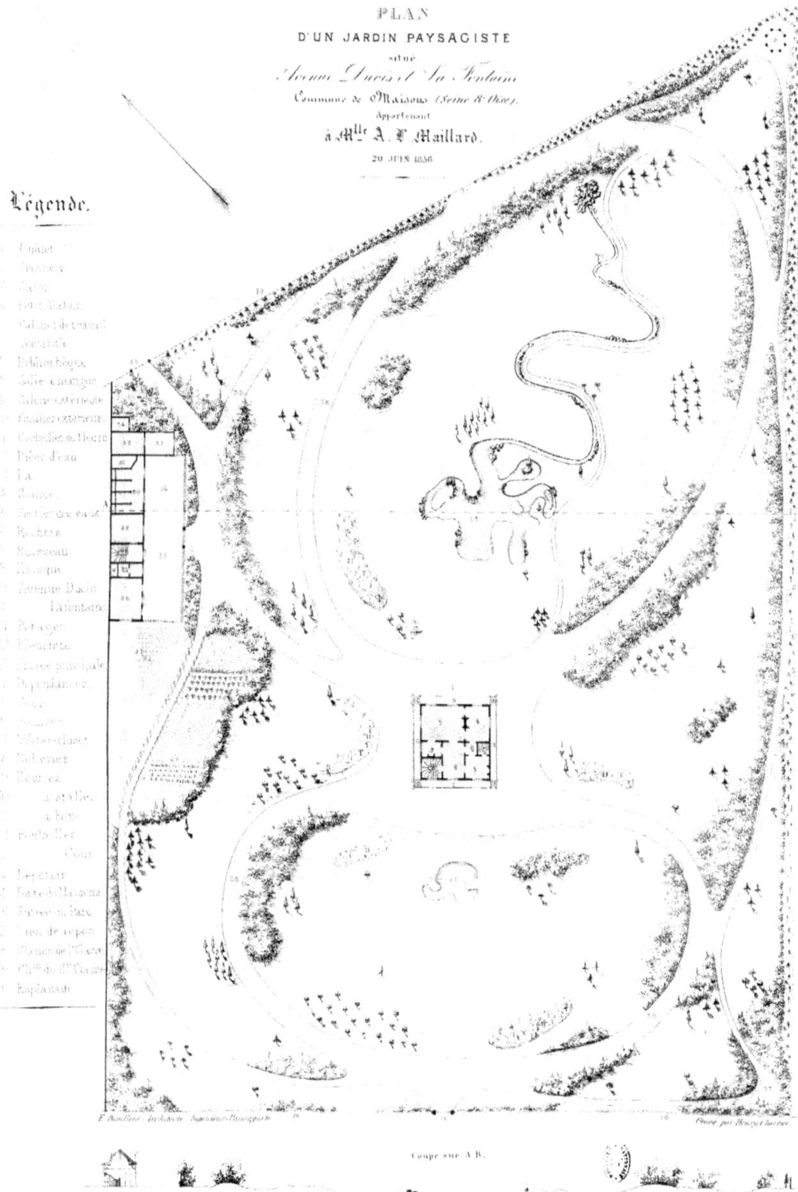

PLAN
D'UN JARDIN PAYSAGISTE
situé
Avenue Ducis et La Fontaine
Commune de Maisons (Seine & Oise)
Appartenant
à Mlle A. F. Maillard.
20 JUIN 1856
Légende.
Coupe sur A.B.

# JARDIN PAYSAGISTE

SITUÉ AVENUE DUCIS ET LA FONTAINE

CANTON DE SAINT-GERMAIN-EN-LAYE, ARRONDISSEMENT DE VERSAILLES, DÉPARTEMENT DE SEINE-ET-OISE

PROPRIÉTÉ DE M<sup>me</sup> A. F. MAILLARD

**Créé en 1856**

Parmi les parcelles détachées de ce magnifique parc de Maisons, limité par la forêt de Saint-Germain, la Seine et la commune, il s'est trouvé des situations privilégiées à cause de leur position topographique, se rapprochant des prairies que la Seine arrose. Sur l'une d'elles, j'ai fait construire le bâtiment principal, imitant le châlet, qui, avec les dépendances, occupe une surface de 255 mètres, les eaux et le jardin 1 hectare 61 ares 13 centiares. D'anciennes plantations essences *Quercus* (chênes) cultivées en taillis, et quelques beaux arbres de réserve plantés à l'époque de cet immense parc, occupaient la plus grande partie de ce terrain.

Entrant par l'avenue La Fontaine, le long du mur d'appui surmonté d'une grille en fer, quelques *Mahonia* et des groupes de *Spiræa*.

Un sentier de 1 mètre conduit aux dépendances. Dans la pelouse, côté de la grille, un *Paulownia imperialis* (Paulownia impérial), cinq *Sophora Japonica pendula* (sophoras du Japon pendants); contre le mur, jusqu'au potager, sept *Platanus Orientalis* (platanes d'Orient), six *Populus Ontariensis* (peupliers du lac Ontario), sept *Hippophae* (argousiers), quatre *Phillyrea angustifolia* (filarias à feuille étroite), cinq *Phillyrea latifolia* (filarias à feuille large), dix-neuf *Aucuba Japonica* (aucubas du Japon).

A l'extrémité, côté opposé, la corbeille est plantée en *Althæa frutex*; l'arbre isolé, près de l'allée principale, est un *Wellingtonia gigantea* (sequoia gigantesque); sur le bord du même chemin, huit *Quercus pedunculata fastigiata* (chênes pédonculés pyramidaux); à l'entrée du potager, dans la même pelouse, onze *Larix* (mélèzes); l'arbre isolé est un *Ulmus campestris pyramidalis* (orme champêtre pyramidal); de chaque côté du chemin, dans le potager, des Vignes cultivées en échalas; côté des massifs, quatre lignes de Pommiers en buisson; dans la partie supérieure, des Framboisiers; en entrant du même côté, quatre lignes d'arbres à pépins en cordon. Ce petit potager, réunissant à la fois le fruitier, le légumier et le fleuriste, est dissimulé, depuis son entrée jusqu'aux dépendances, par seize *Cratægus glabra*, dix-huit *Cerasus Lauro-Colchica*, onze *Cerasus Lauro-cerasus*, vingt-deux *Ligustrum Japonicum*, cinq *Phillyrea latifolia*, quatre *Phillyrea media*; six *Cedrus argentea Atlantica* (cèdres argentés de l'Atlas) occupent la pelouse, vers les Pommiers en buisson.

Au bord de l'allée, onze *Catalpa*; à l'extrémité de la corbeille de fleurs, un *Taxus fastigiata* (if pyramidal); cette corbeille est garnie de fleurs se renouvelant selon les saisons.

Si nous examinons les essences d'arbres qui se trouvent dans la pelouse côté de l'avenue La Fontaine, nous trouvons dans le groupe le plus important trois *Æsculus Hippocastanum*, quatre *Acer Monspessulanum*, cinq *A. Negundo*, neuf *Maclura aurantiaca*, huit *Syringa vulgaris flore albo*, cinq *S. media*, sept *Hypericum calycinum* (millepertuis à odeur de bouc), trois *Hippophae*, seize *Spiræa lævigata* (spirées à feuille lisse).

Dans la pelouse, trois *Ulmus campestris pyramidalis*; les arbres isolés à tête ronde rapprochés de l'entrée principale, au nombre de vingt et un, sont des *Paulownia*; plus loin, un *Cedrus Deodora* (cèdre de l'Inde); opposé à la corbeille, un *Tilia Europæa macrophylla* (tilleul d'Europe à grande feuille); trois arbres de même espèce, à rameaux pendants et à feuilles argentées, se trouvent dans la pelouse en face l'autre corbeille; un *Populus fastigiata* sert d'échelle entre la corbeille et le massif, dans lequel il se trouve neuf *Liquidambar styraciflua* (liquidambars copals), cinq *Virgilia lutea* (virgiliers à bois jaune), douze *Weigelia rosea* (weigelias à fleur rose), huit *Spiræa bella* (spirées élégantes), sept *Philadelphus coronarius* (seringas des jardins).

Le trio d'arbres résineux se compose de *Sequoia sempervirens* (sequoias toujours verts).

Une corbeille de 12 mètres de long sur 3 mètres de large contient des plantes à feuilles ornementales. Opposé une plantation de treize variétés d'*Ilex* (houx).

A la pointe du lieu de repos, trois *Liriodendrum*, trois *Rhus Cotinus* (sumacs fustets), trois *Tamarix*, dix *Spiræa* de diverses variétés.

Dans la pelouse, un *Sorbus aucuparia pendula*; isolé un *Sophora Japonica*; l'arbre pointu est un *Taxus fastigiata*; deux

*Taxodium distichum microphyllum* se trouvent encore dans ce tapis vert.

En face le lieu de repos, quatre *Platanus cuneata*, trois *Acer rubrum*, trois *Ulmus Sinensis*, seize *Spiræa Regeliana*, huit *Tamarix*; sur le deuxième plan, côté de la pelouse, quatre *Platanus Orientalis*, trois *Tilia Americana argentea*, quinze *Symphoricarpos racemosa*.

Dans la pelouse, quatre *Ulmus campestris purpurea*; plus loin, trois *Thuia Orientalis intermedia*. Tout le long de la clôture, des *Pinus* de la section Pinea; l'arbre à tête ronde isolé est un *Robinia viscosa*.

Entrant dans la partie occupée par les anciens arbres, nous voyons, parmi ceux que j'ai ajoutés du côté de la pelouse, le long de l'allée opposée aux arbres résineux, trente *Viburnum macrocephalum*, vingt-cinq *V. Opulus sterilis*, vingt-quatre *Ribes sanguineum*, onze *Baccharis halimifolia*.

Sur le tapis vert, trois *Juniperus Virginiana cinerascens*, un *Salisburia adianthifolia* (gingko à deux lobes).

La corbeille est plantée en Rosiers Général Jacqueminot, entourés d'une bordure de Rosiers Souvenir de Malmaison. A l'extrémité, les arbres pyramidaux sont trois *Juniperus excelsa fastigiata*.

Dans le massif, nous apercevons cinq *Koelreuteria*, huit *Pavia macrostachya*, vingt-sept *Genista juncea*.

Les onze arbres à tête ronde sont des *Cercis Canadensis*; le résineux, un *Juniperus rigida*. Après vient un *Populus fastigiata*; puis encore un *Pinus tuberculata*.

Sur le bord de la grande allée, onze *Populus balsamifera*, cinq *Quercus ilex*, huit *Q. Suber*, dix *Q. Ballota*, trois *Q. Mirbecki*, plusieurs variétés de *Chamæcerasus*.

En visitant la pelouse principale, nous trouverons parmi ces vieux témoins de l'ancienne féodalité des souches d'anciens *Quercus* blancs garnis de diverses *Clematis* pour meubler leur tige, de *Lonicera* à tige volubile, de *Corylus purpurea*.

Sur les bords de l'allée, vingt et une *Coronilla Emerus*; à l'intérieur du massif, vingt-sept *Cornus sanguinea*; côté de la pelouse, onze *Deutzia scabra*.

A l'entrée du sentier, huit *Pinus sylvestris*; en suivant le côté de l'eau, trois *Salix Babylonica*, puis un *Taxus fastigiata*; près de l'anse, un *Salix argentea*; avant de quitter le sentier, cinq *Cedrus Deodora*.

Reprenant le grand chemin en avant de la corbeille, trois *Paulownia*. Cette corbeille est garnie de *Phlox* à fleurs blanches, entourées de l'espèce à tige rampante. L'arbre isolé est un *Virgilia lutea*. Le groupe contient trois *Platanus cuneata*, trois *P. Orientalis*, trois *P. Canadensis*, cinq *Pyrus salicifolia*, sept *Althæa*; autour, dix-sept *Phlomis*.

Les plantations les plus importantes, et qui se trouvent en face de la porte de l'avenue sont, sur le premier plan, huit *Æsculus Hippocastanum*; sur le deuxième, sept *Æsculus rubicunda*, cinq *Pavia lutea*, cinq *Pavia rubra*, seize *Koelreuteria*, neuf *Photinia denticulata*; côté de la pelouse, dix-huit *Tamarix Germanica*, six *Amorpha fruticosa*, neuf *Buxus Balearica*. Près le rocher, six *Ulmus campestris pyramidalis*.

Non loin de la source, du côté opposé à la rivière, un *Salix Babylonica*. A l'angle, un kiosque octogone entouré d'arbres résineux.

Le sentier qui nous y conduit venant du châlet, est garni du côté de la pelouse de cinq *Carpinus Americana*; au pied des tiges des anciennes souches, dix-huit *Lonicera brachypoda aurea reticulata*, huit *L. Sinensis* et quatre *L. Periclymenum*.

Neuf *Cephalotaxus pedunculata* se trouvent sur le bord du grand chemin; plus loin, un *Populus fastigiata*, opposée, un *Tilia Americana argentea*; le second arbre pyramidal est un *Juniperus Japonica pyramidalis glauca*. Parmi les vieilles cépées de *Quercus*, le long du sentier qui nous conduit à la grande allée, sur les bords du tapis vert, onze *Genista juncea*, cinq *Cercis*, sept *Lonicera* à tige volubile, dix *L.* à tige non volubile, cinq *Carpinus Betulus pyramidalis*.

Côté opposé, en avant des arbres résineux qui nous séparent de l'avenue Ducis et en face des plantations qui viennent de nous occuper, sept *Elæagnus angustifolia*, neuf *Potentilla fruticosa*, quelques *Rhamnus*.

De l'une des portes principales à celle de Maisons, toujours en avant des résineux qui font clôture régulière, quarante-trois *Mahonia fascicularis* et vingt-huit *Mespilus pyracantha*. Dans la pelouse, un beau *Cephalotaxus drupacea*. Viennent ensuite trois *Populus fastigiata*. Les plantations les plus rapprochées de la porte de Maisons sont composées de cinq *Planera*, sept *Celtis*, sept *Cerasus Lusitanica*, six *Caragana*, cinq *Buxus longifolia*.

Le côté opposé, dissimulant une partie des dépendances, est planté d'arbres de première grandeur: trois *Populus alba nivea*, trois *Platanus Orientalis*, trois *Ulmus campestris latifolia*; sur le deuxième plan, cinq *Cerasus hortensis flore pleno*, quatre *Quercus ilex*, quatre *Phillyrea*.

De la porte des dépendances à l'entrée du potager, cinq *Cratægus Aria Nepalensis*, deux *Robinia pseudo-acacia tortuosa*, six *Cerasus Lauro Colchica*.

Le massif qui se trouve dans l'autre partie, en face la porte des dépendances, est garni de cinq *Elæagnus reflexa*, six *Quercus Ballota*, cinq *Q. coccifera*, sept *Cerasus Lauro Colchica*; au bord de la pelouse, vingt-deux *Cotoneaster*, deux *Baccharis halimifolia*, dix *Berberis Darwinii*; plus loin, trois *Fitz-Roya Patagonica*; vient ensuite un *Taxus fastigiata*, puis un groupe de neuf *Acer Negundo folio argenteo variegato*. Dans le massif de la pointe, neuf *Acer* plusieurs variétés; au bord du gazon, cinq *Cistus ladaniferus*.

L'ensemble de ces plantations bien ordonnées fait une excellente composition animée par une petite pièce d'eau, des îles et îlots, enfin tout ce que comporte une propriété de grande étendue, et cela dans un petit espace.

École pratique de Drainage, d'Agriculture, d'Arboriculture
et d'Horticulture du Lézardeau à Quimperlé (Finistère),
créée par décret du 17 Avril 1861. Appartenant à
Mr le Comte du Couëdic de Kergoaler,
Membre du Conseil général, Député depuis 1857,
Maire de la ville de Quimperlé.

**1864.**

## Légende.

1. Entrée principale
2. Garde spécial de l'École
3. Chemin du Château ou Louveteau à l'École
4. Chemin de 1re Classe
5.        de Kmagoret
6.        de 2ème Classe
7.        de 3ème
8. Route de 1re Classe N° 165 de Nantes à Audierne
9.        de 1re Classe N° 165 d'Audierne à Nantes
10. Réservoir pour irrigations
11. Barrière de Kmagoret
12. Bâtiment-École pour 20 élèves et le personnel enseignant
13. Potager créé en la Lettre du Ministre, du 16 janvier, 1866
14. Ruisseau d'irrigations
15. Habitation du Jardinier
16. Réservoirs supérieurs pour irrigations
17. Porte de la ferme de St Thurien
18. Barrière de St Thurien
19. Porte de Chang Ar-Vel
20. Porte de Bouylas
21. Apiculture
22. Porte de Zabreno
23. Fosse à purin
24. Bouvier
25. Laiterie
26. Étables
27. Puits
28. Potager du Bonnier
29. Passerelle
30. Porte de St Thurien
31. Barrière du Parc
32. Ruisseau d'irrigations du Potager

# ÉCOLE PRATIQUE

## DE DRAINAGE, D'AGRICULTURE, D'ARBORICULTURE ET FORESTIÈRE

## DU LÉZARDEAU, PRÈS QUIMPERLÉ (FINISTÈRE)

CRÉÉE PAR DÉCRET IMPÉRIAL DU 17 AVRIL 1861

ET PROROGÉE POUR UNE NOUVELLE PÉRIODE DE NEUF ANNÉES SELON LA LETTRE ADRESSÉE LE 18 JANVIER 1866

### A M. LE COMTE LOUIS-MARIE-CORENTIN DU COUÉDIC DE KERGOALER

Député du Finistère, Maire de la ville de Quimperlé, Membre du Conseil général, Officier de la Légion d'honneur.

---

Sur le vaste domaine du Lézardeau, M. le comte du Couédic a consacré diverses parties à une école de haut enseignement agricole. A Rosglas, l'une des positions les plus pittoresques de son domaine, il fit construire un bâtiment-école pour le personnel enseignant et vingt élèves, dont dix aux frais de l'État, deux élèves conducteurs des ponts et chaussées et huit élèves libres.

Vingt-six hectares de vallées et montagnes, divisés en vingt hectares de prairies naturelles, avec leurs réservoirs en bon état pour irrigations, cinq hectares de landes ou de terres labourables et un hectare de potager, sont destinés à l'École.

Au bord de la route de 1re classe de Quimperlé à Rosglas, à l'entrée de l'allée Pogain, sur un demi-cercle, une grille couronnée d'un fronton portant cette inscription : « ÉCOLE DE DRAINAGE, D'AGRICULTURE, D'ARBORICULTURE, D'HORTICULTURE ET FORESTIÈRE DE LÉZARDEAU, créée par décret impérial du 17 avril 1861. »

Autour de la maison du garde, la collection de *Pinus* de la section *Tæda* en dix espèces ; au carrefour du chemin de Rosglas et de Kunagoret, la collection d'*Ulmus* (ormes) en dix espèces et variétés ; près le pont, un groupe de huit *Ulmus campestris pyramidalis* (ormes champêtres pyramidaux) ; sur l'angle, cinq *Celtis* variés (micocouliers) ; en avant du massif le plus important et isolé huit *Æsculus* (marronniers), un *Cedrus argentea Atlantica* (cèdres argentés de l'Atlas), trois *Acer* (érables) variés ; vient ensuite la collection de *Gleditschia* (féviers), en cinq espèces. Les arbres à tête ronde sont dix *Fagus* (hêtres) ; sept espèces de *Larix* (mélèzes), composent le groupe d'arbres résineux le plus rapproché.

La famille des Salicinées est représentée par douze *Populus* (peupliers) isolés dans les terres ; près l'entrée principale, sept *Pinus* de la section Pinea ; entre l'entrée principale et ce point, quatorze *Ulmus campestris latifolia* (ormes champêtres à feuille large).

Cette importante partie, divisée en parcelles, est consacrée aux céréales ; des expériences fromentales y sont renouvelées chaque année aussi de quelques plantes fourragères prises dans la famille des Graminées.

Près le pont, sous lequel passent les eaux pour se rendre au réservoir inférieur, une collection de dix *Salix* (saules) ; en avant, dans le terrain, trois *Populus alba pendula* (peupliers blancs de Hollande pleureurs). Cette partie, étant le point où séjournent le plus longtemps les eaux, est semée en Graminées aimant les lieux humides.

A la pointe du champ d'expériences, qui s'étend jusque et en face du bâtiment-école, la famille des Celtidées, en quatre espèces ligneuses ; sur le bord du chemin, un *Wellingtonia gigantea* (sequoia gigantesque) ; les neuf arbres à tête ronde sont des *Liquidambar* ; dans la corbeille, trente-huit *Pæonia arborea* et *Sinensis* (pivoines en arbre et de la Chine) ; les trois arbres pyramidaux appartiennent à la famille des *Quercus* (chênes). Dans le massif le plus rapproché, des *Cerasus Lusitanica* (cerisiers Lauriers de Portugal), des *C. Lauro Colchica* (c. Lauriers de Colchide), des *C. Lauro Caucasica* (c. Lauriers du Caucase) ; le trio est composé d'un *C. hortensis flore pleno*, un *C. semperflorens*, et un *C. Virginiana*.

Contre les étables de Rosglas, plusieurs arbres et arbustes à feuilles persistantes, cinq *Cerasus Lauro Colchica*, huit *C. Lauro-cerasus*, dix-sept *Ligustrum Japonicum*, vingt-deux *Evonymus*, seize *Aucuba Japonica*, dix-neuf *Buplevrum*.

Au delà de la barrière, trois arbustes de la famille des Composées, trois de celle des Cæsalpiniées, cinq appartiennent aux Euphorbiacées et sept *Mespilus pyracantha* (épines Buissons-ardents). A l'autre extrémité de ce tapis vert, six *Carpinus Ostrya*, trois *Castanea chrysophylla*, onze *Genista juncea*, onze *Jasminum fruticans*.

Le grand massif de la ferme est planté de : trois *Quercus*, espèces d'Amérique, cinq *Cytisus laburnum*, trois *Mespilus crus galti*, cinq *Gleditschia macrocanthos*, dix-sept Oléinées. Les trois arbres pyramidaux sont des *Cupressus*.

Près la porte et sur le bord de la route, six espèces de la famille des Quercinées et dix Ilicinées choisies parmi les plus rustiques.

A la porte de l'Agriculture, vingt et un *Cedrus Libani* ; sur Zabronne, onze *Cedrus argentea Atlantica*.

Dans le petit groupe du rond-point des anciennes et nouvelles routes, quatre *Pinus nigra Austriaca*.

10

Derrière le potager, quarante-quatre *Pinus* pris dans les sections Cembra, Strobus, Pseudo-Strobus, Tæda et Pinea.

A la pointe, vers le chalet du garde, trois *Cryptomeria Japonica* (cryptomerias du Japon). La corbeille près de l'école est plantée en cinq espèces de *Phlomis* et quatorze espèces appartenant à la famille des Scrofularinées.

Opposés au chalet, vingt-six *Pinus Pinaster* en seize espèces et variétés. Sur le bord de l'allée, onze *Liriodendrum tulipifera* et *integrifolium* (tulipiers de Virginie et à feuille entière); les quatorze arbres pyramidaux sont trois *Platanus*, trois *Robinia pseudo-acacia* (robiniers faux-Acacias), trois *Quercus*, trois *Ulmus*, trois *Acer*; au delà de la cour de Stang-Ar-Vel, onze *Tilia* en sept espèces; près la barrière, trois arbres appartenant à la famille des Anacardiacées; un *Sophora Japonica*, un *Salix pentandra*, un *Robinia pseudo-acacia spectabilis*, trois de la famille Zanthoxylées, dix-neuf *Mespilus pyracantha*; sur le bord de la route de 1re classe, trois *Populus fastigiata* (peupliers d'Italie); dans la partie agricole, des plantes oléifères, des Choux-navets, des Colzas, des Hélianthes, des Navets, des Moutardes, des Pavots, des Pois oléagineux, la Sésame d'Orient, etc.

Près de la ferme de Stang Ar-Vel, huit arbres de la famille des Celtidées : deux *Ulmus campestris*, deux *U. Americana*, un *U. Oxoniensis*, deux *U. campestris purpurea* et deux *U. campestris tortuosa*.

Dans les parties cultivées, huit *Acer Negundo crispa*; plus loin, un *Robinia pseudo-acacia pyramidalis*.

Parmi les plantations de l'extrémité, huit espèces de *Fraxinus* (frênes), deux espèces de *Liriodendrum* (tulipiers), des *Cytisus laburnum* et *Adami*, des *Cerasus*, des *C. avium* (cerisiers Merisiers communs), vingt *Buplevrum*, vingt *Mespilus pyracantha*; près la porte de Stang Ar-Vel, dix-neuf *Abies* (sapins) de la section Abies. Dans les massifs de la porte de Rosglas, neuf espèces de *Robinia*, six de *Populus*, cinq de *Celtis*, neuf de *Rhamnus*, trois de *Corylus*, onze de *Juglans*.

Isolés, un *Wellingtonia* et un *Quercus pedunculata fastigiata*.

Tout ce qui n'est pas occupé par les arbres est consacré aux céréales : Froments, Blés sans barbes, Blés barbus, Blés poulards, Blés durs, Épeautres ou Blés vêtus.

De l'autre côté de la porte Stang Al-Vel, trente-quatre *Pinus* appartenant aux sections Cembra, Strobus, Tæda, Pinea et onze *Populus alba nivea*, cinq *P. monilifera*, trois espèces de *Celtis*, des *Staphylea pinnata*.

A la barrière de Saint-Thurien, sept *Robinia pseudo-acacia pyramidalis*; le groupe du bord de l'allée est planté de trois espèces de *Carpinus*, neuf espèces de *Quercus* de l'ancien continent, quatre espèces de *Caragana*, dix-huit *Atriplex* (arroches), des *Atragene Alpina*, des *Alnus*, des *Cratægus torminalis*, *C. Aria latifolia* et *C. Aria*; aussi quelques *Amelanchier*. L'ensemble est cultivé en terres arables et consacré au Maïs, aux Orges, aux Panis, aux expériences de Sarrazin, aux Seigles et aux Sorghos.

Il est regrettable que les limites de cet ouvrage ne me permettent pas d'énumérer tous les produits agricoles et forestiers que M. le comte de Couëdic met à la disposition des élèves, qui tous emportent dans leur famille, dans leur patrie, les sciences qu'ils ont acquises à cette école pratique.

C'est ainsi que M. Apostolopoulo, d'Athènes, aujourd'hui directeur de l'École d'agriculture de Tirynthe, à Athènes (Grèce), se plaisait à placer, sur mon indication, les jalons des courbes, lors du tracé général, à prendre des notes, et M. A. Blanchet, de Lausanne (Suisse), relevait, avec la plus grande exactitude, tous ces jalons, réunissait les points en des courbes différentes et régulières. Opérations difficiles, à cause de la position topographique de l'ensemble de cette propriété.

D'autres élèves, français et étrangers, assistaient en nombre aux études du paysage avec intérêt.

Extrait de la lettre du Ministre de l'agriculture, du commerce et des travaux publics, adressée à M. le comte du Couëdic, propriétaire du domaine du Lézardeau (Finistère) :

« Paris, le 18 janvier 1868.

« *A M. le comte du Couëdic, député au Corps législatif.*

« Monsieur le comte,

« Vous savez que j'ai soumis à une commission spéciale votre demande relative au renouvellement, pour une seconde période « de neuf années, de la convention du 29 mars 1860, en vertu de laquelle une école pratique d'irrigation et de drainage a été « instituée sur votre propriété du Lézardeau.

« La commission a délégué deux de ses membres pour aller étudier la question sur place et lui en rendre compte. Ces « délégués, après un examen approfondi, sur les lieux mêmes, de la situation de l'établissement, ont fait leur rapport à la « commission et lui ont présenté des propositions. La commission a discuté ces propositions et a adopté à l'unanimité des « conclusions que j'ai approuvées.

« Voici la teneur de ces conclusions :

« Il y a lieu de renouveler la convention pour une seconde période de neuf années, aux conditions suivantes :

« Érection par M. le comte du Couëdic, sur le domaine dit de Kermagoree, d'après des plans et devis approuvés par l'admi-« nistration, d'un bâtiment assez vaste pour réunir tous les services de l'établissement, ainsi que le logement de tout le « personnel et de vingt élèves, avec fourniture, également à ses frais, de tout le mobilier quelconque reconnu nécessaire. » Etc., etc., etc.

Les plans et devis du bâtiment-école de Rosglas ont été dressés par l'auteur de cet ouvrage.

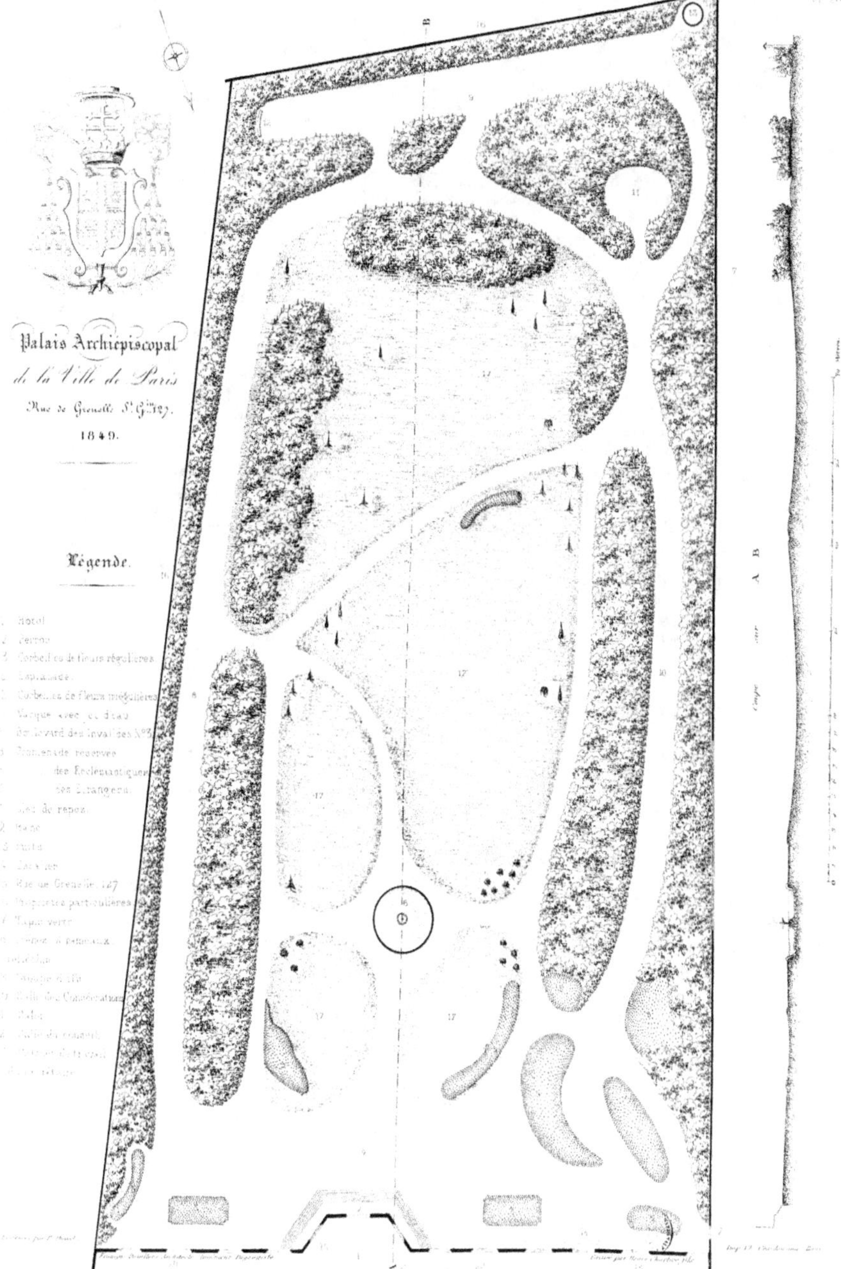

Palais Archiépiscopal
de la Ville de Paris
Rue de Grenelle St G.in 27.
1849.
Légende.
1. Hôtel
2. Perron
3. Corbeilles de fleurs régulières
4. Esplanade
5. Corbeilles de fleurs irrégulières
6. Vasque avec jet d'eau
7. Boulevard des Invalides N°3
8. Promenade réservée
      des Ecclésiastiques
      des Étrangers
9. Lit de repos
12. Banc
13. Buste
14. Escalier
15. Rue de Grenelle 127
16. Propriétés particulières
17. Tapis vert
18. Grottes à ruisseaux
      cascade
19. Kiosque d'été
20. Salle des Considérations
21. Allée
22. Salle du conseil

# JARDIN

DU

## PALAIS ARCHIÉPISCOPAL DE LA VILLE DE PARIS

RUE DE GRENELLE, N° 127

MONSEIGNEUR MARIE-DOMINIQUE-AUGUSTE SIBOUR, ARCHEVÊQUE

Créé en 1849

Ce jardin contient 2,888 mètres, partie selon le système de Le Nôtre et de Kent, paysagiste anglais.

A l'extrémité, une large allée à laquelle on arrive par deux sentiers garnis de plantations composées plus particulièrement d'arbustes à feuille persistante, afin de protéger les prêtres, à qui la solitude est nécessaire soit pour la lecture de leur bréviaire, soit pour la conversation. D'un côté une allée droite conduisant au palais.

Le reste du jardin, selon le système irrégulier, est destiné à tous, n'ayant pour limites que des arbres et arbustes bien disposés afin de présenter avec ordre diverses promenades distingues et solitaires.

Les murs de côté et du fond sont couverts de *Hedera Hibernica* (lierres d'Irlande) et ne laissent apercevoir aucune des limites de ce petit jardin, qui semble, par sa disposition bien comprise, d'une étendue importante. Des arbres de première grandeur, qui vont être désignés, sont plantés de manière à ne faire qu'un tout avec ceux du boulevard des Invalides et les jardins voisins, ceux de l'extrémité font disparaître des constructions élevées sur les murs de clôture.

En face le palais, de chaque côté du perron, des parterres réguliers garnis de fleurs se renouvelant selon les saisons.

L'allée de gauche, qui conduit à l'allée particulière, est du côté du mur limitée par une plate-bande de 0 m. 60, occupée par diverses plantes vivaces ou bisannuelles aimant à croître à l'ombre, des *Digitalis* (digitales) diverses variétés, des *Asperula odorata* (aspérules odorantes), des *Convallaria* (muguets), des *Vinca* (pervenches), naines, blanches, violettes, à fleur double, et quelques autres plantes à fleurs variées.

Le côté opposé, jusqu'à l'allée transversale, est planté de trois *Pavia lutea* (paviers jaunes), un *P. rubra* (p. rouge), six *P. macrostachya* (p. à long épi), trois *Celtis Occidentalis* (micocouliers de Virginie), quatre *Melia Azedarach* (azédarachs Lilas des Indes), cinq *Betula* (bouleaux), trois *Broussonetia papyrifera cucullata* (mûriers à papier en capuchon) ; sons ces arbres élevés, du côté du gazon, onze *Budleia Lindleyana* (budleias de Lindley), six *Viburnum Opulus sterilis* (viornes Boules-de-neige), treize *Aucuba Japonica* (aucubas du Japon), six *Althæa frutex* (ketmies des jardins), six *Carpinus Americana* (charmes d'Amérique), trois *Quercus macrocarpa* (chênes à gros fruit) et vingt-deux *Spiræa* variées.

Dans la partie qui se continue à l'extrémité du tapis vert, trois *Populus monilifera* (peupliers Suisses), trois *P. fastigiata* (p. d'Italie), quatre *Quercus Phellos* (chênes Saules); côté du gazon, huit *Elæagnus* (châtels), quatre *Cerasus Padus* (cerisiers Merisiers à grappe), six *C. pumila* (c. nains) et cinq espèces de la famille des Caprifoliacées, à tige non volubile; trois *Hippophae* (argousiers), cinq *Cydonia Japonica rubra* (coignassiers du Japon rouges), six *Cornus sanguinea* (cornouilliers sanguins); en avant, sur les bords des gazons, des *Centranthus ruber* (valérianes rouges), qui étendent au loin leurs branches resserrées, garnies de belles panicules, et des *Digitalis flore albo* (digitales à fleur blanche).

Au centre de la pelouse, vers le palais, une vasque à étages, avec bassin destiné à recevoir les eaux jaillissantes.

Divers sentiers permettent la promenade vers cet endroit et la visite des poissons de différentes robes qui se tourmentent dans ces eaux sans cesse renouvelées.

Les tapis verts sont semés en mélange de graminées dans lequel sont entrés : *Dactylis* (dactyles), *Bromus pratensis* (brômes des prés), *Festuca duriuscula* (fétuques durettes), *F. ovina* (f. ovines), *F. pratensis* (f. des prés), *Anthoxanthum odoratum* (flouves odorantes), *Poa trivialis* (poa communs), *Agrostis stolonifera* (a. traçantes), *Trifolium repens* (trèfles blancs), *T. hybridum* (t. hybrides), et le *Lotus corniculatus* (lotier corniculé); ils ont été garnis de *Primula grandiflora* (primevères à grande fleur), de *Galanthus nivalis* (galantines des neiges) et d'*Anemone ranunculoides* (anémones renoncules).

Comme tous ceux de ce genre, ce jardin, d'une composition partie régulière et irrégulière, peut se classer à côté des jardins de communautés d'hommes où il faut des allées droites pour la promenade et la lecture, des allées irrégulières pour les étrangers et partout des plantations bien garnies, de manière que chaque groupe de personnes ne trouble la solitude nécessaire aux ecclésiastiques.

La promenade réservée est, comme le chemin que nous venons de suivre, garnie, côté des propriétés étrangères, d'une plate-bande de 0 m. 60, plantée de *Vinca major* (pervenches grandes des bois) ; dans les massifs, trois *Ulmus campestris latifolia* (ormes champêtres à large feuille), trois *U. microphylla* (o. à petite feuille), trois *Acer Pseudo-platanus* (érables Sycomores), six *Mespilus Oxyacantha flore roseo pleno* (épines à fleur rose double), six *M. Oxyacantha flore albo pleno* (e. à fleur blanche double), trois *Gymnocladus Canadensis* (bonducs Chicot du Canada), six *Berberis Nepalensis* (épines-vinettes du Népaul), six *B. vulgaris purpurea* (e. communes à feuille pourpre), trois *Buxus sempervirens foliis argenteis* (buis communs à feuille argentée), cinq *Aucuba Japonica*, cinq *Evonymus latifolius* (fusains à large feuille).

Un *Fraxinus excelsior pendula* (frêne commun pleureur), à tige élevée, divise en quelque sorte l'entrée de ce promenoir. Au pied de cet arbre, divers arbustes à feuilles persistantes et quelques plantes vivaces aimant à croître protégées par d'autres ; trois *Robinia viscosa* (robiniers visqueux), un *Mespilus Oxyacantha flore roseo pleno*, trois *M. O. flore albo pleno*, six *Berberis Nepalensis*, forment ce groupe de plantations ; placés en avant, dix-huit *Taxus* (ifs) d'une belle végétation ornent le fond de cette partie du jardin d'un ton sombre et sévère.

Le long du mur qui nous sépare du boulevard, trois *Ulmus campestris latifolia* (ormes champêtres à large feuille), trois *U. campestris tortuosa* (o. champêtres tortillards), deux *Æsculus Hippocastanum* (marronniers d'Inde), six *Ruscus* (fragons), six *Evonymus latifolius*, cinq *Caragana*, cinq *Ribes palmatum* (groseilliers odorants) ; au pied de ces arbres et arbustes, des *Vinca major* à feuille panachée.

Un *Sophora Japonica* (sophora du Japon) ayant la tige garnie de *Hedera Hibernica* (lierres d'Irlande), est isolé sur l'Esplanade en face le palais, au pied une corbeille de fleurs vivaces et bisannuelles.

Le massif qui s'étend de ce côté jusqu'aux ifs est occupé, sur le premier plan, par trois *Æsculus Hippocastanum flore pleno*, trois *Liquidambar*, trois *Liriodendrum* (tulipiers), trois *Juglans Americana fraxinifolia* (noyers d'Amérique à feuille de frêne), six *Koelreuteria* (savonniers), un *Cerasus hortensis flore pleno* (cerisiers à fleur double), cinq *C. Lusitanica* (c. Lauriers de Portugal), trois *C. pumila* (c. nains), cinq *C. Lauro-cerasus* (c. Lauriers-cerises), cinq *Ilex aquifolium cornutum* (houx communs à feuille cornue), six *Syringa Josikea* (lilas à feuille de Chionanthe), cinq *S. media flore albo* (l. de Marly à fleur blanche), trois *S. Rothomagensis*, (l. Varin), sept *Elæagnus angustifolia* (châlefs Oliviers de Bohême), six *Ribes sanguineum* (groseilliers à fleur rouge).

Le long du boulevard des Invalides, du palais à l'autre extrémité, huit *Cratægus* (alisiers), seize *Althæa* (ketmies) en sept espèces et variétés ; trois *Amygdalus Georgica* (amandiers de Géorgie), six *Amorpha*, trois *Aralia Japonica*, six *Hippophae* (argousiers), dix-neuf *Aucuba Japonica*, cinq *Baccharis halimifolia* (baccharides à feuille d'Halime), dix *Colutea* (baguenaudiers), neuf *Viburnum Opulus sterilis* (viornes Boules de neige), cinq *Betula* (bouleaux), sept *Broussonetia* en trois espèces, quatorze *Buxus* en six espèces, cinq *Buplevrum* (buplèvres), trois *Calycanthus*, six *Caragana grandiflora*, trois *Cerasus Virginiana*, huit *C. Lauro-cerasus*, six *C. Lauro Caucasica*, sept *Elæagnus angustifolia* (châlefs Oliviers de Bohême), onze *Carpinus Betulus* (charmes communs), cinq *Quercus Ballota*, sept *Q. Mirbecki* ; dans la famille des Caprifoliacées à tige volubile et non volubile, seize espèces ; aussi dix-huit *Clematis*, trois *Cydonia Japonica*, cinq *Planera*, dix *Coronilla Emerus* (coronilles des jardins), huit *Cytisus laburnum*, quatre *Daphne Laureola*, cinq *Deutzia Fortunei*, six *Mespilus pyracantha* (épines Buissons-ardents), trois *M. crusgalli* (é. ergots de coq), neuf *Bergeris vulgaris purpurea* (épines-vinettes communes à feuille pourpre), cinq *B. Nepalensis* (é. du Népaul), deux *Gleditschia macrocanthos* (féviers à grosse épine), cinq *G. inermis* (f. sans épine), dix *Rubus odoratus* (framboisiers du Canada).

Dans le tapis vert n° 17 de la légende, une corbeille composée de *Centaurea Fenzlii*. Cette plante, quoique bisannuelle, présente un grand intérêt pour la formation des corbeilles ; elle a les feuilles radicales d'un vert cendré, au centre, une hampe d'un mètre, ramifiée dès la base avec assez de régularité, les boutons terminaux des ramifications se font remarquer par leurs formes particulières, qui ne se développent qu'après un temps assez long, ce qui leur donne un caractère tout particulier et un double intérêt.

Dans celle de l'autre tapis vert, des *Chelone barbata*, plante vivace, originaire du Mexique, malgré sa ressemblance avec les *Pentstemon*, elle n'en est pas moins distincte et remarquable par ses longues et brillantes panicules écarlates, dont la hampe s'élève toujours à un mètre environ. Cette plante peut trouver sa place un peu partout dans les jardins, sans déranger l'harmonie.

Près de l'allée transversale, encore dans la pelouse, un groupe de *Chloris myriostachys*, graminée intéressante du Chili, s'élevant à l'aide d'une bonne culture, de 1 mètre à 1 mètre 50. Ces grandes panicules velues et soyeuses, auxquelles succèdent de longs épillets, le plus souvent rapprochés en pinceaux au sommet des tiges, sont d'un heureux effet. Elle peut aussi être employée isolément.

Les dispositions de ce jardin conviennent à plusieurs maisons : école de haut enseignement, communauté de religieux, maison de retraite pour les ecclésiastiques, etc.

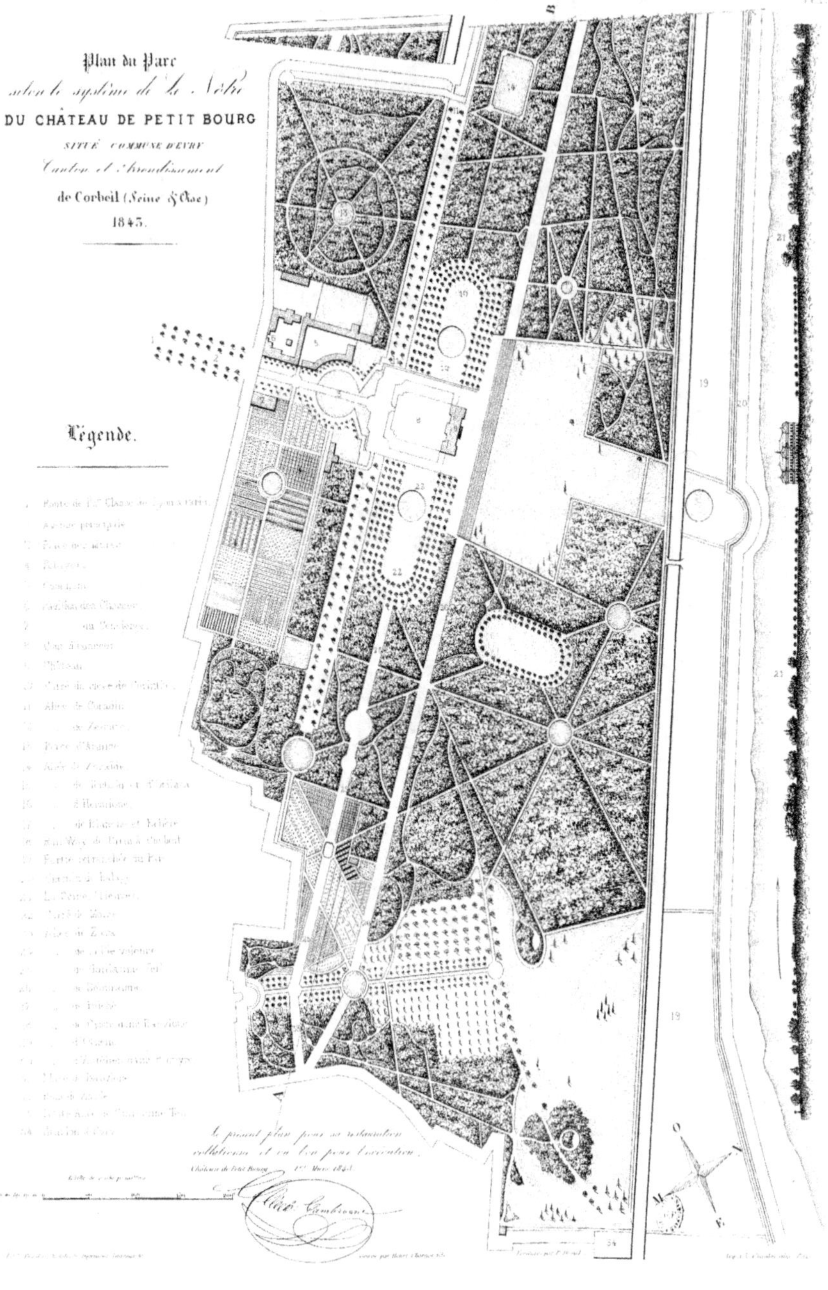

Plan du Parc
selon le système de Le Nôtre
DU CHÂTEAU DE PETIT BOURG
SITUÉ COMMUNE D'EVRY
Canton et Arrondissement
de Corbeil (Seine & Oise)
1845.
Légende.

# PARC
## DU
# CHATEAU DE PETIT-BOURG

SITUÉ COMMUNE D'EVRY-SUR-SEINE, ARRONDISSEMENT ET CANTON DE CORBEIL, DÉPARTEMENT DE SEINE-ET-OISE

### APPARTENANT A M. CHARLES-LOUIS CAMBRONNE

#### 1843

Cet important exemple du système régulier contient 85 hectares clos de murs, un potager et jardin fruitier de 4 hectares 6 ares, le tout d'un seul tenant.

Les constructions ont été élevées par le célèbre Mansart, auteur du château de Maisons (Seine-et-Oise).

Le parc est limité par la route de première classe n° 7, de Paris à Lyon, par le chemin d'Evry, celui de Grand-Bourg et le fleuve qui traverse Paris, au-dessus duquel on découvre les plus jolis paysages des bords de la Seine. Le premier chemin de fer exécuté aux environs de Paris, se dirigeant vers Corbeil, a une station à l'une des extrémités du parc. Le château a pour perspective principale les riants et fertiles coteaux de Soisy et d'Étiole.

Arrivant par la route n° 7, on parcourt une avenue plantée d'*Ulmus* (ormes) sur quatre lignes ayant 6 mètres 66 centim. de largeur, par laquelle on entre dans la cour d'honneur, décorée de deux tapis verts, au centre, des pièces d'eau régulières ; à gauche, le grandiose potager et fruitier qui y fait suite.

A l'est, une pelouse s'étendant jusqu'au chemin de fer, au-dessus duquel la vue se prolonge sur la Seine, les prairies, la forêt de Sénard et divers castels placés çà et là dans le lointain.

La partie du parc détachée par le railway, cultivée en prairies, contient 9 hectares 7 ares; les terres labourables, faisant partie de la ferme de Neubourg, sont limitées à l'est par la rue de l'Église, le presbytère, le château d'Evry; au nord, par le chemin de fer.

Il serait trop long d'entrer dans toutes les péripéties que cette propriété seigneuriale a subies. Les mutilations qu'elle avait éprouvées à différentes époques avaient fait disparaître la plus grande partie de la première composition.

Après bien des recherches, des tâtonnements et des études, j'ai la certitude d'avoir reconstitué cette création d'une autre époque.

Les avenues ont été continuées, les quinconces rétablis, toutes les charmilles refaites, les bosquets replantés, l'intérieur repeuplé d'arbres et d'arbustes ayant quelque analogie avec les anciens, les boulingrins reconstitués en se rapprochant des profils dont il restait à peine quelques fragments isolés, toutes les pièces d'eau régulières et circulaires rétablies avec leurs eaux jaillissantes. Le long de la voie ferrée, il a été planté 2,087 arbustes variés et à fleurs ne s'élevant pas à plus de 1 mètre 50 centimètres, afin de conserver la vue au delà sur la navigation et les parties lointaines; parmi ces arbustes, il est entré soixante *Ulex hibernica* (ajoncs d'Irlande), vingt-deux *Rhamnus alaternus* (nerpruns alaternes), cent huit *Althæa* (ketmies), cinquante *Amygdalus argentea* (amandiers satinés), cinquante *Amorpha glabra* (amorpha glabres), trente *Arbutus Unedo* (arbousiers communs), quarante-deux *Hippophae* (argousiers), trente-cinq *Atriplex* (arroches), cent *Baccharis* (baccharides), soixante-neuf *Colutea arborescens* (baguenaudiers communs), quarante-deux *Budleia Lindleyana*.

Sur le dernier plan, des *Ononis* (bugranes), quantité de *Buxus sempervirens* (buis communs), de *Buxus longifolia* (buis à longue feuille), parmi lesquels les *Buxus Balearica* (buis de Mahon) dominent, vingt-neuf *Calycanthus macrophyllus* (calycanthes à grande feuille), seize *Calycanthus Floridus* (calycanthes de la Caroline) et des *Chimonanthus fragrans* (chimonanthes odoriférants); les *Caragana* y sont représentés par cent trois en quatre espèces, cinq *Cerasus Lauro-cerasus*, vingt-neuf *Cerasus Lauro Colchica*, quinze *Cerasus Lauro Caucasica*, vingt-huit *Cerasus Lusitanica*, trente-cinq *Cerasus Padus*, sept espèces de *Lonicera* à tige non volubile ou *Chamæcerasus*, quatorze *Chionanthus Virginica* (chionanthes de Virginie), deux cents *Daphne Laureola* (daphnes Lauréoles), cent dix-neuf *Deutzia* en six espèces, soixante *Berberis vulgaris purpurea* (épines-vinettes communes à feuille pourpre), cinq *Berberis Nepalensis* (épines-vinettes du Népaul), quatre-vingts *Berberis Darwinii* (épines-vinettes de Darwin), huit *Phillyrea latifolia* (filarias à feuille large), quarante-deux *Phillyrea angustifolia* (filarias à feuille étroite), soixante-sept *Evonymus verrucosus* (fusains à bois galeux), dix-huit *Indigofera* (indigotiers).

Près la station d'Evry, dans la prairie, six *Cedrus argentea Atlantica* (cèdres argentés de l'Atlas); au bord du chemin, quatre *Æsculus rubicunda* (marronniers rubiconds à fleur rouge) ; huit *Cedrus Libani* (cèdres du Liban), forment l'autre groupe d'arbres résineux ; isolé, un *Pinus Lambertiana* (pins de Lambert) ; l'arbre pyramidal est un *Taxodium distichum fastigiatum* (taxodium distique fastigié) ; le groupe isolé se compose de six *Populus fastigiata* (peupliers d'Italie); plus loin, quatre *Abies nobilis robusta* (sapins nobles robustes) ; en remontant le chemin, on arrive au fruitier de Grand-Bourg, composé d'arbres à pépins tige et à noyaux, de fruits en baies et de quelques vignes ; à l'extrémité, le potager de gros légumes.

Cet immense parc, composé de Petit-Bourg, Neubourg et Grand-Bourg, ce dernier était en communication avec le château actuel par une avenue de *Quercus Suber* (chênes liéges); le plus petit, dont j'ai encore une partie du tronc sous les yeux, mesure 0 mètre 80 à 1 mètre 50 du sol. Je n'ai pas connu, sous les climats du nord de la France, de plus beaux arbres de cette espèce, qui, gênés par les voisins, s'étaient élevés à une hauteur supérieure à tous les arbres indigènes qui les entouraient.

Ce *Quercus*, le plus intéressant de ceux à feuilles persistantes, devrait trouver sa place dans toutes nos créations de parcs et jardins.

Le long des grandes allées, des charmilles recevant régulièrement chaque année la visite du croissant meurtrier; à l'intérieur, les fourrés épais; sur les parties les plus éloignées du château, des arbres et arbustes de première grandeur, à feuille et rameau d'un ton blanchâtre, afin de prolonger la perspective, parmi lesquels dominent les *Populus alba nivea* (peupliers blancs de Hollande cotonneux, les *Populus tremula* (p. trembles), quantité de *Cratægus Aria* (alisiers blancs), de *Cratægus torminalis* (alisiers des bois) et des *Amelanchier*; les *Elæagnus macrophylla* (châtefs à grande feuille), les *Hippophae* (argousiers), les *Celtis* (micocouliers), beaucoup de *Cerasus*, de l'espèce croissant naturellement dans nos bois, produisant en automne un grand effet dans le paysage par la teinte rouge que prennent les feuilles peu avant leur chute.

Sur les plans inférieurs, des *Cornus sanguinea* (cornouillers sanguins) mêlés à divers *Viburnum Opulus sterilis* (viornes Obiers), beaucoup de *Buxus sempervirens* (buis communs), de *Buxus longifolia* (buis à longue feuille), de *Buxus rotundifolia* (buis à feuille ronde), partout des *Ligustrum lucidum* (troënes à feuille luisante), des *Staphylea pinnata* (staphylées à feuille ailée), des *Pistacia* (pistachiers) en deux espèces, des *Rhus typhinum* (sumacs de Virginie) d'un grand effet, près des *Cerasus* dont nous venons de parler, à cause de leur feuille prenant à peu près la même teinte et à la même époque, des *Salix alba* (saules communs), accompagnés sur les extrémités de *Populus alba nivea* et d'*Elæagnus* de diverses espèces. Les *Rhamnus* (nerpruns) à feuille caduque, trouvent aussi leur place dans ce genre de plantations, quelquefois les différentes variétés de *Corylus* (noisetiers), plus particulièrement le *Byzantina* (de Byzance) comme étant le plus rustique des Quercinées, çà et là des *Lycium* ligneux, bel arbuste de la famille des Solanées, garnissant bien l'intérieur et ne redoutant pas l'ombre des végétaux plus élevés, remarquables par leur grand nombre de rameaux flexibles, touffus et recourbés vers la terre (imitant un peu ceux du *Salix Babylonica*), par ses fleurs violettes se succédant depuis le printemps jusqu'à l'automne, ces fruits nombreux sont de véritables perles de corail.

Les *Ilex* (houx) pourraient encore être réunis aux plantations de jardins réguliers, particulièrement l'*Ilex aquifolium* (houx commun) ; vers les murs, on pourrait aussi planter des *Taxus* (ifs), le *baccata* (commun) comme étant le plus rustique : il croît naturellement en France, j'en ai vu dans le cimetière d'Étry des exemples ayant atteint un développement considérable, en Suisse, en Italie, en Allemagne et au Canada; il se plaît dans tous les terrains, garnit parfaitement l'intérieur des bosquets, où il est nécessaire de le planter avec une grande réserve, à cause de son caractère funèbre ; si son accroissement est long, il a un grand avantage sur tous les autres végétaux, il dure plusieurs siècles. J'ai décrit (*Annales de la Société d'horticulture de Paris*, 1842) celui du cimetière d'Étry (Calvados), dans l'intérieur duquel, à des époques difficiles, on avait caché les cloches du village. Quelles métamorphoses n'a-t-on pas fait supporter à cet arbre dans nos jardins réguliers, où il prend, à l'aide des cisailles, la forme d'animaux de toute espèce, quelquefois des habitations ayant leurs ouvertures, et dans lesquelles on était parfaitement chez soi.

Le *Mespilus pyracantha* (épines Buissons-ardents) croît particulièrement dans les parties arides ; ses fruits nombreux, en paquets, le font remarquer et appellent l'attention des promeneurs et la visite des oiseaux, qui sont friands de ses fruits ; quelquefois des *Cytisus laburnum* (cytises faux-Ébéniers), et sur les bords des chemins beaucoup de *Cytisus hirsutus* (cytises velus); on peut aussi planter des *Colutea* (baguenaudiers) de diverses espèces, beaucoup de *Lonicera* à tige volubile et non volubile ; comme arbres de première grandeur, des *Castanea* (châtaigniers) peuvent être placés à côté des *Quercus* (chênes) à feuilles caduques et des *Fagus* (hêtres); le *Buplevrum* (buplèvre) remplirait avec avantage les vides laissés par les arbres et arbustes qui se dégarnissent en s'élevant; dans quelques localités se plantera le *Daphne*; le *Laureola*, qui garde ses feuilles l'hiver, serait préférable; beaucoup de *Betula* (bouleaux); seul il appelle l'attention par son écorce blanche, sa tige légère, ainsi que ses rameaux et feuillage; sur les parties aquatiques, l'*Alnus glutinosa* (aune commun) et ses variétés, avec le *Salix argentea*, forment de jolies parties de bois; sous leurs rameaux, les *Ulex Europæus flore pleno* et *hibernica* (ajoncs marins à fleur double et d'Irlande) appelleraient l'attention par leurs fleurs jaunes, qui se renouvellent longtemps.

Les *Vinca major* et *minor* (pervenches grandes des bois et petites) se placeront partout avec les *Hedera* (lierres).

Tel est l'ensemble des arbres et arbustes qu'il convient de planter dans ces grandes créations; ceux qui entrent le plus communément dans les quinconces, les avenues et sur les terrasses, sont les *Æsculus* (marronniers), les *Tilia* (tilleuls), qui, comme les *Carpinus* (charmes), se prêtent de bonne grâce aux opérations meurtrières des cisailles et du croissant. Pour les grandes avenues, les meilleurs choix sont les *Ulmus campestris* (ormes champêtres).

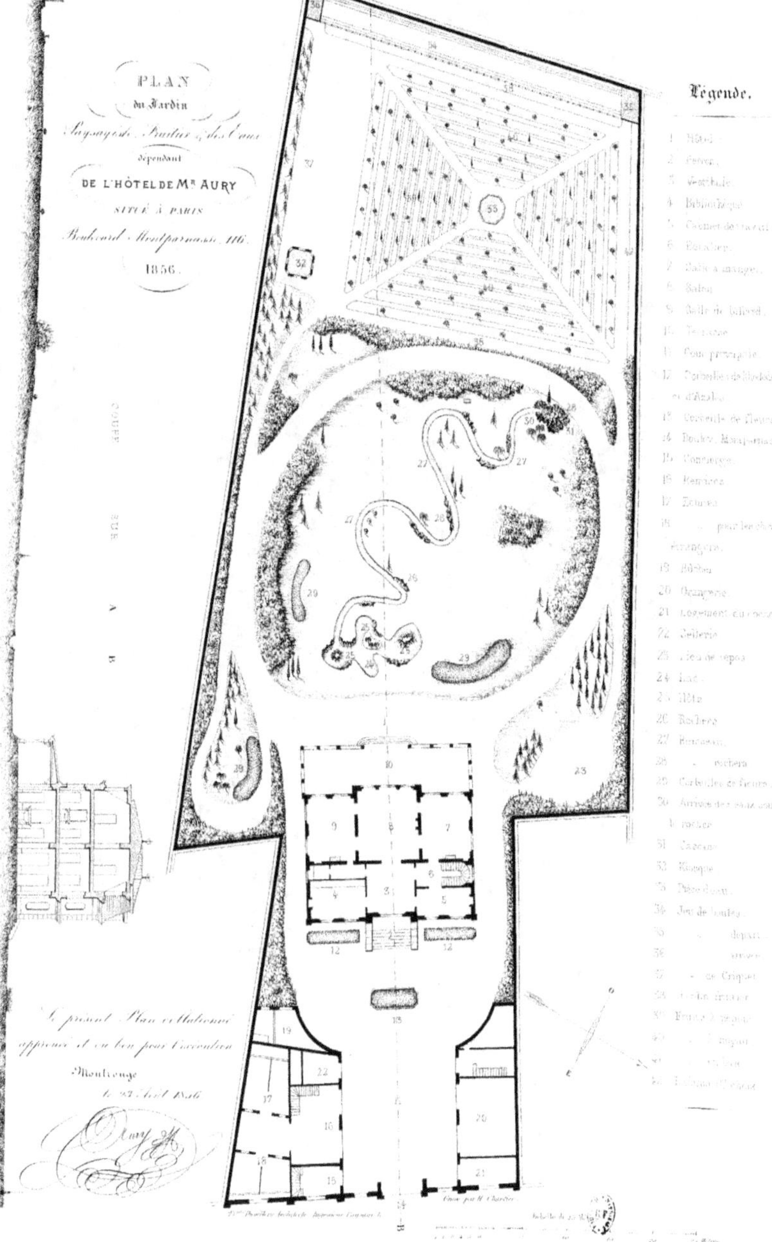
PLAN
du Jardin
Paysagiste, Pontier, & des Cours
dépendant
DE L'HÔTEL DE Mr AURY
SITUÉ À PARIS
Boulevard Montparnasse, 116.
1856.
Légende.
1  Hôtel
2  Serres
3  Vestibule
4  Bibliothèque
5  Cabinet de travail
6  Escalier
7  Salle à manger
8  Salon
9  Salle de billard
10  Terrasse
11  Cour principale
12  Corbeilles de Rhododendrons et d'Azalées
13  Corbeille de fleurs
14  Boulev. Montparnasse 116
15  Concierge
16  Remises
17  Écuries
18  pour les chevaux étrangers
19  Bûcher
20  Orangerie
21  Logement du cocher
22  Sellerie
23  Jeu de repos
24  Lac
25  Îlots
26  Rochers
27  Ruisseau
28  rochers
29  Corbeilles de fleurs
30  Arrivée des eaux sous le rocher
31  Cascade
32  Kiosque
33  Débarcadère
34  Jeu de boules
35  départ
36  arrivée
37  de Criquet
38  Jardin fruitier
39  Berceau de repos
40  de repos
41  d'été
42  Jardin d'hiver

# JARDIN-PAYSAGISTE

A PARIS, BOULEVARD MONTPARNASSE, 116

APPARTENANT A M. AURY

1855

D'une contenance de 2,189 mètres 24, divisé en 556 mètres superficiels d'allées et esplanades de diverses grandeurs, 424 mètres de massifs ou parties cultivées en arbres et arbustes, 40 mètres destinés aux fleurs de diverses espèces, 688 mèt. en pelouses et tapis verts vallonnés et ondulés selon les besoins de la perspective, 117 mètres recouverts par les eaux; le fruitier occupe 364 mètres 24.

Jardin de ville, il a souvent servi de modèle aux praticiens et amateurs, renfermant dans un petit espace l'utile et l'agréable. La *Maison rustique* l'a fait graver et insérer dans la *Revue horticole*, et l'a reproduit dans ses bulletins et dans d'autres ouvrages.

Un rocher bien proportionné et d'un caractère sérieux reçoit des eaux d'une grande limpidité qui descendent en murmurant de son sommet, d'où elles fuient par des sinuosités sensibles à travers une prairie composée de Ray-grass de la plus belle espèce, émaillée de *Bellis perennis* (pâquerettes vivaces), de *Primula officinalis* (primevères officinales) et autres plantes printanières. Vers l'habitation, un lac aux limites naturelles et irrégulières sert de miroir à ce bel hôtel à travers des îlots peuplés de *Tamarix* (tamarix), d'*Arundo* (arundos), de *Doronicum plantagineum* (doronics à feuille de plantain).

L'ensemble des plantations comprend trois cent dix arbustes à rameaux sarmenteux en *Cissus quinquefolia* (vignes-vierges communes à cinq folioles), *Bignonia* (bignonias), *Jasminum* (jasmins), *Periploca Græca* (périploca de la Grèce), *Clematis* (clématites), *Lonicera* (chèvrefeuilles), etc.; trente-trois arbres pyramidaux : *Quercus pedunculata fastigiata* (chênes à longs pédoncules pyramidaux), *Ulmus campestris pyramidalis* (ormes champêtres pyramidaux), *Taxus* (ifs), *Robinia pseudo-acacia* (robiniers faux-acacias), *Populus fastigiata* (peupliers d'Italie), bien distribués dans ces pelouses, servent d'échelle aux autres plantations ; douze arbres à rameaux réfléchis : *Sophora* (sophoras), *Fraxinus* (frênes), *Salix Babylonica* (saules pleureurs), *Cytisus* (cytises), *Populus tremula* (p. trembles), *Tilia* (tilleuls) et *Alnus* (aunes) leur font opposition ; trois cent trente et un arbres tige de première et de moyenne grandeur, parmi lesquels dominent ceux à fleurs; huit arbres à rameaux réunis et à tête ronde, isolément placés dans les gazons : *Robinia inermis* (r. parasol sans épines), forment l'ensemble des arbres isolés ; huit cent cinquante-sept arbustes variés produisant leurs fleurs à diverses époques de l'année et s'élevant à diverses hauteurs, composent le fond des massifs ; soixante-quinze arbres résineux en *Cedrus argentea Atlantica* (cèdres argentés de l'Atlas), *Cedrus Libani* (cèdres du Liban), *Cedrus Deodora* (cèdres de l'Inde), *Pinus* (pins), *Abies* (sapins), *Larix* (mélèzes), *Cupressus* (cyprès), *Juniperus* (genévriers), quelques *Podocarpus* (podocarpes) et des *Taxus* (ifs) composent le groupe réuni et détaché le long du mur et près le rocher; cent quatre-vingt-neuf arbustes à feuilles persistantes, choisis parmi les espèces qui supportent sans trop souffrir le climat de Paris et s'élevant peu, auxquels j'ai ajouté quelques *Quercus* (chênes à feuilles persistantes) et des *Phillyrea* (filarias).

Dans le fruitier, soixante-quinze pommiers cultivés en cordons, choisis dans les meilleures variétés, entrant en maturité à différentes époques; quinze poiriers pyramides, fruits à couteau, en quinze espèces, choisies parmi celles qui se conservent le plus longtemps ; quinze arbres tige fruits à noyaux, abricotiers, pruniers, pêchers, cerisiers, amandiers, et deux mûriers à fruit noir; en espaliers contre les murs, dix espèces de pêchers et brugnons cultivés selon le système de la Quintinye : cent vingt-quatre vignes, prises parmi celles qui ont le plus de qualité, plantées à la Tomerie, système le plus profitable lorsque l'on se place à l'angle du jardin qui reçoit le plus de soleil, plantées à 0 m. 60, les cordons espacés de 0 m. 50. On sait que ceux les plus rapprochés du sol entrent habituellement en maturité les premiers, se succédant ainsi jusqu'au cinquième ou sixième cordon.

Il est encore entré, dans ce petit fruitier, un figuier à fruit noir, un à fruit rouge, un coignassier, diverses espèces de groseilliers et des framboisiers, des fraisiers en quantité.

Des dépendances à l'angle du lieu de repos, huit *Cerasus Lusitanica* (cerisiers Lauriers de Portugal), sept *Ligustrum Japonicum* (troènes du Japon), seize *Aucuba*, dix-huit *Mahonia*, cinq *Syringa Rothomagensis* (lilas Varin), cinq *Syringa media flore albo* (lilas de Marly à fleur blanche), neuf *Symphoricarpos* en trois espèces, dix-sept *Spiræa* (spirées), onze

*Althæa frutex* (ketmies des jardins), trois *Cytisus Adami* (cytises d'Adam), trois *Cercis siliquastrum* (gainiers, arbre de Judée), cinq *Æsculus Hippocastanum flore pleno* (marronniers d'Inde à fleur double).

De cet angle au fruitier, huit *Cratægus glabra* (photinies luisants), cinq *Phillyrea angustifolia* (filarias à feuille étroite), sept *Buxus Balearica* (buis de Mahon), vingt-deux *Spiræa* diverses espèces, seize *Deutzia scabra* (deutzias rudes) et dix *Deutzia gracilis* (deutzias gracieux), quatorze *Cotoneaster*, trois *Caragana*, trois *Cratægus Aria* (alisiers blancs), cinq *Rhamnus alaternus angustifolius* (nerpruns alaternes à feuille étroite), trois *Mespilus Oxyacantha flore roseo pleno* (épines à fleur rose double), trois *Acer saccharinum* (érables à sucre), quatre *Acer Pseudo-platanus* (érables sycomores), treize *Mespilus pyracantha* (épines Buissons ardents).

Sur le tapis vert, neuf *Cedrus Libani* (cèdres du Liban), un *Virgilia lutea* (virgilier à bois jaune), neuf *Populus fastigiata* (peupliers d'Italie).

Pour dissimuler le jardin fruitier, cinq *Quercus ilex* (chênes verts), trois *Quercus Mirbecki* (chênes Zang), trois *Quercus Ballota* (chênes d'Espagne à glands doux), trois *Quercus coccifera* (chênes Kermès), neuf *Quercus Suber* (chênes liéges), sept *Rhamnus alaternus latifolius* (nerpruns alaternes à feuille large), neuf *Phillyrea latifolia* (filarias à large feuille), dix-neuf *Magnolia* en cinq espèces, trois *Ulmus Sinensis* (ormes de la Chine), onze *Hippophae* (argousiers), dix *Hypericum* (millepertuis), seize *Althæa frutex*, cinq *Syringa media*, cinq *Syringa Persica*, quatorze *Spiræa* variées, cinq *Philadelphus coronarius* (seringas des jardins), quatre *Salix annularis* (saules à feuille annulaire), six *Sorbus Americana* (sorbiers d'Amérique) et trois *Sorbus hybrida* (sorbiers hybrides), dix-sept *Salsola* (soudes) et treize *Baccharis halimifolia* (baccharides Seneçons en arbre).

Trois *Ulmus campestris pyramidalis* (ormes champêtres pyramidaux) occupent la pelouse, au-dessus desquels s'étend la perspective; un *Sorbus aucuparia pendula* (sorbiers des oiseaux pleureurs) leur fait opposition. Le massif de l'extrémité est planté d'un *Populus alba nivea* (peuplier blanc cotonneux), trois *Elæagnus angustifolia* (châlefs oliviers de Bohême), cinq *Tamarix*, quatre *Althæa*, cinq *Pistacia vera* (pistachiers cultivés), trois *Symphoricarpos racemosa* (symphorines à fruit blanc), cinq *Symphoricarpos parviflora variegata* (symphorines à petite fleur à feuille panachée).

Le long du mur, quarante-huit arbres résineux : six *Taxodium sempervirens* (sequoias toujours verts), huit *Thuiopsis* en quatre espèces, six *Thuia Orientalis Nepalensis* (thuias d'Orient, de Tartarie), trois *Pinus Cembra* (pins Cembro), quatre *Pinus excelsa* (pins élancés), sept *Pinus Torreyana* (pins de Torrey), sept *Pinus Pinaster* (pins des Landes) et sept *Pinus nigra Austriaca* (pins noirs d'Autriche).

De ces arbres résineux et à feuilles persistantes, à l'angle le plus éloigné, quatre *Populus heterophylla* (peupliers hétérophylles), un *Juglans regia folio laciniato* (noyer commun à feuille laciniée), trois *Ulmus Americana* (ormes d'Amérique), quatre *Morus alba* (mûriers blancs), cinq *Rhamnus*, six *Syringa media*, quatre *Syringa josikea* (lilas à feuille de chionanthe), onze *Jasminum fruticans* (jasmins jaunes).

De cet angle aux dépendances, deux *Robinia viscosa* (robiniers visqueux) tiges, quatre *Paulownia*, trois *Pavia lutea*, quatre *Alnus glutinosa laciniata* (aunes communs à feuille laciniée), six *Atriplex*, six *Vitex Agnus castus* (gattiliers communs), quatre *Amygdalus Georgica* (amandiers de Géorgie), trois *Amelanchier*, cinq *Althæa Syriacus flore pleno roseo*, dix *Aucuba Japonica*.

Dans la pelouse, une corbeille de fleurs composée de plantes se renouvelant selon les saisons. Les trois arbres à rameaux réfléchis sont des *Gleditschia Bujoti* (féviers pleureurs); celui à tête ronde, un *Catalpa*; l'arbre pyramidal, un *Robinia pseudo-acacia pyramidalis*.

Les plantations du massif, le plus important, du tapis vert sont composées de *Tilia Americana argentea* (tilleuls d'Amérique à feuille argentée), trois *Robinia pseudo-acacia*, cinq *Cytisus laburnum* (cytises faux-ébéniers), quatre *Cytisus Adami* (cytises d'Adam), six *Deutzia gracilis*, cinq *Diospyros*, sept *Mespilus pyracantha*, trois *Acer Neapolitanum*, deux *Acer Monspessulanum*, dix *Ruscus racemosus* (fragons à grappe), seize *Genista juncea* (genêts d'Espagne), un *Taxus fastigiata*; opposé au fruitier, des *Elæagnus angustifolia* (châlefs Olivier de Bohême), quatre *Tilia Americana argentea*, quatre *Cratægus*, quelques *Cotoneaster rotundifolia* (cotoneasters à feuille ronde). Dans le gazon, trois *Pavia macrostachya*; sur le piédestal, un *Faune*. L'arbre pyramidal est un *Thuiopsis dolabrata*; pour servir d'échelle et donner de l'élévation au rocher, un *Populus fastigiata*.

Les dernières plantations au bord du chemin sont des *Malus spectabilis* (pommiers à fleur double), divers *Malus baccata* (pommiers de Sibérie), trois *Sambucus nigra cannabifolia* (sureaux communs à feuille de chanvre), trois *Staphylea*, quatre *Philadelphus elegans*, cinq *Baccharis halimifolia*, trois *Salix argentea*, un *Sorbus hybrida*, un *Planera*, deux *Celtis*. Dans le gazon, trois *Cedrus Deodora*; à l'autre extrémité, trois *Virgilia lutea*.

Le petit groupe isolé est planté en *Fagus sylvatica purpurea* (hêtres communs à feuille pourpre), en *Althæa syriacus flore pleno*, plusieurs espèces, dix-neuf *Mahonia* variés; les trois arbres pyramidaux près du ruisseau sont des *Quercus*; les résineux, trois *Taxodium distichum* (cyprès chauves); en se rapprochant du lac, sur le bord de l'eau, trois *Salix pentandra*; près des rochers, un *Taxodium distichum microphyllum*; sur les rochers et îlots, des *Tamarix Gallica*, des *Arundo donax* et leurs variétés, des *Sagittaria*, des *Butomus umbellatus* (butomes joncs-fleuris); à l'intérieur des eaux, des *Nymphæa alba* et *lutea*.

Ce jardin de ville peut être considéré comme l'un des mieux compris pour son peu d'importance. Les devis se sont élevés à la somme de 4,295 fr. 44 c. et n'ont pas été excédés.

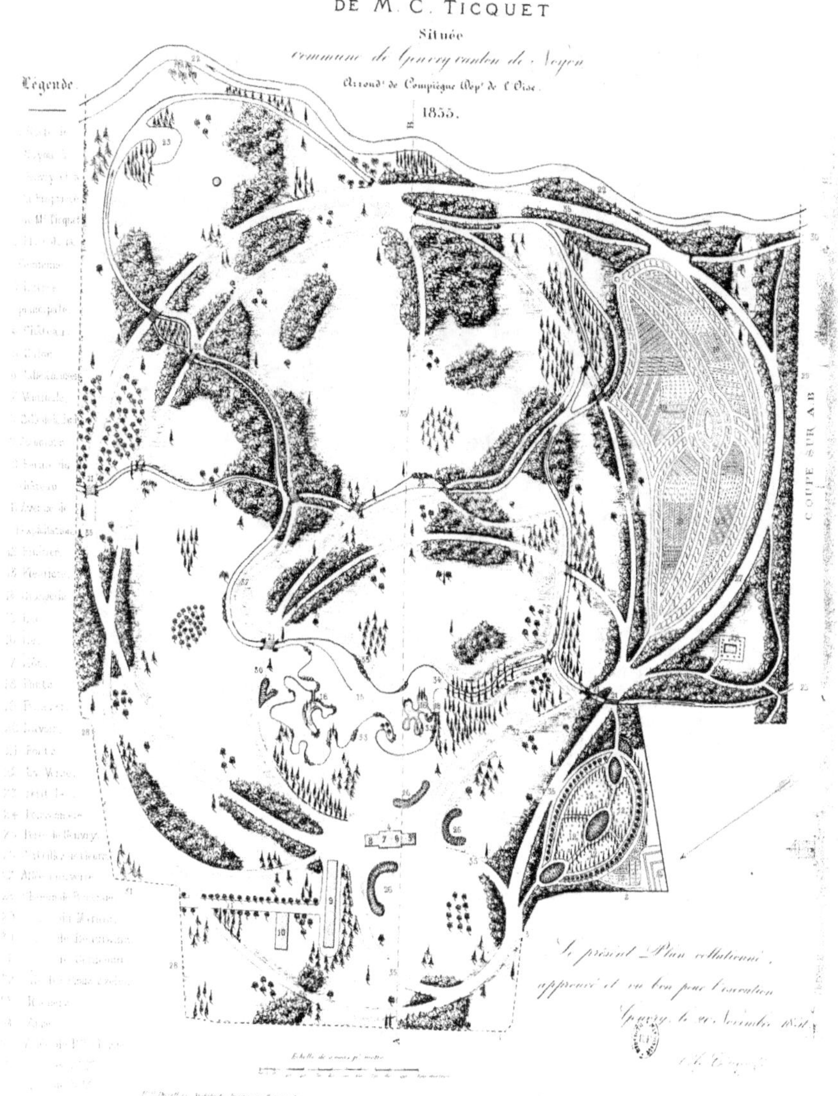
PLAN GÉNÉRAL
du Parc paysagiste, agricole, forestier, potager, fleuriste,
des eaux et dépendances
DE LA PROPRIÉTÉ
DE M. C. TICQUET
Située
commune de Genvry canton de Noyon
Arrond. de Compiègne Dep. de l'Oise.
1855.
Légende.
COUPE SUR AB

# PARC-PAYSAGISTE

## AGRICOLE, FORESTIER, POTAGER ET FLEURISTE

# DU CHATEAU DE GENVRY

COMMUNE DE GENVRY, CANTON DE NOYON, ARRONDISSEMENT DE COMPIÈGNE, DÉPARTEMENT DE L'OISE,

APPARTENANT A M. CHARLES TICQUET

**1855**

On pourrait citer cette création comme un grand exemple de desséchement, cette importante surface dont la plus grande partie était couverte d'eau, ne produisait que de mauvais fourrages ; après les distributions elle devint fertile ; les eaux ramenées dans les courants naturels, ont formées de grands collecteurs les répandant seulement où besoin était ; les nombreuses plantations, composées particulièrement d'arbres et d'arbustes à bois tendre, en absorbèrent une si grande quantité que peu d'années après leur placement en cet endroit, toute abondance d'eau avait disparu, leur racine ayant ouvert de véritables drains partiels. J'ai employé dans diverses localités ce système de plantations, il a partout donné des résultats satisfaisants.

En face l'entrée principale, quinze *Photinia glabra* (photinies luisants), six *Cerasus Lusitanica* (cerisiers Lauriers de Portugal), sept *Mespilus pyracantha* (épines Buissons-ardents), quatre *Cerasus Lauro Colchica* (cerisiers Lauriers de Colchilde), sept *Ilex aquifolium folio variegato argenteo* (houx communs à feuille panachée de blanc), six *Ruscus racemosus* (fragons à grappe), quelques *Daphne Laureola* (daphnes lauréoles) et des *Berberis Darwinii* (épines-vinettes de Darwin), à côté trois *Larix* (mélèzes). L'autre massif est garni d'un *Populus Ontariensis* (peuplier du lac Ontario), deux *Ulmus campestris purpurea* (ormes champêtres à feuille pourpre), trois *Quercus rubra* (chênes rouges), quatre *Mespilus pyracantha*, cinq *Cydonia Japonica rosea* (coignassiers du Japon roses), cinq *Cydonia Japonica rubra* (coignassiers du Japon rouges), sept *Cotoneaster* ; en avant, trois *Cedrus Deodora* (cèdres de l'Inde) ; au bord de l'allée, un *Virgilia lutea* (virgilier à bois jaune) ; l'importante corbeille est garnie de *Magnolia* à feuilles caduques, de *Rhododendrum*, d'*Azalea* et d'une bordure d'*Iris* de diverses variétés ; onze *Catalpa* occupent le centre de la pelouse.

Le long du mur du fleuriste, trois *Cerasus Lauro-cerasus*, quatre *Cerasus Caucasica*, cinq *Cerasus Lusitanica*, huit *Evonymus* verts, neuf *Spiræa lævigata* ; sur le bord de l'allée de 1ᵉʳ classe, trois *Quercus Ballota* (chênes d'Espagne à glands doux), cinq *Buxus longifolia* (buis à longue feuille), six *Aucuba Japonica* (aucubas du Japon) ; près l'entrée du pont, trois *Alnus glutinosa oxyacanthæfolia* (aunes communs à feuille d'aubépine), trois *Robinia viscosa* (robiniers visqueux), trois *Diospyros* (plaqueminiers), trois *Mespilus Oxyacantha flore albo pleno* (épines à fleur blanche double), cinq *Amygdalus Georgica* (Amandiers de Géorgie), trois *Amorpha glabra* (amorphas glabres), deux *Cratægus torminalis* (alisiers des bois), neuf *Althæa* variés, cinq *Atriplex* (arroches) et huit *Genista scoparia* (genêts à balais) ; contre le mur, neuf *Evonymus Japonicus* (fusains du Japon), un *Fagus sylvatica aspleniifolia* (hêtres communs à feuille de fougère), deux *Fagus Americana* (hêtres d'Amérique), cinq *Ilex aquifolium latispinum* (houx communs à large épine), quatre *Ilex Fortunei* (houx de Fortune), six *Mespilus pyracantha*, six *Jasminum fruticans* (jasmins jaunes), cinq *Leycesteria formosa*. (leycesterias élégants.)

Sur le mur des *Hedera Hibernica* (lierres d'Irlande). Autour de la pépinière de fleurs des arbres pyramides à pépins et à noyaux, sur la plate bande circulaire des Groseillers à grappe et épineux diverses espèces, en face la serre les chassis mobiles pour les semis.

Près le pont, sur le tapis vert qui s'étend jusqu'au château, six *Æsculus Hippocastanum flore pleno* (marronniers d'Inde à fleur double), deux *Æsculus rubicunda* (marronniers rubiconds à fleur rouge), trois *koelreuteria* (savonniers), cinq *Indigofera dosua* (indigotiers dosua), cinq *Indigofera decora* (indigotiers élégants), trois *Syringa media* (lilas de Marly), trois *Syringa vulgaris flore albo* (lilas communs à fleur blanche), trois *Syringa Rothomagensis* (lilas de Rouen), cinq *Syringa Persica* (lilas de Perse).

Dans le gazon, un *Populus alba pendula* (peuplier blanc de Hollande pleureur), les trois arbres à tête ronde sont des *Pavia lutea* (paviers jaunes). Viennent après, neuf *Pinus Cembra* (pins cembro), à côté, un *Pavia lutea*. Dans la corbeille : au centre, trente-deux Rosiers cent-feuilles mousseux remontants, en sept variétés ; au deuxième rang, trente-neuf Rosiers thés remontants en vingt-cinq variétés ; au troisième des Rosiers Bengales ; sur le dernier rang, des Rosiers de Provins nains, le superbe pompon, le Saint-François à petite fleur rouge.

La partie principale, en face le château, est occupée par une corbeille de fleurs se renouvelant selon les saisons, l'arbre isolé le plus rapproché est le *Saxe Gothæa conspicua* ; suivant le sentier se dirigeant vers l'île, on traverse un groupe de dix-neuf *Quercus pedunculata fastigiata* (chênes à long pédoncule pyramidaux) ; à côté, six *Populus fastigiata* (peupliers d'Italie) ; les sept autres arbres pyramidaux sont des *Robinia pseudo-acacia* ; en face, huit *Catalpa*. Revenant au château, se dirigeant par l'allée de deuxième classe, trente et un *Juniperus Japonica pyramidalis glauca* (genévriers du Japon pyramidaux glauques), douze *Thuia Orientalis ericoides* (thuias de la Chine à feuilles d'Erica), au bord du lac, trois *Cupressus sempervirens*, à l'angle du sentier de l'embarcadère, une corbeille d'*Aralia papyrifera*, superbe plante à feuille ornementale.

Après avoir franchi le pont, le tapis vert au delà du lac est planté, au carrefour, de trois *Gymnocladus* (bondues), trois *Planera*, trois *Celtis* (micocouliers), cinq *Koelreuteria* (savonniers), sept *Salix annularis* (saules à feuille annulaire), cinq *Salix argentea* (saules argentés), huit *Salsola* (sondes) et de vingt-deux *Spiræa* diverses variétés ; près le sentier, un *Tilia Americana argentea* (tilleul d'Amérique à feuille argentée). Placés à l'autre extrémité trois *Virgilia lutea* ; l'arbre résineux isolé est un *Thuia Orientalis aurea* (thuia de la Chine nain à pointe dorée) ; dans le massif, trois *Salix argentea*, cinq *Sambucus racemosa foliis variegatis* (sureaux à grappe à feuille panachée), cinq *Philadelphus grandiflorus* (seringas à grande fleur), trois *Philadelphus inodorus* (seringas inodores), quatre *Sorbus hybrida* (sorbiers de Laponie), vingt *Spiræa* variées, quinze *Phlomis fruticosa*, deux *Robinia pseudo-acacia tortuosa* (robiniers faux-acacias tortueux) ; immédiatement après, cinq *Pinus Strobus* (pins du lord Weymouth). Se dirigeant vers le pont des arbres pyramidaux, six *Populus alba nivea* ; le massif isolé est composé de dix-huit *Acer Negundo folio argenteo variegato* (érables à feuille de frêne panachée argentée), trois *Acer eriocarpum* (érables à fruit cotonneux), cinq *Berberis vulgaris purpurea*, trois *Mespilus crus galli*, vingt-deux *Deutzia crenata* (deutzias à feuille crénelée). Revenant au carrefour, l'autre massif est garni de cinq *Mespilus Azarolus* (épines de Naples), de huit *Cytisus laburnum* (cytises faux-Ébéniers), cinq *Cercis siliquastrum* (gainiers, arbres de Judée), six *Cornus sanguinea* (cornouillers sanguins), trois *Chimonanthus fragrans* (chimonanthes odoriférants), quatre *Chimonanthus fragrans var, grandiflora* (chimonanthes odoriférants à grande fleur), onze *Chamæcerasus*, quatre *Althæa Syriacus flore pleno* et sept *Caragana* en quatre espèces. Entre ces plantations et le sentier, trois *Taxodium distichum* (cyprès distiques). Le troisième massif de ce carrefour est garni de six *Hippopæ* (argousiers), trois *Tilia Americana argentea* (tilleuls d'Amérique à feuille argentée), trois *Acer Monspessulanum* (érables de Montpellier), quatre *Acer Negundo*, cinq *Corylus purpurea* (noisetiers à feuille pourpre), deux *Carpinus Betulus* (charmes communs), cinq *Betula* et diverses *Spiræa*.

Immédiatement après le *Quercus pedunculata fastigiata*, dans ce même tapis vert, en face le pont, trois *Liriodendrum*, trois *Celtis*, cinq *Gymnocladus* (bondues), quatre *Corylus laciniata* (noisetiers à feuille heinivée), trois *Elæagnus macrophylla* (chalefs à grande feuille), six *Althæa*, un *Cerasus hortensis flore pleno*, dix *Chamæcerasus Ledebouri* ; le long du cours d'eau jusqu'au pont, trois *Salix argentea*, deux *Salix caprea*, un *Sambucus racemosa*, cinq *Tamarix*.

De l'autre côté du pont, dans le grand massif qui y fait face, cinq *Cratægus torminalis*, trois *Alnus cordifolia* (aunes à feuille en cœur), cinq *Alnus barbata* (aunes barbus), trois *Alnus glutinosa* (aunes communs), sept *Alnus imperialis aspleniifolia* (aunes impériaux à feuille de Fougère), six *Atriplex*, onze *Viburnum plicatum* (viornes à feuille plissée), six *Viburnum Opulus sterilis* (viornes Boules de neige), six *Rhus Cotinus* (sumacs fustets), neuf *Rhus typhinum* (sumacs de Virginie), trois *Sophora Japonica*, six *Baccharis halimifolia*, trois *Salix nigra*, trois *Philadelphus Mexicanus*, dix-sept *Salsola fruticosa*. Près le pont, cinq *Pinus palustris* ; à l'autre extrémité du massif, un *Robinia pseudo-acacia pyramidalis* ; entre les deux ponts, le long du cours d'eau et du sentier, cinq *Salix argentea*, quatre *Sambucus racemosa*, trois *Sophora Japonica pendula*, quatre *Salix Babylonica*, deux *Sorbus hybrida*, vingt-deux *Spiræa tomentosa*, six *Staphylea pinnata*, dix-huit *Symphoricarpos parviflora* ; en face le pont n° 33, des *Populus alba nivea*, cinq *Sambucus nigra cannabifolia*, six *Rhus glabra laciniata*, quatre *Staphylea Colchica*, trois *Salix alba*, quatre *Cerasus Mahaleb* et un *Robinia pseudo-acacia elegans*, cinq *Robinia hispida*, dix-huit *Spiræa hypericifolia* et onze *grandiflora* ; les arbres à tête ronde sont des *Virgilia lutea* ; au centre du tapis vert, cinq *Liriodendrum*, sept *Kœlreuteria*, cinq *Salix argentea*, trois *Robinia viscosa*, cinq *Maclura*, vingt-huit *Potentilla*, cinq *Ptelea* ; trente-deux *Phlomis* retiennent toutes ces plantes comme enfermées dans un cadre à feuille cotonneuse blanche ; dans le gazon un *Pavia lutea*, un *Pavia rubra* ; au bord de l'allée le dernier massif est planté de trois *Planera*, quatre *Celtis*, quatre *Amelanchier Canadensis*, huit *Amorpha*, six *Amygdalus argentea*, huit *Betula*, trois *Alnus barbata*, un *Gymnocladus*, trois *Broussonetia papyrifera cucullata*, huit *Mespilus pyracantha*, cinq *Buplevrum*, trois *Caragana grandiflora*, cinq *Elæagnus argentea* (chalefs argentés), un *Carpinus Ostrya* et des *Chamæcerasus* en sept espèces. Au bord de l'allée, un *Ulmus campestris pyramidalis*, en face le massif, un *Quercus pedunculata fastigiata* et à l'extrémité un *Thuia Canadensis*.

Sur l'autre pelouse, à l'angle, trois *Liriodendrum*, cinq *Salix argentea*, onze *Cornus Siberica* (cornouillers de Sibérie), neuf *Cornus sanguinea*, huit *Cotoneaster affine*, trois *Diospyros*, cinq *Mespilus crus galli*, dix-sept *Berberis vulgaris purpurea*, cinq *Acer eriocarpum*, trois *Planera*, dix *Syringa media*, dix-sept *Corylus*, cinq *Evonymus Europæus*, trois *Cercis siliquastrum*, onze *Genista scoparia*, vingt et un *Ruscus* ; isolé un *Catalpa* ; le groupe qui se trouve au centre du tapis vert est planté de huit *Acer Negundo folio argenteo variegato*, trois *Fraxinus excelsior aurea*, trois *Evonymus nanus*, onze *Daphne Laureola*, trois *Mespilus Oxyacantha flore albo pleno*, cinq *Elæagnus*, cinq *Hippophae*, dix *Genista juncea*, deux *Diospyros*, onze *Fontanesia*, dix *Rubus odoratus*, trois *Ribes malvaceum* et cinq *Ribes palmatum*. Le groupe de quinze arbres résineux appartient aux *Taxodium* ; huit *Tamarix Germanica*, cinq *Sambucus nigra laciniata*, trois *Staphylea*, trois *Viburnum Opulus sterilis*, trois *Cytisus laburnum*, trois *Mespilus corallina*, quatre *Acer saccharinum*, cinq *Forsythia*, six *Salix*, cinq *Hippophae* et onze *Arroche*, quelques *Buplevrum* terminent cette partie. En face le pont, vingt-deux *Populus fastigiata* divisent la perspective.

Voici l'ensemble d'une vaste propriété improductive devenue, par les dispositions nouvelles, fertile et agréable.

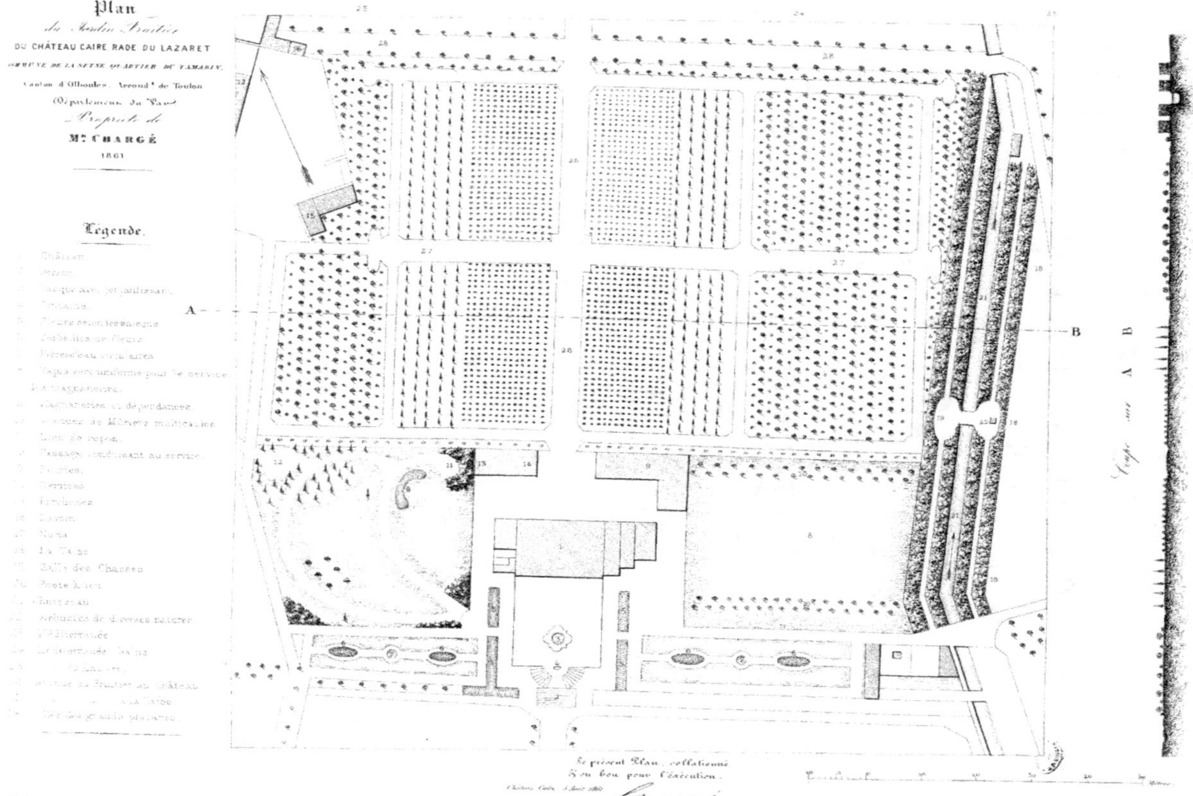

Plan
du Jardin Fruitier
DU CHÂTEAU CAIRE RADE DU LAZARET
COMMUNE DE LA SEYNE QUARTIER DE TAMARIS
Canton d'Ollioules, Arrond.t de Toulon
Département du Var
Propriété de
Mr CHARGÉ
1861

Légende.
Château
Bassin
Vasque avec jet jaillissant
Tonnelle
Fleurs selon les saisons
Corbeilles de fleurs
Pièces d'eau circulaires
Tapis vert uniforme pour le service
Logements et dépendances
Rideaux de Mûriers multicaules
Lieu de repos
Passage conduisant au service
Fruitiers
Remises
Lavoir
Noria
La Tasse
Salle des Chasses
Poste à feu
Ruisseau
Arbustes de diverses natures
Allée menant du Fruitier au Château

A
B
Coupe sur A B

Le présent Plan collationné
& vu bon pour l'exécution.
Château Caire 3 Août 1861
Chargé

Gravé par Henry Chartier
Imp. de Chardon ainé Paris

# JARDIN FRUITIER

## DU

# CHATEAU CAIRE

SITUÉ

RADE DU LAZARET, QUARTIER DE TAMARIN, COMMUNE DE LA SEYNE, CANTON D'OLLIOULES, ARRONDISSEMENT DE TOULON,

DÉPARTEMENT DU VAR.

## PROPRIÉTÉ DE M. LE DOCTEUR CHARGÉ

### 1861

Ce jardin fruitier est placé sur l'une de ces positions dont les bords de la Méditerranée sont seuls favorisés; d'une contenance de 9,535 mètres divisés en six parties régulières ayant pour limites : d'un côté la Taise, plantations en ligne droite n'ayant pas plus de 1 mètre 50 centimètres de hauteur et 0 mètre 80 centimètres de largeur, parmi lesquelles se trouvent en grand nombre des arbustes à feuilles persistantes se couvrant de fruits avec le plus de facilité, séparées par un chemin traversé dans sa longueur par un ruisseau de 0 mètre 80 centimètres de largeur et 0 mètre 50 centimètres de profondeur ; sur un point des parties semi-circulaires où viennent se placer des piéges d'une autre nature : de grandes perches, au sommet sont des poulies sur lesquelles roulent des cordes enlevant les filets au moment où le grand nombre d'émigrants sont à se rafraîchir dans ce ruisseau où ils se croient protégés de tous côtés, on les effraie, et ils vont se jeter dans ces filets, véritables destructions des plus intéressants chansonniers de nos campagnes. Hélas ! malgré ma répugnance, je me suis vu, dans ces départements, souvent dans la nécessité de créer de ces Taises destructives.

Près le château, un jardin dans lequel il a été planté à l'entrée principale une avenue de *Morus alba* (mûriers blancs), au centre de la cour d'honneur, une pièce d'eau circulaire entourée de fleurs se renouvelant selon les saisons, de chaque côté des plate-bandes garnies de plantes de fantaisie, près de la Taise, la partie régulière semée en gazon est divisée par une allée, au milieu un bassin destiné aux arrosements, de chaque côté deux corbeilles de fleurs à feuillage ornemental.

Sur la grande prairie deux avenues de *Morus multicaulis* (mûriers multicaules), destinés à la nourriture des vers à soie qui, à différentes époques de l'élevage, viennent prendre la première place sur ces vastes espaces, réservés à cet usage.

Opposé, un jardin irrégulier avec lieu de repos, près la plate-bande de fleurs, un *Paulownia*, deux *Catalpa*, trois *Acer Negundo foliis variegatis* (érables à feuille de frêne panachée), trois *Althæa Frutex* (ketmies des jardins), deux *Syringa Persica* (lilas de Perse), cinq *Weigelia rosea* (weigelias à fleur rose), trois *Buxus Balearica* (buis de Mahon), le long de l'allée et à l'extrémité deux *Sterculia platanifolia* (sterculias à feuille de Platane), un *Cytisus Adami* (cytise d'Adam), quatre *Pittosporum undulatum* (pittosporums à feuille ondulée), trois *Viburnum Tinus* (viornes Lauriers-tins), cinq *Jasminum nudiflorum*.

A l'autre extrémité quatre *Mimosa julibrissin* (acacias de Constantinople), deux *Sterculia*, un *Pavia lutea*, cinq *Punica granatum flore pleno albo* (grenadiers communs à fleur double blanche), un *Pittosporum*, dix *Azalea Pontica* Jenny Lind, trois *Phlomis*, sept *Pæonia arborea*, isolé dans le gazon, un *Pinus Koraiensis* (pins de Corée), sur la même pelouse près la salle n° 12 et pour la dissimuler dix *Taxodium distichum*, côté du fruitier, dix *Thuiopsis latevirens*; au lieu de repos, n° 11, trois *Æsculus rubicunda*, trois *Pavia lutea*, cinq *Pavia rubra*, trois *Thermopsis Nepalensis*, cinq *Spiræa lævigata*, six *Smilax aspera*, quatre *Rosmarinus*, trois *Prinos glaber*, trois *Pernettia floribunda*, un *Ulmus Sinensis*, trois *Poliurus lucidus*, deux *Persica vulgaris flore rubro pleno* et deux *flore albo pleno*, trois *Menziesia poliifolia* (menziesies à feuille de Pouliot).

Dans la corbeille des plantes à fleurs ornementales, au centre cinquante *Wigandia caracasana*, deux lignes de Solanées, deux de *Perilla Nankinensis* et au bord des *Arabis alpina*, charmantes petites plantes pour bordures et corbeilles blanches.

Dans la grande pelouse l'arbre pyramidal est un *Quercus* ; treize *Abies Canadensis* terminent les plantations de ce petit jardin irrégulier.

La première partie du fruitier, côté du service, est plantée de soixante-dix neuf *Cerasus avium* (cerisiers), huit ordinaires de Montmorency, quinze belles de Soissons, cinq anglaises hâtives, cinq anglaises tardives, trois belles de Choisy, trois magnifiques de Sceaux, cinq Holmans duke, cinq bigarreaux noirs d'Espagne, cinq griottes du Nord, quatre Reine-Hortense, trois de la Toussaint, cinq nains précoces, quatre griottes de Portugal, quatre guignes grosses noires luisantes, trois guignes tardives de Meaux, deux bigarreaux gros cœuret.

Entre ces tiges quatre-vingt quatre *Rubus idæus* (framboisiers), dix Barnets, dix belles de Fontenay, dix blancs à gros fruit, dix Césars blancs, cinq communs à fruit blanc, dix couleur de chair, dix des deux saisons à fruit rouge, dix du Brabant, neuf jaunes d'Anvers.

La deuxième partie est plantée de soixante-treize pyramides d'arbres à noyau, *Persica vulgaris* (pêchers) : cinq admirables blanches, cinq alberges jaunes, cinq Amélias, cinq avant-pêches blanches, cinq Barringtons, cinq belles Beances, cinq Bourdines, cinq brugnons blancs, cinq Chevreuses hâtives, cinq Comices de Bourbourg, cinq de Malte, cinq d'Espagne jaunes, trois doubles de Troyes, cinq Georges IV, quatre grosses de Romorantin.

Les arbres cultivés en buisson sont des *Malus communis* (pommiers), et des *Ribes rubrum* (groseilliers à grappes) alternés. Ensemble deux cents soixante-dix-sept *Malus communis* (pommiers) : trois ananas, trois apis roses, trois Arborinet pippin, trois archiduchesse Sophie, trois barbaries, cinq beautés de Kent, trois becs d'oie, cinq belles Agathe, cinq belles d'Angers, cinq belles de Rome, cinq belles des jardins, cinq belles mousseuses, quatre betteraves, cinq blanches de Bournay, quatre blanches d'Espagne, quatre blanches royales, cinq bonnes du Plessis, cinq Bretonneau, cinq Buttery, cinq calvilles Angoumois, trois calvilles barrés, cinq calvilles blanches, cinq calvilles roses, quatre calvilles d'été, cinq calvilles rouges d'Anjou, cinq calvilles d'Automne, six calvilles des Femmes, trois citrons d'hiver, six cloches, cinq Coe's golden drop, six cœurs de bœuf, quatre Condom, etc. Entre cent trente-quatre *Ribes rubrum* (groseilliers à grappe), dix communs à fruit rouge, quinze communs à fruit blanc, dix communs couleur de chair, cinq communs à feuille panachée, dix communs à feuille bordée fruit blanc, huit communs à feuille laciniée, quinze belles de Saint-Gilles, dix blanches d'Angleterre, dix de Hollande à longue grappe, dix de Verrières à fruit rouge, dix fertiles d'Angers, dix hâtives de Bertin, onze Versaillaises.

Le long du jardin irrégulier onze *Ficus carica* (figuiers) ; entre quinze *Corylus avellana* (noisetiers). Avelines de Provence.

Côté de la Taise, cent cinquante et un *Malus communis* (pommiers) variés, cultivés en buisson. Comme dans la partie que nous venons de quitter, ces arbres à pépins sont accompagnés de cent dix-huit *Ribes rubrum* (groseilliers à grappe cassis) : dix à fruit noir, dix à feuille d'érable, dix à feuille panachée, vingt à fruit brun, trente à gros fruit noir, dix-huit bankhup, vingt royal de Naples. Les soixante-treize pyramides sont des *Prunus sativa* (pruniers).

La partie la plus rapprochée de la Taise est plantée de cent-vingt arbres tiges en *Armeniaca vulgaris* (abricotiers) ; en *Amygdalus communis* (amandiers) ; en *Cerasus avium* (cerisiers) ; en *Cydonia communis* (cognassiers) : trois communs, trois à fruit long, trois à fruit rond, trois d'Angers, trois de Portugal. En *Persica vulgaris* (pêchers), choisis dans les meilleures espèces.

Entre ces arbres tiges la collection de *Ribes uva crispa* (groseilliers épineux), en trente-six espèces et variétés. Le long de la Taise des *Morus nigra* (mûriers à fruit noir) ; huit *Corylus avellana* (noisetiers) en huit espèces et dix *Berberis vulgaris*.

Au-delà de l'avenue de la Taise comme dans le précédent, cent-vingt *Prunus sativa* (pruniers), cultivés avec le plus de succès en plein vent, pris parmi les espèces qui mûrissent depuis juillet jusqu'en octobre.

Plus rapproché de la Taise et en avant des *Ribes rubrum* (groseilliers à grappe) à fruit rouge et blanc ; sous les arbres formant le quinconce des *Prunus sativa* (pruniers), cent-trente *Ribes rubrum* (groseilliers à grappe) et *Rubus idæus* (framboisiers) de diverses espèces, plus particulièrement destinés à amener les oiseaux vers ce piège.

En avant de l'avenue des grands platanes de la Taise au lavoir, vingt-cinq *Juglans regia* (noyers), dix communs, cinq à coque tendre, dix à très-gros fruit ou noix à bijoux ; entre vingt-deux *Ficus carica* (figuiers), trois angéliques, cinq aubiques, trois blanches d'une saison, quatre grosses rouges de Bordeaux et sept rouges de Provence.

Entre l'avenue de la Taise et celle des grands Platanes, soixante-treize *Pyrus communis* (poiriers) variés, pyramides. En face cent quatre-vingt-huit *Malus communis* (pommiers) de diverses variétés, cultivés en buisson, alternés avec un nombre égal de *Rubus idæus* (framboisiers), formant la collection des meilleurs fruits.

La partie la plus rapprochée de la Magnanerie est plantée en même nombre d'arbres que la précédente : *Pyrus communis* (poiriers), trois calebasses d'octobre, deux calebasses d'été, trois colmars d'Aremberg, trois colmars d'automne nouveaux, trois colmars de mars, trois comtesses de Chambord, trois curés d'Oleghem, trois délices d'Hardenpont, trois Dieudonné Anthoine, trois Docteur Menière, trois doyennés communs, trois d'Alençon, trois d'hiver, trois du cercle pratique, trois gris, trois Sieulles, trois duc d'Aumale, trois duc de Brabant, trois Duhamel du Monceau, trois Éléonie Bouvier, trois Épargnes.

En face jusqu'à l'avenue du fruitier au château, cent quatre-vingt-huit *Malus communis* (pommiers), paradis greffés sur doucin, cultivés en buisson, alternés d'un nombre égal de *Ribes rubrum* (groseilliers à grappe).

En face les écuries, comme au côté opposé, cent quatre-vingt-huit *Malus communis* (pommiers), paradis greffés sur franc cultivés en buisson, choisis parmi les meilleures espèces ; parmi lesquelles viennent se placer la collection de cent-cinquante *Ribes uva crispa* (groseilliers épineux). Dans la même partie soixante-treize *Vitis vinifera* (vignes), cultivées en échalas, cinq chasselas blanc royal, six de Fontainebleau, cinq de Florence, cinq dorés de Bordeaux, cinq précoces de Malingre, trois violets, trois cornichons blancs, cinq de Candole, cinq Frankental, six gros bleus, trois Limdi Khanat, six Madeleines blanches et royales, six malagas roses, cinq malvoisies à gros grains, cinq muscats blancs.

De l'avenue de la Taise le même nombre de vignes recevant la même culture et dix *Prunus sativa*, soixante *Amygdalus communis*, soixante *Armenica vulgaris*, soixante *Persica vulgaris* et vingt-huit *Cerasus avium*, sous leurs rameaux cent onze variétés de *Fragaria sylvestris* (fraisiers) à gros et à petits fruits.

Le long de l'allée des grands platanes, neuf *Sorbus domestica* (cormiers) en six espèces.

L'espace ne m'a pas permis de réunir à cette planche les *Cinara scolimus* (artichauts) et les *Rheum esculentum* (rhubarbes), ainsi que d'autres plantes potagères.

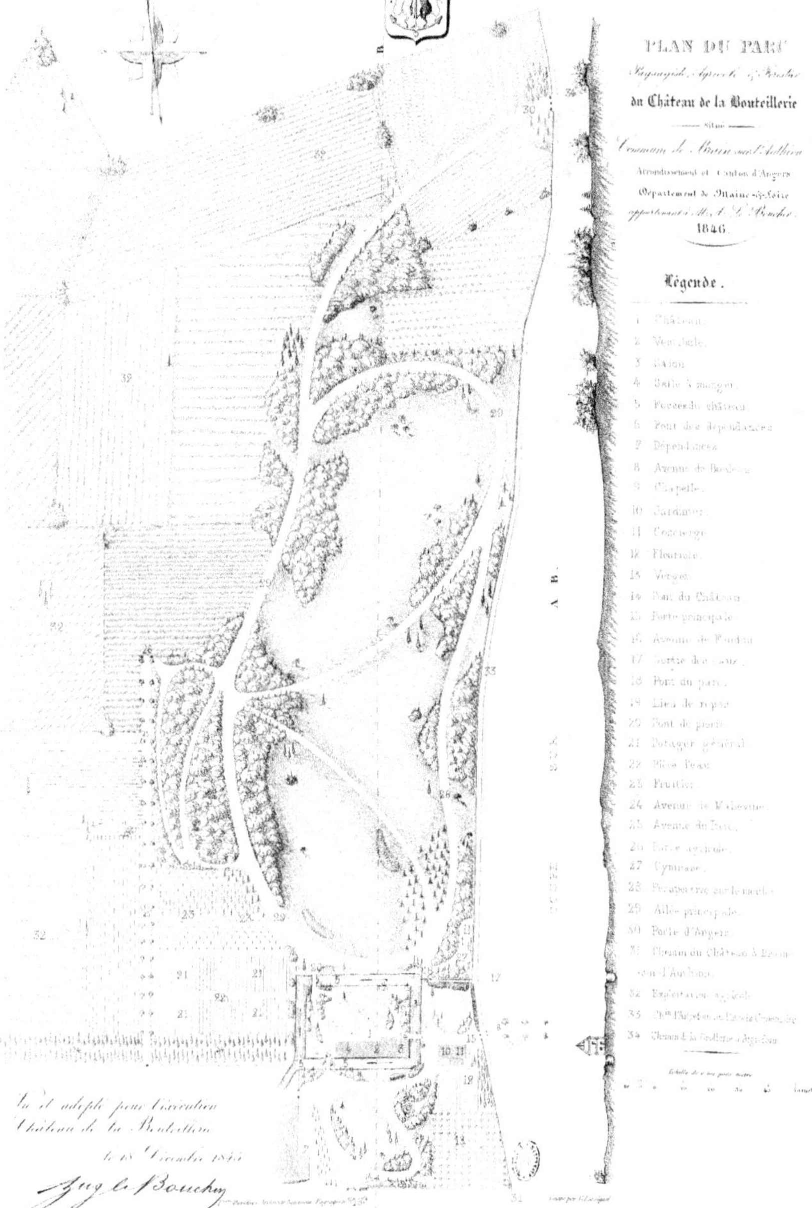
PLAN DU PARC
Paysagiste, Agricole et Forestier
du Château de la Bouteillerie
Situé
Commune de Brain-sur-l'Authion
Arrondissement et Canton d'Angers
Département de Maine-et-Loire
appartenant à M. A. L. Bouchet.
1846

Légende.

1   Château.
2   Vestibule.
3   Salon.
4   Salle à manger.
5   Fossé du château.
6   Pont des dépendances.
7   Dépendances.
8   Avenue de Bordeaux.
9   Chapelle.
10  Jardinier.
11  Concierge.
12  Fleuriste.
13  Verger.
14  Pont du Château.
15  Porte principale.
16  Avenue de Foudra.
17  Sortie des eaux.
18  Pont du parc.
19  Lieu de repos.
20  Pont de pierre.
21  Potager général.
22  Pièce d'eau.
23  Fruitier.
24  Avenue de Malleville.
25  Avenue du Parc.
26  Ferme agricole.
27  Gymnase.
28  Perspective sur le marché.
29  Allée principale.
30  Porte d'Angers.
31  Chemin du Château à Brain-sur-l'Authion.
32  Exploitation agricole.
33  Ch.in d'Angers à la Pointe Cour-sur-loire.
34  Chemin de la Bouteillerie à Angelson.

Échelle de 5 en 5 ⋯ mètres

Vu et adopté pour l'exécution
Château de la Bouteillerie
le 15 Décembre 1845
Aug. L. Bouchet

PARC PAYSAGISTE, AGRICOLE ET FORESTIER

DU

# CHATEAU DE LA BOUTEILLERIE

COMMUNE DE BRAIN-SUR-L'AUTHION, ARRONDISSEMENT ET CANTON D'ANGERS (DÉPARTEMENT DE MAINE-ET-LOIRE)

APPARTENANT A M. A. LE BOUCHER

**1846**

Ce château entouré d'eau, de même que le petit jardin qui se trouve en face créé sur la cour d'honneur, rappelle les féodalités du Nord, les constructions seigneuriales du moyen âge.

Cette création, essentiellement agricole et forestière, renferme des bois, des prairies, des terres arables de différentes classes et cultivées de diverses manières.

Arrivant par le chemin du château à Brain-sur-l'Authion, on entre par une grille monumentale, après avoir traversé un petit jardin où se trouve le concierge (cet espace devait, à une autre époque, servir de cour d'entrée), on passe sur un pont de pierre conduisant à la cour d'honneur convertie dans les temps modernes en parterre, planté côté des fossés de cinq *Caragana*, trois *Pavia macrostachya* (paviers nains), cinq *Calycanthus macrophyllus* (calycanthes à grande feuille), un *Catalpa*, huit *Ceanothus azureus* (ceanothes à fleur bleue), trois *Mespilus pyracantha* (épines Buissons-ardents), quatre *Buxus longifolia* (buis à longue feuille); à la pointe du lieu de repos, un *Virgilia lutea* (virgilier à bois jaune), deux *Pavia lutea* (paviers jaunes), quatre *Daphne Mezereum* (daphnés Bois-joli), trois *Budleia Lindleyana* (budleias de Lindley), cinq *Aucuba* variés et six *Amygdalus Georgica* (amandiers de Géorgie); sur le bord de l'eau, trois *Taxodium distichum*, trois *Althaea* en trois variétés, trois *Amygdalus communis flore pleno* (amandiers communs à fleur double), deux *Aralia spinosa* (aralias épineux), six *Mahonia Fortunei* (mahonias de Fortune), sept *Spiraea crenata* (spirées à feuille crénelée), six *Spiraea laevigata* (spirées à feuille lisse) terminent ce groupe; près le petit pont du parc, trois *Robinia pseudo-acacia pyramidalis* (robiniers faux-Acacias pyramidaux), trois *Tamarix Gallica* (tamarix de Narbonne), cinq *Salsola fruticosa* (soudes en arbre), trois *Spiraea Regeliana* (spirées de Régel), six *Hypericum calycinum* (millepertuis à grande fleur); à l'extrémité du tapis vert, un *Quercus pedunculata fastigiata* (chêne à long pédoncule pyramidal) sert d'échelle à l'ensemble; au bord du chemin, une corbeille de fleurs se renouvelant selon les saisons. En face le lieu de repos, un *Pavia macrostachya*, cinq *Mahonia repens* (mahonias rampants), trois *Syringa Persica* (lilas de Perse), deux *Liquidambar*, trois *Jasminum nudiflorum* (jasmins à fleur nue), quatre *Viburnum Tinus* (viornes Lauriers-tins); l'autre pelouse est plantée à son extrémité de trois *Koelreuteria* (savonniers), deux *Fagus sylvatica aspleniifolia* (hêtres communs à feuille de Fougère), cinq *Ribes Gordonianum* (groseilliers de Gordon), trois *Halesia tetraptera* (halesias à quatre ailes), trois *Genista multiflora alba* (genêts multiflores blancs), quatre *Mahonia Bealii* (mahonias de Beal), un *Syringa regia*, deux *Syringa Rothomagensis Sanguinea*, cinq *Weigelia amabilis*. La corbeille est garnie de *Magnolia Soulangeana* et *umbrella* (magnoliers de Soulange et parasols), parmi lesquels des *Hydrangea* à feuille panachée entourés d'une bordure de *Primula auricula* variés; sur les rives du fossé côté du potager, un *Salix Babylonica*, deux *Salix annularis* (saules à feuille annulaire), un *Sequoia sempervirens* (sequoia toujours vert), un *Salix argentea* (saules argentés), deux *Salix pentandra* (saules odorants), trois *Philadelphus gracilis* (seringas gracilis), six *Spiraea prunifolia flore pleno* (spirées à feuille de Prunier à fleur double), trois *Tamarix Indica*, trois *Ligustrum ovalifolium*, trois *Phillyrea latifolia* (filarias à feuille large), cinq *Ruscus racemosus* (fragons à grappe), trois *Rubus odoratus* (framboisiers du Canada); dans la pelouse, trois *Magnolia Oxoniensis* (magnoliers d'Oxford). Des plantes à feuille ornementale, huit *Aralia papyrifera*, ornent la corbeille.

Côté des dépendances pour dissimuler les bâtiments d'exploitation, vingt-six *Abies picea* (sapins Epiceas); de la porte agricole au pont, bord du fossé, trois *Populus fastigiata* (peupliers d'Italie), quatre *Lycium Sinense* (lyciets de la Chine), deux *Liriodendrum*, trois *Salix argentea*, trois *Baccharis halimifolia* (baccharides à feuille d'Halime), cinq *Spiraea salicifolia* (spirées à feuille de Saule), quatre *Tamarix Gallica* (tamarix de Narbonne), trois *Liquidambar styraciflua* (liquidambars copals), deux *Salix Japonica*, cinq *Rubus* (ronces), deux *Pyrus Sinaica* (poiriers du mont Sinaï), trois *Prunus Sinensis flore alba pleno* (pruniers de Chine à fleur blanche double), un *Eleagnus angustifolia* (chalefs Oliviers de Bohème), deux *Hippophae* (argousiers), un *Rhamnus Billardii* (nerprun de Billard), quatre *Jasminum fruticans* (jasmins jaunes); à l'angle du fossé, un *Paulownia*, deux *Catalpa*, trois *Cerasus Lauro Colchica* (cerisiers Lauriers de Colchide), trois *Lycium*, quatre *Althaea* variés, deux *Syringa vulgaris flore albo*, trois *Genista juncea* (genêts d'Espagne) et cinq *Cytisus sessilifolius* (cytises à feuille sessile). La chapelle est dissimulée par cinq *Mespilus Oxyacantha flore albo pleno* (épines blanches à fleur double), trois *Cercis* (gainiers), trois *Phillyrea latifolia* (filarias à feuille large), cinq *Evonymus Japonicus albo variegatus* (fusains du Japon à large feuille blanche panachée), trois *Gleditschia inermis* (féviers sans épine), sept *Fontanesia*, six *Ruscus aculeatus* (fragons piquants), trois *Fraxinus excelsior aurea* (frênes communs dorés), deux *Acer Negundo* (érables à feuille de Frêne), quatre *Syringa media* (lilas de Marly), cinq *Forsythia viridissima* (forsythias à feuillage très-vert), trois *Cytisus biflorus* (cytises à deux fleurs) trois *Cytisus Adami* (cytises d'Adam), six *Deutzia gracilis*, cinq *Deutzia crenata*, sept *Mespilus pyracantha* et onze *Berberis Darwinii*; contre le verger, trois *Mespilus Oxyacantha flore coccineo*, un *Acer Negundo*, deux *Acer eriocarpum*, cinq *Chamæcerasus cærulea* (chamecerisiers à fruit bleu), cinq *Chamæcerasus Ledebouri* (chamecerisiers de Ledebour), trois *Cydonia Japonica flore albo*, trois *Chimonanthus*, trois *Buxus Balearica*, trois *Buplexrum*; au delà de la perspective jusqu'à l'avenue de Foudon, trois *Æsculus rubicunda*, un *Æsculus Hippocastanum flore pleno*, quatre *Atriplex Halimus*, deux *Cratægus Aria*, cinq *Althæa Syriacus flore pleno rubro et speciosus flore pleno*, deux *Amygdalus communis flore pleno*, un *Amelanchier Canadensis*, deux *Amelanchier vulgaris*, trois *Amorpha*, quatre *Corylus purpurea*, deux *Cotoneaster Fontanesii*, cinq *Cytisus hirsutus*, trois *Diospyros*, cinq *Potentilla* terminent cette plantation.

De l'aute côté de l'avenue, sept *Pinus Lambertiana* (pins de Lambert). Dans la pelouse, en face les *Abies picea*, trois *Populus Ontariensis*, trois *Populus alba nivea*, cinq *Philadelphus inodorus*, trois *Philadelphus coronarius*, trois *Sorbus aucuparia*, cinq *Spiræa crenata*, quatre *Spiræa tomentosa*, trois *Spiræa bella*, trois *Rhus typhinum* (sumacs de Virginie), trois *Staphylea*, cinq *Rubus fruticosus*, trois *Viburnum macrocephalum*, trois *Corylus*, quatre *Ribes palmatum*.

A l'extrémité, en face la perspective, cinq *Acer platanoides folio laciniato*, trois *Ilex microcarpa*, cinq *Ilex Japonica*, un *Planera*, deux *Celtis Occidentalis*, trois *Fagus sylvatica purpurea*, six *Ribes palmatum*, trois *Hippophae*, trois *Evonymus verrucosus*, quatre *Fontanesia phillyreoides*, un *Fraxinus excelsior atrovirens*, cinq *Daphne Laureola*, trois *Mespilus nigra*, trois *Mespilus crus galli*, cinq *Berberis Nepalensis*, trois *Cytisus Adami*, deux *Colutea*, trois *Cornus Sibirica*, quatre *Chamæcerasus Alpigena*, trois *Cydonia Japonica carnea*, trois *Cydonia Japonica umbilicata*. Dans la pelouse en face, un *Gleditschia Bujoti*, trois *Populus fastigiata*, un *Wellingtonia gigantea*, trois *Ulmus campestris pyramidalis* et trois *Robinia pseudo-acacia*; sur le bord de la route, dix-huit *Populus fastigiata* protègent le fleuriste.

Passant le pont du parc, côté du potager, un *Populus fastigiata*, un *Salix Babylonica*; à l'angle, un *Pyrus Malus spectabilis* (pommier à fleur double), deux *Pyrus Malus baccata hybrida* (pommiers porte-baies hybrides), trois *Chamæcerasus Tatarica*, trois *Chamæcerasus Ledebouri*, trois *Chamæcerasus fragrantissima*, un *Cydonia Japonica rosea*, deux *Elæagnus angustifolia*.

Le 1er groupe sur le bord du fossé est composé de cinq *Alnus* variés; le deuxième, de trois *Hippophae*, quatre *Tamarix Germanica*, cinq *Salix annularis*, trois *Taxodium distichum*; six *Salsola* (soudes) accompagnent neuf *Spiræa* diverses espèces. Treize *Thuia Orientalis nana* dissimulent le fruitier au bord de l'allée de 1re classe et de l'entrée principale.

Les quatre parties boisées traversées par les chemins de 3me classe limitées par la principale allée et les parcelles exploitées par l'agriculture sont garnies de *Castanea* (châtaigniers) et de quelques *Quercus* (chênes) à feuille caduque en trois espèces. Les trois parties plantées sur les prairies le sont en *Castanea* (châtaigniers), en *Betula* (bouleaux), en *Sorbus* (sorbiers), en *Cratægus* (alisiers), en *Robinia pseudo-acacia* (robiniers faux-Acacias) et quelques *Fraxinus excelsior* (frênes communs). Après la perspective sur le moulin, on traverse des plantations d'arbres de première grandeur; celles côté des terres sont composées d'*Ulmus* (ormes) de diverses espèces, de *Corylus* (noisetiers), de *Rhamnus Frangula* (nerpruns bourgènes), d'*Evonymus* des bois à fruit blanc et rouge et de quelques *Ptelea trifoliata* (pteleas à trois feuilles). Sur les prairies, sept *Planera*, cinq *Celtis*, huit *Rhus typhinum*, cinq *Staphylea pinnata*, trois *Sorbus aucuparia*, cinq *Sorbus domestica*, trois *Viburnum* et des *Castanea*; en face de la troisième partie des prairies vers les champs, cinq *Populus alba nivea*, trois *Elæagnus angustifolia*, trois *Cratægus torminalis*, six *Amorpha*, quatre *Cercis siliquastrum*, trois *Gymnocladus*, sept *Mespilus pyracantha* et des *Buplexrum*. Immédiatement après, neuf *Populus fastigiata*; sur la prairie, onze *Populus tremula*, cinq *Populus alba nivea*, dix-sept *Hippophae*, cinq *Elæagnus argentea*, huit *Corylus purpurea*, onze *Viburnum macrocephalum*, cinq *Ligustrum vulgare*, huit *Philadelphus coronarius*, quatre *Syringa media*, cinq *Colutea* et quelques *Castanea*.

De l'autre côté du chemin suivant la parcelle agricole, cinq *Acer rubrum*, trois *Acer Monspessulanum*, trois *Acer palmatum*, trois *Acer platanoides*, cinq *Populus monilifera*, trois *Sorbus domestica*, quatre *Platanus Occidentalis*, six *Ptelea trifoliata*, trois *Ulmus Sinensis*, un *Juglans regia folio laciniato*, un *Fagus sylvatica aspleniifolia*, huit *Ilex* variés à feuille panachée.

L'arbre isolé à tête ronde est un *Juglans regia macrophylla*. Les plantations limitées pour les deux parties sont garnies de onze *Betula alba*, huit *Corylus*, trois *Ulmus campestris tortuosa*, onze *Paliurus aculeatus*, trois *Celtis Orientalis*, cinq *Morus alba variegata*, huit *Rhamnus Frangula*, trois *Corylus Byzantina*, neuf *Ribes Alpinum*, seize *Genista juncea* et huit *Hypericum calycinum*.

Éloignés du chemin, dans les champs, trois *Catalpa*, trois *Cercis*, trois *Cerasus hortensis flore pleno*, six *Philadelphus inodorus*, quatre *Staphylea*, cinq *Baccharis latimifolia*, un *Gymnocladus* et des *Berberis*.

A l'angle des trois parcelles, quatre *Cedrus Atlantica*; près de la porte d'Angers, quatorze *Ulmus campestris pyramidalis*; côté opposé, sept *Wellingtonia gigantea*.

Des groupes et des arbres isolés relient les terres agricoles à l'ensemble du paysage. L'intérieur des tapis verts et toutes les parties côté du chemin d'Aigrefoin au Plessis-Grammoire ont dû être omises faute d'espace.

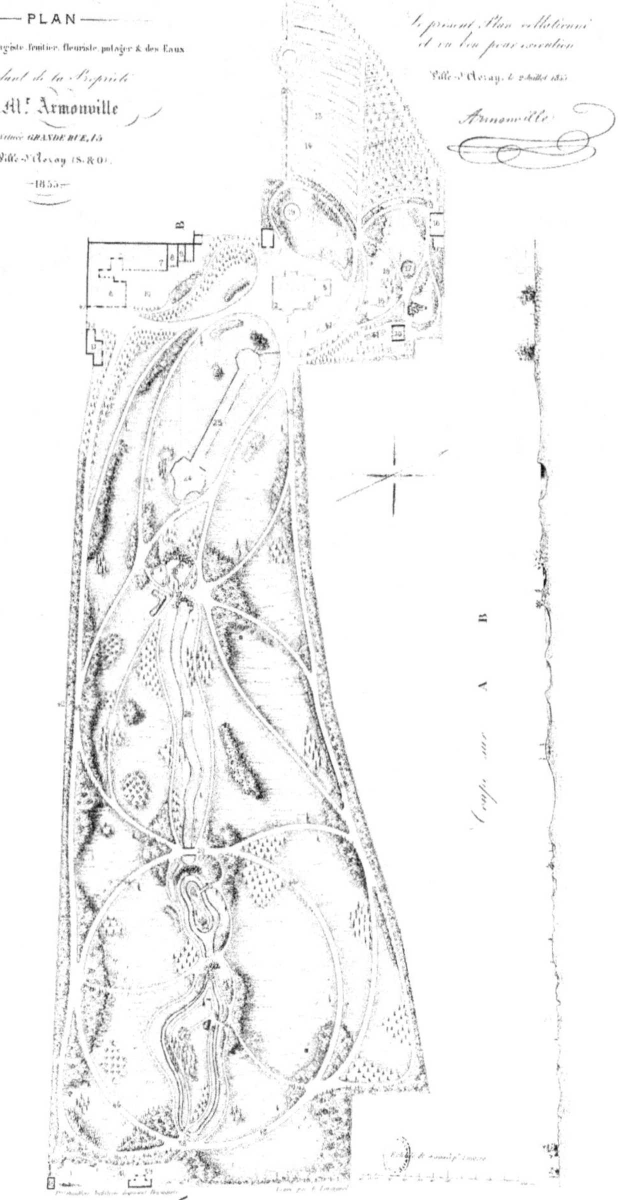
PLAN
du libre Jardin paysagiste, fruitier, fleuriste, potager & des Eaux
dépendant de la Propriété
de Mʳ Armonville
situé GRANDE RUE, 15
à Ville-d'Avray (S. & O.)
—1855—
Le présent Plan collationné
et vu bon pour exécution
Ville-d'Avray, le 2 juillet 1855
Armonville
Légende.
Coupe sur A. B.

# PARC PAYSAGISTE

FRUITIER, POTAGER, FLEURISTE ET EAUX

DE LA

# PROPRIÉTÉ DE M. ARMONVILLE

35, GRANDE-RUE, A VILLE-D'AVRAY

CANTON DE SÈVRES, ARRONDISSEMENT DE VERSAILLES (DÉPARTEMENT DE SEINE-ET-OISE)

1855

Ce bel exemple d'un parc, ayant à la fois le caractère de la grande propriété et d'un jardin de fantaisie, reçoit ses eaux limpides des montagnes boisées du parc de Saint-Cloud ; elles arrivent en travers un bloc de rochers placé en face la varendha et continuent leur course vagabonde par un ruisseau étroit s'arrêtant dans un canal régulier, à l'extrémité duquel elles disparaissent pour revenir bruyamment se briser sur les obstacles formant grotte et galeries naturelles, d'où elles tombent en nappes limpides, suivent ensuite un petit courant roulant sur de grosses pierres, passent sous un pont, se réunissent dans un canal irrégulier, puis disparaissent ; après s'être précipitées sur les rochers, elles se divisent en deux branches formant ainsi une île irrégulière et gracieuse ; c'est après la passerelle que pour la dernière fois elles sortent de dessous terre, se brisent de nouveau sur les rochers, puis coulent lentement en deux parties sinueuses laissant entre elles un terre-plein important où il se trouve des kiosques, des lieux de repos élégants ; pour la sixième fois, elles disparaissent pour ne plus revenir.

Le long du canal irrégulier, l'*Arundo donax* (Arundo Roseau à quenouille) avec ses variétés à feuille panachée, quelques *Rudbeckia* et des *Yucca* font seuls l'ornement de ces eaux, un lieu de repos près le miroir permet de venir respirer leur fraîcheur, des *Cerasus Lusitanica* (cerisiers Lauriers de Portugal) et dix-huit *Aucuba Japonica* protègent ceux qui s'y arrêtent ; sur le côté du chemin, un groupe de six *Populus fastigiata* (peupliers d'Italie) servent d'échelle et augmentent la profondeur des chutes ; au bord du sentier de la grotte, six *Cedrus Libani* (cèdres du Liban). A l'autre extrémité de cette pelouse, six *Cedrus argentea Atlantica* (cèdres argentés de l'Atlas) produisent un effet des plus pittoresques, entre les pierres des *Eleagnus macrophylla* (chalefs à grande feuille), cinq *Hippophae* (argousiers), cinq *Tamarix Gallica* (tamarix de Narbonne), des *Hypericum calycinum* (millepertuis à grande fleur) et des *Iris pumila* (iris naines).

Un groupe de plantations occupe la partie sur tertre du chemin qui conduit aux grottes et nappes d'eau ; aux trois angles du tapis vert, des *Sequoia sempervirens* (sequoias toujours verts) ; en face le pont, sur la pelouse, une corbeille d'*Althaea rosea* (roses trémières). Immédiatement après, à l'extrémité de la pelouse qui s'étend jusqu'à l'autre point, vingt-cinq *Taxodium distichum* (taxodiums distiques) ; à peu près en face le lieu de repos, un groupe d'arbres de première grandeur ; opposé, trois *Wellingtonia gigantea* (sequoias gigantesques) ; dix-sept *Quercus*, espèces d'Amérique, forment le groupe à tête ronde.

Vers le pont, trois *Platanus Orientalis* (platanes d'Orient), trois *Celtis* (micocouliers), trois *Corylus laciniata* (noisetiers à feuille laciniée), onze *Phlomis fruticosa* (phlomis frutescents) ; sur le bord des eaux, onze *Taxodium distichum*, puis un groupe de neuf *Quercus pedunculata fastigiata* (chênes pédonculés pyramidaux).

Le massif en face le pont est planté d'un *Tilia Americana argentea* (tilleul d'Amérique à feuille argentée), trois *Populus Ontariensis* (peupliers du lac Ontario) trois *Eleagnus angustifolia* (chalefs Oliviers de Bohême), trois *Hippophae* (argousiers), deux *Cerasus hortensis flore pleno* (cerisiers à fleur double) ; dans la pelouse, un *Robinia pseudo-acacia pyramidalis* (robinier faux-Acacia pyramidal) ; sur une légère élévation, un groupe de trois *Juniperus Barbadensis* (genévriers des Barbades), les plantations les plus rapprochées sont trois *Ulmus campestris latifolia* (ormes champêtres à large feuille), trois *Ulmus campestris rubra* (ormes champêtres à liber rouge), trois *Ulmus campestris tortuosa* (ormes champêtres tortillards), deux *Acer Monspessulanum* (érables de Montpellier), sept *Viburnum Opulus sterilis* (viornes Obier), neuf *Phlomis*, cinq *Corylus purpurea* (noisetiers à feuille pourpre), sept *Berberis vulgaris purpurea* (épines-vinettes communes à feuille pourpre), cinq *Ribes sanguineum* (groseilliers à fleur rouge) ; l'arbre pyramidal est un *Robinia pseudo-acacia pyramidalis* ; sur le bord de l'allée circulaire, trois *Tilia Americana* ; dans le massif, trois *Acer Negundo* (érables à feuille de Frêne), cinq *Ribes aureum* (groseilliers dorés), sept *Mahonia fascicularis* et cinq *Ilex Dahoon* (houx à feuille de Troëne). A côté du rocher de la petite île, une corbeille d'*Althaea rosea* à fleur double.

Dans le massif de la pointe, un *Gleditschia macracanthos* (féviers à grosse épine), la collection de cinq *Ilex* (houx) en cinq espèces, des *Ruscus aculeatus* (fragons piquants) terminent ce groupe d'arbres à feuilles persistantes. En face l'île, une corbeille de *Mahonia* de diverses espèces ; près le pont n° 33, treize *Pinus excelsa* (pins élancés) ; vis-à-vis le massif, quatre *Crataegus Aria* (alisiers blancs) ; isolés, huit *Thuia gigantea* (thuias gigantesques), dans le massif, quatre *Planera*, trois *Ptelea trifoliata* (pteleas à trois feuilles), trois *Staphylea pinnata* (staphylées à feuille ailée), trois *Ligustrum Japonicum* (troènes du Japon), six *Tamarix Indica* (tamarix de l'Inde), trois *Baccharis halimifolia* (baccharides à feuille d'Halime), cinq *Philadelphus* (seringas) et des *Spiraea* en trois espèces.

En face la grande île, trois *Celtis*, un *Acer Monspessulanum*, quatre *Sambucus racemosa* (sureaux à grappe), trois *Rhus typhinum* (sumacs de Virginie), trois *Sorbus hybrida* (sorbiers hybrides), dix *Spiraea opulifolia* (spirées à feuille d'Obier), treize *Spiraea hypericifolia* (spirées à feuille de Millepertuis) ; treize *Populus alba nicea* (peupliers blancs cotonneux) composent le seul groupe isolé de cette pelouse ; près le pont de l'île, cinq *Elaeagnus reflexa*, trois *Hippophae*, un *Liriodendrum tulipifera*, trois *Staphylea*, cinq *Viburnum Opulus sterilis*, trois *Syringa media*, cinq *Caragana Altagana*, quatre *Ceanothus*, un *Cerasus hortensis flore pleno*, un *Alnus barbata* et trois espèces de *Berberis*.

La partie boisée sur le tapis vert faisant suite à celui qui s'étend jusqu'à l'entrée principale est garnie de trois *Populus Ontariensis*, un *Populus fastigiata*, trois *Populus tremula*, un *Quercus alba*, trois *Corylus Byzantina*, trois *Cornus sanguinea* ; sept arbres à rameaux fasciculés appartenant au genre *Quercus* servent de perspective à ce point extrême du Parc. Sur la rive droite des eaux, dont nous allons remonter le cours dans un moment, en face le chemin qui conduit à la porte du Parc, trois *Elaeagnus angustifolia*, six *Cornus sanguinea*, cinq *Baccharis*, trois *Catalpa*, un *Gymnocladus*, un *Betula alba* et cinq *Atriplex* ; du côté du pont, cinq *Maclura aurantiaca*, trois *Alnus cordifolia*, six *Ribes albidum*, un *Amelanchier Canadensis*, trois *Acer Neapolitanum*, un *Gleditschia inermis*, sept *Fontanesia*, cinq *Rubus odoratus*, cinq *Euonymus*.

Pour séparer le châlet ainsi que son jardin particulier du parc, une plantation d'*Euonymus Japonicus* en 10 variétés, quatre *Cerasus Lusitanica*, cinq *Rhamnus alaternus*, dix *Ruscus aculeatus*, quatre *Fraxinus* variés, un *Acer palmatum* ; pour protéger le lieu de repos, trois *Taxus*, trois *Juniperus communis*, cinq *Ilex* variés, des *Sambucus*, des *Ribes*.

Remontant le cours des eaux dans la pelouse, quatre *Populus fastigiata* ; en face le massif du carrefour au cinq routes, un *Cedrus argentea* ; ce massif est composé de cinq *Cornus sanguinea*, trois *Cornus mascula*, quatre *Carpinus*, un *Celtis*, trois *Cercis*, onze *Genista juncea* et cinq *Genista scoparia*. Vers le pont du centre, trois *Alnus cordifolia*, un *Sophora Japonica*, un *Crataegus glabra*, cinq *Atriplex*, quatre *Mespilus pyracantha* et quelques *Weigelia*. Les plantations traversées par le chemin qui conduit à l'île supérieure sont composées de cinq *Corylus purpurea*, trois *Fagus sylvatica purpurea*, neuf *Berberis vulgaris purpurea*, dix *Cornus sanguinea*, trois *Carpinus* et des *Spiraea* ; dans la petite pelouse, cinq *Acer Negundi foliis cariegatis*, trois *Hippophae*, dix *Chamaecerasus Tatarica* en deux espèces ; derrière le piédestal, trois *Diospyros*, quatre *Cercis siliquastrum*, un *Ulmus campestris tortuosa*, quatre *Corylus purpurea*, sept *Syringa media* ; côté de la pelouse, sept *Phlomis fruticosa*. En allant rejoindre le deuxième pont, on traverse un groupe de quarante-deux *Cryptomeria Japonica*. Les plantations d'arbres à feuilles caduques qui se trouvent en face sont des *Crataegus Aria Nepalensis*, trois *Amelanchier Canadensis*, un *Platanus*, quatre *Amorpha fruticosa*, trois *Mespilus Oxyacantha flore pleno*, quatre *Baccharis halimifolia*, quatre *Daphne Mezereum*. L'arbre résineux est un *Juniperus Virginiana* ; derrière, le massif est composé de cinq *Robinia viscosa*, trois *Cercis siliquastrum*, quatre *Cercis Canadensis*, trois *Cephalanthus Occidentalis*, quatre *Caragana grandiflora*. Ce massif est accompagné dans le tapis vert qui s'étend jusqu'aux grandes chutes, de trois *Hippophae*, cinq *Cerasus Lauro-cerasus*, un *Cerasus hortensis flore pleno*, trois *Cerasus Padus*, un *Carpinus Americana* et six espèces de *Spiraea*. En avant, un *Robinia pseudo-acacia pyramidalis* ; près le pont n° 29, trois *Quercus Ballota*, trois *Cerasus Lusitanica*, cinq *Chamaecerasus Tatarica* et neuf *Mahonia* ; au centre, le groupe allongé est planté de cinq *Catalpa*, trois *Paulownia*, cinq *Cornus Sibirica*, seize *Coronilla Emerus* ; plusieurs charmants arbustes à fleurs complètent le massif de cette importante pelouse. Celui opposé, côté du carrefour, est planté de vingt-trois *Mespilus* en cinq variétés, quinze *Berberis Nepalensis*, sept *Acer palmatum atropurpureum*.

Contre l'allée de ceinture, un *Fraxinus juglandifolia*, trois *Fraxinus Ornus*, quatre *Euonymus Japonicus argenteus*, cinq *Euonymus Japonicus alba variegatus*, huit *Euonymus verrucosus* ; les onze arbres pyramidaux appartiennent au genre *Taxus* ; à l'extrémité, trois *Fagus sylvatica asplenifolia*, un *Fagus sylvatica caprea*, trois *Fagus Americana*, cinq *Ilex Dahoon*, trois *Ilex latifolia Japonica*, trois *Ilex latifolia Tarajo*, sept *Genista juncea*.

Dans l'autre tapis vert, n'ayant pour arbre isolé qu'un groupe d'essences résineuses, le massif est planté de différents arbres et arbustes variés.

La plantation qui s'étend tout le long du canal régulier est composée, près les cascades, de trois *Pavia* en trois espèces, sept *Althea*, trois *Baccharis halimifolia*, un *Gymnocladus*, trois *Betula alba laciniata*, cinq *Budleia*, trois *Ononis*, cinq *Cerasus pumila* ; isolé, trois *Taxodium distichum fastigiatum* ; au bord de l'allée de 1re classe, trois *Quercus coccifera*, trois *Quercus Suber*, quatorze *Ceanothus* ; plusieurs arbustes à fleurs complètent ce massif.

Le long du mur de la grande rue de Ville-d'Avray, des arbres élevés de 1re et 2me grandeur afin qu'ils se confondent avec ceux des propriétés extérieures ; l'entrée et les dépendances sont dissimulées par des *Pinus* pris dans différentes sections.

La corbeille de fleurs en face l'habitation se renouvelle selon les saisons, ainsi que celle qui est en avant du rocher d'où sortent les eaux provenant du potager. Ce dernier est caché par une réunion d'arbustes à feuilles persistantes.

C'est avec regret que je suis forcé de m'arrêter ici dans cette promenade si intéressante et d'abandonner la description des diverses parties pittoresques de cette composition.

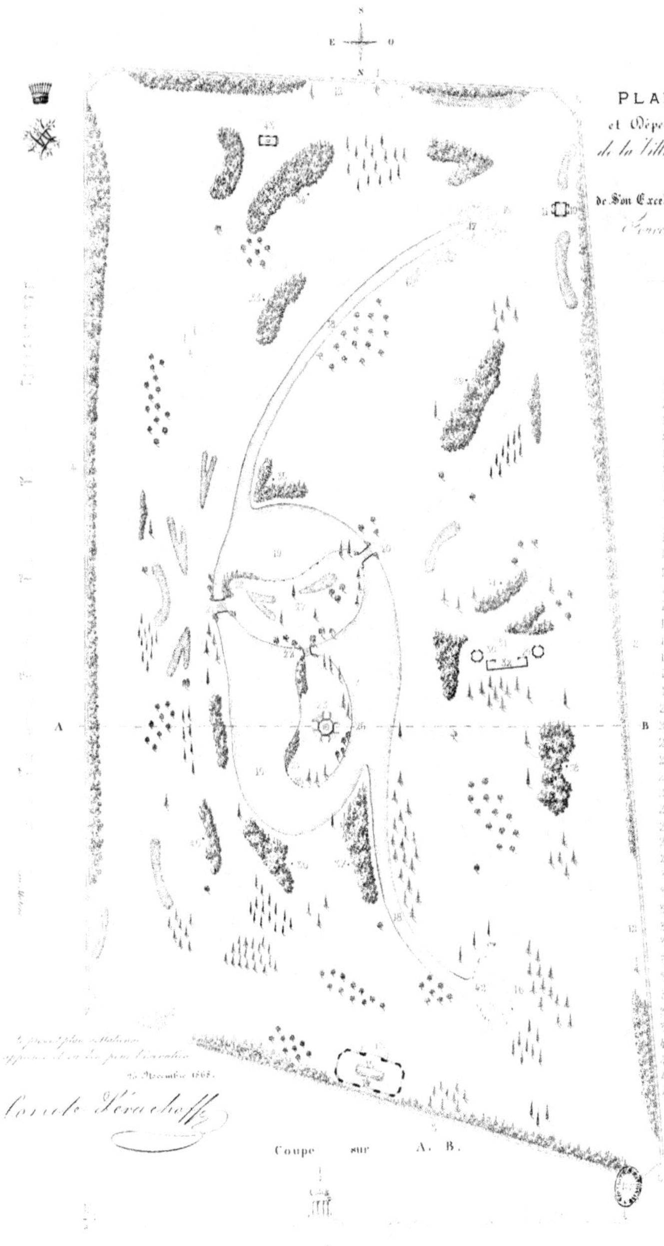

PLAN GÉNÉRAL
et Dépendances du Square
de la Ville de Koutaïs (CAUCASE)
créés par les Ordres
de Son Excellence le Comte Lévachoff
Gouverneur du Caucase
1868.

Légende.

1  Rue du Palais
2  — St Michel
3  — Alexandre
4  — du Gymnase
5  Porte du Palais
6  — St Michel
7  — Alexandre
8  — du Gymnase
9  Coupe générale
10  Water Closet
11  Garde du Square
12  Perspective
13  Orchestre
14  —
15  —
16  Kiosque
17  Arrivée des Eaux
18  Rivière
19  Lac
20  Pont de Pierre
21  — en Charpente
22  — Suspendu
23  Kiosque de l'île
24  Pepinière de la ville
25  Corbeilles
26  Embarcadère
27  Beds en fleurs
28  Lieu de repos
29  Kiosque des jours de fête
30  — de chasse
31  Lieu de repos
32  Kiosque
33  Banc
34  Sapin
35  Fosse
36  Jeux aux Portiques
37  Gymnase de Course
38  Le Printemps
39  L'Été
40  L'Automne
41  L'Hiver
42  Sortie des eaux
43  Kiosque

Coupe   sur   A. B.

Comte Lévachoff

Le Caucase ! Quel joli nom ! Quel climat plus favorable au paysagiste pour grouper les plantes de tous genres ? Le Caucase, sol et ciel favorisés des privilèges de la nature. Tout est beau dans ces localités : le génie du paysagiste s'élève. Les dispositions générales de cette étude sont particulièrement heureuses ; le graveur aussi s'est distingué.

Une légende explicative indique les points principaux de l'ensemble de cette composition.

La coupe sur A B montre les sinuosités des pelouses, des tapis verts, le bombement des allées, la profondeur des eaux, les groupes d'arbres et d'arbustes ainsi que les arbres isolés.

Le long du mur d'appui supportant la grille de clôture du côté de la rue Alexandre, huit *Caragana*, six *Syringa Rothomagensis*, onze *Cerasus Lauro Colchica*, neuf *Viburnum Tinus* (viornes Lauriers-tins), vingt-deux *Spiræa* variées.

Dans le tapis vert près l'orchestre, onze *Cedrus argentea Atlantica* (cèdres argentés de l'Atlas), quatre *Quercus pedunculata fastigiata* (chênes à longs pédoncules pyramidaux), huit *Mespilus Oxyacantha flore coccineo* (épines Aubépines à fleur coccinée).

De l'autre côté, treize *Buxus Balearica* (buis de Mahon), seize *Ligustrum Japonicum* (troënes du Japon), sept *Eronymus Japonicus longifolius marginata alba* (fusains du Japon à longue feuille marginée blanc), dix *Viburnum Tinus*, sept *Berberis Darwinii* (épines-vinettes de Darwin), six *Cotoneaster*, cinq *Mespilus Oxyacantha flore albo pleno*.

Dans le gazon, neuf *Sterculia platanifolia* (sterculias à feuille de Platane), un *Wellingtonia gigantea* (sequoia gigantesque) : près de la porte, une corbeille composée de quatre-vingts *Pæonia arborea* (pivoines en arbre).

En face l'orchestre, quatorze *Catalpa* : à l'autre extrémité, vingt et un *Cryptomeria Japonica* ; à la pointe extrême, treize *Robinia pseudo-acacia pyramidalis* (robiniers faux-Acacias pyramidaux).

En face la porte, une corbeille contenant la collection complète de *Pæonia Sinensis*.

Dans la pelouse, cinq *Populus fastigiata* (peupliers d'Italie), un *Paulownia imperialis* (paulownia impérial), un *Thuia Orientalis aurea* (thuia de la Chine nain), un *Sophora Japonica pendula* (sophora du Japon pendant).

Le groupe de la partie qui s'étend jusqu'au pont est composé de trois *Gymnocladus* (bonducs), cinq *Gleditschia triacanthos* (féviers d'Amérique), six *Althea*, cinq *Viburnum Opalus sterilis* (viornes Boules-de-neige), seize *Phlomis fruticosa* (phlomis frutescents), sept *Coronilla Emerus* (coronilles des jardins), cinq *Spiræa nivea*, six *Spiræa lævigata*.

Sur le tapis vert, huit *Saxe Gothæa conspicua*, un *Paria lutea*, un *Mespilus linearis*, un *Thuia gigantea*, six *Ulmus campestris pyramidalis* (ormes champêtres pyramidaux), dix *Æsculus rubicunda* (marronniers rubiconds à fleur rouge), un *Gleditschia Bujoti* (févier pleureur) ; dans la corbeille de fleurs, cinq espèces de *Statice*.

Du pont à l'arrivée des eaux, quatre *Taxodium distichum* (taxodiums distiques), un *Ulmus campestris pyramidalis* : dans le massif, trois *Tilia Americana argentea*, quatre *Rhus typhinum* (sumacs de Virginie), trois *Sambucus nigra laciniata* (sureaux communs à feuille laciniée), six *Symphoricarpos racemosa* (symphorines à fruit blanc), cinq *Salsola fruticosa* (soudes en arbre), huit *Deutzia scabra* (deutzias rudes) ; au bord du lac, un *Taxodium sempervirens*. Le groupe contient sur le premier plan cinq *Liriodendron* (tulipiers), six *Kœlreuteria* (savonniers), cinq *Pyrus salicifolia* (poiriers à feuille de Saule), dix *Potentilla fruticosa*, trois *Philadelphus*, cinq *Syringa vulgaris flore alba*, trois *Ptelea*, cinq *Coriaria myrtifolia*, trois *Chamæcerasus cærulea*, cinq *Chamæcerasus Tatarica speciosa*, cinq *Phlomis*. Le trio est composé de *Cupressus pendula* : au bord du lac, un *Populus fastigiata* ; à l'entrée des eaux dans le lac, trois *Cerasus hortensis flore pleno*, cinq *Pyrus Malus baccata*, trois *Carpinus Americana*, trois *Castanea chrysophylla*, six *Elæagnus*, huit *Chamæcerasus*, six *Smilax aspera* (salsepareilles épineuses).

Suivant le chemin jusqu'au pont : dans les gazons, un *Æsculus Hippocastanum flore pleno* (marronnier d'Inde à fleur double) ; près les rochers, quatorze *Pinus excelsa* (pins élancés) ; au bord des eaux, trois *Robinia pseudo-acacia pyramidalis* ; l'arbre isolé à tête ronde près du chemin est un *Gleditschei macrocanthos* (févier à grosse épine), dix-huit *Pinus Strobus* (pins du lord Weymouth) sont placés au bord des eaux ; isolé, un *Ulmus campestris pyramidalis* ; près le pont, cinq *Tamarix Gallica*, trois *Althea*, trois *Berberis Darwinii*, trois *Deutzia Fortunei* : à la suite, des fleurs se renouvelant selon les saisons.

La partie de la grande salle de jeux est plantée à la pointe, près les arbres résineux qui se trouvent en face les rochers, de trois *Koelreuteria*, trois *Crataegus Aria latifolia*, trois *Acer Monspessulanum*, cinq *Fontanesia Fortunei*, six *Rubus racemosus*, huit *Rubus odoratus*, trois *Evonymus latifolius*, six *Hydrangea macrophylla*, cinq *Potentilla* ; dans le gazon, l'arbre isolé pyramidal est un *Taxus* : en avant du massif, huit *Pinus excelsa* ; dans le massif, cinq *Populus alba nivea*, trois *Fagus sylvatica purpurea*, trois *Fagus sylvatica aspleniifolia*, cinq *Hippophae* (argousiers), six *Hypericum* (millepertuis), huit *Indigofera*, treize *Viburnum*, quatre *Staphylea Colchica*, trois *Rhus Cotinus*, etc.

Dans la pelouse, le massif qui fait face à cette grande salle des jeux est composé de trois *Quercus Ballota* (chênes d'Espagne à glands doux), cinq *Quercus coccifera* (chênes kermès), cinq *Quercus Suber* (chênes liéges), six *Aucuba Japonica*, quinze *Cotoneaster*, trois *Elaeagnus angustifolia*, vingt-deux *Mahonia Bealii*.

Le trio d'arbres résineux est composé de *Larix Sibirica* ; dans la corbeille de fleurs, la collection en sept espèces de *Fuchsia* ; l'arbre isolé à rameaux horizontaux est un *Mespilus linearis* ; sur le bord du chemin, quatre *Virgilia lutea* forment un groupe à tête ronde ; plus loin, un *Podocarpus Koraiena*, onze *Taxus fastigiata* composent le groupe d'arbres pyramidaux ; dans le massif de la pointe, trois *Diospyros Lotus*, neuf *Pyrus Malus* en trois espèces, six *Potentilla fruticosa*, trois *Prinos verticillatus*, huit *Prunus myrobolana*, trois *Mespilus Oxyacantha flore roseo pleno*, six *Cerasus pumila*, quatre *Colutea*, trois *Syringa Rothomagensis*, quatorze *Spiraea* variées.

La partie près laquelle les eaux vont se perdre dans le lac, onze *Tamarix* en cinq espèces, vingt-deux *Salix* en six espèces, quatre *Spiraea hypericifolia*, cinq *Spiraea tomentosa*, trois *Rhus typhinum* ; près le pont, quatre *Salix Babylonica* ; plus loin, trois *Quercus pedunculata fastigiata* : vient ensuite un trio d'*Abies* appartenant à la section des *Picea* : *Picea alba* ; dans le massif, seize *Tilia Americana argentea*, trois *Sambucus foliis argenteis*, cinq *Hippophae*, neuf *Symphoricarpos parciflora variegata*, six *Ligustrum Japonicum variegatum*, cinq *Viburnum Lantana* ; en avant, un *Taxus fastigiata* ; à l'extrémité, côté de la sortie des eaux, huit *Thujopsis Standishii* ; près les rochers, un *Populus fastigiata* ; la corbeille est composée d'*Hydrangea Hortensia*, treize *Acer Negundo foliis argenteis variegata* forment le groupe d'arbres isolés et à tête ronde.

Le long de la rue Michel près la porte : dans le gazon, une corbeille de Rosiers Princesse Alice ; après le pavillon du gardien, la corbeille est plantée de trois cents Rosiers Belle Berthe ; de la porte à la perspective, vingt-deux *Cerasus Lusitanica*, trente *Althaea*, seize *Ilex* diverses variétés, dix-huit *Mespilus pyracantha*, seize *Salsola*, dix *Rosmarinus*, dix *Bupleurum*, neuf *Cotoneaster buxifolia*, cinq *Cotoneaster thymifolia*, soixante *Spiraea* diverses espèces.

Dans la perspective, un *Cupressus sempervirens* et un *Thuia Orientalis Nepalensis*, jusqu'à la porte, cinq *Syringa*, trois *Staphylea*, trois *Rhus typhinum*, cinq *Diospyros*, dix-sept *Weigelia* en deux espèces, cinq *Genista juncea*, quatre *Cydonia*.

De l'autre côté de la rivière, près les rochers où les eaux vont s'engloutir, trois *Salix Babylonica* ; au delà de l'allée, dans le tapis vert, la corbeille près le lac est garnie de *Chrysanthemum Indicum* parmi lesquelles domine la panachée d'Henri IV. L'arbre isolé est un *Cedrus Deodora* ; puis viennent trois *Taxodium distichum fastigiatum* ; dans le massif, une collection d'arbres et d'arbustes variés ; après, un trio de *Thuia Orientalis*, neuf *Paeonia hybrida* composent le groupe à tête ronde ; à l'extrémité, un massif de trois *Ulmus Sinensis*, trois *Ulmus campestris purpurea*, trois *Fagus sylvatica aspleniifolia*, cinq *Quercus rubra*, cinq *Viburnum Opulus sterilis*, dix *Ononis*, cinq *Atragene Alpina*, trois *Ulmus glatinosa laciniata*, onze *Althaea Syriacus* en trois variétés et trois *Amygdalus communis flore pleno*. A la pointe, sur le bord du chemin, un *Cedrus Deodora crassifolia*, seize *Cupressus sempervirens* sont placés en avant le massif composé d'arbustes à fleurs, sept *Torreya grandis* terminent les plantations de cet ensemble.

Le groupe de l'autre partie placé en face la porte est planté d'arbres de première grandeur, dont les tiges sont cachées par des touffes d'arbustes à fleurs ; vers le milieu, quatorze *Sophora Japonica pendula* ; à la pointe, une corbeille de cent quarante-huit *Hydrangea Hortensia*. L'arbre résineux isolé est un *Thuia gigantea* ; le trio, trois *Torreya grandis*.

Le long de la rue, en face le pavillon de la vente des journaux, un massif de différents arbustes à feuilles persistantes ; dans la perspective, un *Cryptomeria Japonica nana*, un *Fraxinus excelsior pendula*, un *Cupressus variegata* et un *Taxus fastigiata* ; à la suite, un massif d'arbustes à fleurs ; dans la corbeille, 500 Rosiers Souvenir de Malmaison.

Dans la partie en face le pont, une corbeille de trois cent quatre-vingt Rosiers Général Jacqueminot ; à la pointe, onze *Taxus fastigiata* ; isolé vers la corbeille, un *Thuia Orientalis aurea* ; à l'autre extrémité, un *Paulownia* ; en avant du massif, un *Ulmus campestris pyramidalis* ; le massif est composé d'un *Tilia Americana argentea pendula*, un *Cytisus labarnum pendulum*, un *Ulmus Americana pendula*, un *Juniperus Virginiana pendula*, un *Fagus sylvatica pendula*, cinq *Ilex* diverses espèces.

Le long de la rue du Gymnase, des arbres à feuille persistante ; sur le bord de l'allée, des arbustes à fleurs ; dans la perspective, un *Robinia pseudo-acacia pyramidalis* ; la corbeille qui s'étend jusqu'à la porte du gymnase est plantée de *Canna rubra perfecta*.

Dans l'île des deux ponts près le n° 25, trois *Tamarix*, un *Liriodendrum*, trois *Acer Negundo foliis argenteis variegato* ; quatre *Taxus fastigiata* composent le groupe isolé ; de l'autre côté, un *Populus fastigiata* ; l'arbre résineux est un *Pinus Pinea*, trois *Pavia lutea* tige terminent les plantations de ce tapis vert avec une corbeille de *Paeonia arborea*, composée de toutes les espèces les plus remarquables. Près le pont n° 17, des *Taxodium distichum*, les trois arbres qui leur font face sont des *Populus fastigiata* ; avant d'entrer dans l'île du kiosque, trois *Salix annularis* ; côté opposé, trois *Tilia Americana argentea* ; à l'intérieur, cinq *Tamarix*, trois *Symphoricarpos*, sept *Althaea* diverses variétés, trois *Populus fastigiata* ; au delà de l'embarcadère, trois *Pinus Strobus*, quatre *Ulmus Americana pendula* ; près le n° 25, trois *Wellingtonia gigantea* ; dans le massif opposé, trois *Salix rosmarinifolia*, trois *Salix laurifolia*, un *Acer rubrum*, trois *Evonymus angustifolia*, trois *Eriobotrya Japonica*.

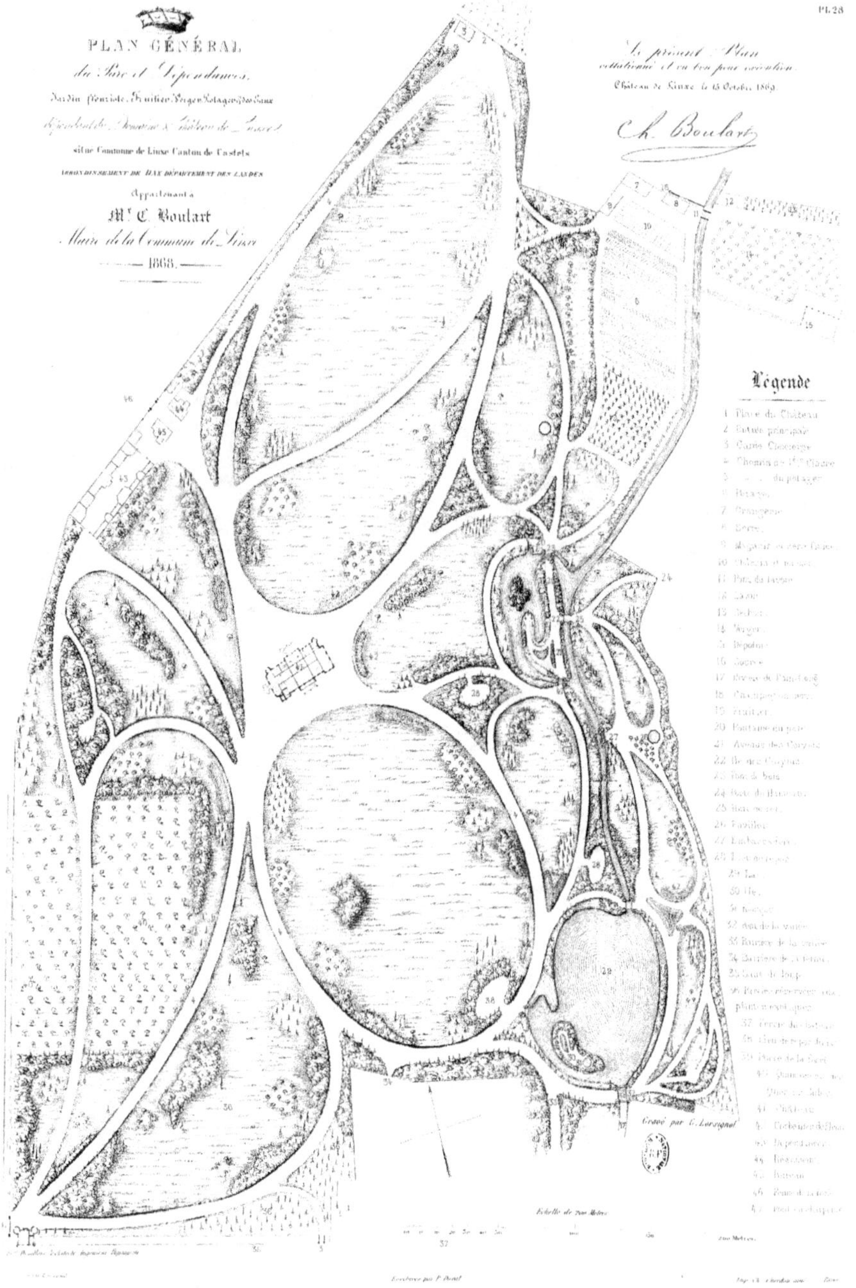

PLAN GÉNÉRAL
du Parc et Dépendances,
Jardin fleuriste, Fruitier, Verger, Potager, des Eaux
dépendant du Domaine & Château de Linxe
situe Commune de Linxe Canton de Castets
ARRONDISSEMENT DE DAX DÉPARTEMENT DES LANDES
Appartenant à
Mr C. Boulart
Maire de la Commune de Linxe
1868.

Le présent Plan
collationné et vu bon pour exécution
Château de Linxe le 15 Octobre 1869.
Ch. Boulart

Pl. 28

Légende
1 Place du Château
2 Entrée principale
3 Cour Concierge
4 Chemin de 1re Classe
5 ... du potager
6 Bocage
7 Orangerie
8 Serre
9 Magasin ...
10 Château et annexe
11 Parc du bassin
12 Lavoir
13 Séchoir
14 Verger
15 Dépotoir
16 Source
17 Rivière de l'amphora
18 Champignonnière
19 Fruitier
20 Fontaine du parc
21 Avenue des Cyprès
22 Bois des Cyprès
23 Parc de bois
24 Bois de Hêtre
25 Bois ...
26 Pavillon
27 Embarcadère
28 Île ...
29 Lac
30 Île
31 Barque
32 Quai de la vanne
33 Rivière de la vanne
34 Barrière de la ferme
35 Cour de loup
36 Parcelle réservée aux plantes exotiques
37 Serre des ...
38 Lieu de repos
39 Place de la Serre
40 Plantation ...
41 Château
42 Corbeille de fleurs
43 Dépendances
44 Bocage
45 Bateau
46 Pont de ...
47 Pont de chapelle

Echelle de 2000 Mètres
Gravé par C. Larsignol
Lithographie par P. ...

# PARC

## DU

# CHATEAU DE LINXE

SITUÉ COMMUNE DE LINXE, CANTON DE CASTETS, ARRONDISSEMENT DE DAX (DÉPARTEMENT DES LANDES)

APPARTENANT A M. C. BOULART, MAIRE DE LA COMMUNE

1869 — 1870

Au centre du Maransin est situé, sur un plateau, la commune de Linxe, traversée par la petite rivière de Pam-Long, entourée de forêts plusieurs fois séculaires, d'arbres résineux, de *Quercus pedunculata* et *Suber* d'une brillante végétation qui, dans cet endroit des Landes, s'étendent le long du littoral dans un parcours considérable.

C'est dans cette commune que M. C. Boulart a détaché une partie de ses immenses propriétés pour y créer un parc en rapport avec sa belle fortune dont il sait faire un si bon usage au profit de tous ceux qui l'entourent.

En face l'église, une avenue conduit à la place du château ; cette dernière est garnie d'un quinconce de *Quercus Americana*, d'où l'on aperçoit l'intérieur de ce beau parc. A droite, le logement du garde.

Se dirigeant par le chemin large de cinq mètres vers le château le long du mur qui nous sépare de la route de Linxe à Léon et Vielle, vingt-quatre *Platanus*, huit *Catalpa*, un *Quercus pedunculata fastigiata*, un *Betula*, deux *Populus tremula* (peupliers trembles), dix *Cercis siliquastrum* (gainiers communs), trois *Paria lutea*, (paviers jaunes), huit *Corylus avellana* (noisetiers) ; vingt et une espèces d'arbres de première grandeur et arbustes variés en deux cent soixante sujets complètent ce massif.

Dans la pelouse, un trio de deux *Ailantus* (ailantes) avec un *Robinia pseudo-acacia*, trois *Quercus pedunculata fastigiata* (chênes pédonculés pyramidaux), deux *Catalpa*, un *Gynerium splendens*, un *Yucca pendula*. La corbeille est garnie de deux cent quarante-trois Rosiers Bengale et cent quatorze Rosiers Hermosa.

Suivant le chemin couvert de deux mètres, le long du mur, six *Tilia Americana argentea* (tilleuls d'Amérique à feuille argentée), quatre *Viburnum Tinus* (viornes Lauriers-Tins), quatre *Laurus nobilis* (lauriers d'Apollon), quinze *Taxus* (ifs), onze *Arbutus* (arbousiers), deux *Quercus Suber* (chênes liéges), trois *Quercus ilex* (chênes verts) et dix-neuf espèces d'arbres et d'arbustes variés en cent soixante-dix-huit sujets.

Le massif limité par l'allée principale et celle où nous sommes est planté de quatre *Larix* (mélèzes), neuf *Fraxinus Ornus* (frênes à fleur), dix-huit *Fagus* (hêtres), huit *Quercus Americana*, dix-huit *Ilex* (houx) variés, accompagnés de vingt-trois espèces d'arbres de première grandeur et d'arbustes nains en cent dix-sept sujets.

Isolés dans la pelouse, un *Yucca pendula*, un *Pinus* (pin), un *Taxus* (if), six *Pinus Pyrenaica* (pins des Pyrénées).

Lieu de repos de la régie, trois *Tilia Americana argentea*, quinze *Prunus myrobolana* (pruniers myrobolans), cinq *Celtis* (micocouliers), dix *Koelreuteria* (savonniers), un *Rosmarinus officinalis* (romarin officinal) ; dix autres espèces d'arbres et d'arbustes en cent trois sujets complètent cette plantation.

Près l'allée de service dans la pelouse, trois *Cercis siliquastrum* (gainiers communs) ; à côté de la perspective, sur l'avenue de Vielle, vingt *Fraxinus excelsior aurea* (frênes communs dorés), un *Gynerium splendens*, un *Castanea* (châtaignier commun).

Revenant à l'entrée principale du parc, suivant le même côté, sur une belle et vaste pelouse dont le vallonnement ne laisse rien à désirer, un *Cedrus Libani* (cèdre du Liban) ; plus loin, trois *Tilia Americana argentea pendula* (tilleuls d'Amérique à feuille argentée pleurear), cinq *Betula alba laciniata* (bouleaux communs à feuille laciniée) ; près du chemin, six *Pinus Pyrenaica* ; un peu plus loin, un *Sophora Japonica pendula* d'un grand effet pour la perspective.

Dans le massif, dix *Populus alba nivea* (peupliers blancs cotonneux), quatre *Gleditschia inermis* (féviers sans épine), vingt *Platanus*, trente-deux *Fagus*, quinze *Fraxinus*, dix *Gleditschia Orientalis ferox* (féviers ferace d'Orient), cinq *Acer Negundo folia argenteo carnegata* (érables à feuille de frêne panachée argentée). Quatre cent sept arbres de première grandeur et arbustes variés en vingt et une espèces complètent ces plantations.

En face l'allée de la régie, dix *Fagus sylvatica purpurea* (hêtres communs à feuille pourpre), sept *Morus alba* (muriers blancs), dix *Populus balsamifera* (peupliers baumiers), vingt-six *Fraxinus Ornus* (frênes à fleur), six *Betula* (bouleaux), dix-sept *Acer Monspessulanum* (érables de Montpellier) ; plus, deux cent quatre-vingt-dix arbres de première grandeur, arbustes d'ornement variés et Rosiers nains.

Dans le tapis vert, un trio de *Cedrus Deodora* (cèdres de l'Inde) ; à l'autre extrémité, un *Quercus pedunculata fastigiata* : à quelques pas de là, vers le centre de la pelouse, sur une élévation, un *Juniperus excelsa* entouré de dix *Cedrus Deodora*.

Du *Quercus pedunculata fastigiata* au groupe du carrefour principal, trente *Catalpa* ; en avant, un *Juniperus excelsa*.

Les plantations du massif de la perspective de Vielle se composent de trente-deux *Cercis siliquastrum* (gainiers communs), trois *Esculus Hippocastanum folio laciniato* (marronniers d'Inde à feuille laciniée), trois *Fagus sylvatica*, onze *Gymnocladus*, quatre *Populus Ontariensis*, huit *Robinia viscosa* tige, trois *Robinia hispida* tige, seize *Sorbus hybrida* et quatre cent trente-quatre arbres, arbustes et Rosiers variés en vingt-six genres.

Dans la pelouse près l'allée, quinze *Robinia pseudo-acacia pyramidalis* (robiniers faux-Acacias pyramidaux).

Si nous retournons à la place du château, suivant le chemin opposé à celui que nous quittons, le premier massif sur la pelouse est garni de vingt-deux *Juglans Americana nigra*, vingt-huit *Betula*, seize *Alnus cordifolia*, six *Sorbus*, trois *Robinia pseudo-acacia tortuosa* tige, onze *Acer*, douze *Morus alba*, deux *Cerasus Padus* tige, trente-trois *Cytisus laburnum*, un *Quercus ilex*, accompagné de trois cent quatre-vingt-six arbres de première et deuxième grandeur, arbustes et Rosiers.

Isolés, un *Koelreuteria*, sept *Ulmus campestris pyramidalis*, un *Juniperus Oxycedrus* (genévriers cades), un *Populus alba pendula*, neuf *Abies pinsapo* (sapins Pinsapos).

Opposés, dix-sept *Wellingtonia gigantea* ; pour leur servir de perspective, un *Populus fastigiata*.

Le massif qui commence immédiatement après est composé de vingt et un *Mahonia Japonica* alternés avec vingt-six Rosiers Pompons Saint-François, quatre *Esculus Hippocastanum flore pleno*, dix-huit *Sophora Japonica*, huit *Cytisus purpureus*, vingt-trois *Photinia glabra*, dix-sept *Syringa Josikea*, dix *Leycesteria formosa* ; trois cent six arbres d'ornement et arbustes en vingt et une espèces et variétés complètent ce groupe.

Isolés dans la pelouse, trois *Taxodium sempervirens*, trois *Esculus rubicunda*, cinq *Ulmus campestris pyramidalis*, deux *Esculus rubicunda*, un *Taxus*.

A l'extrémité, au carrefour des cinq *Cedrus argentea Atlantica*, un *Esculus rubicunda*, cinq *Koelreuteria*, quatre *Mespilus Oxyacantha flore albo pleno*, onze *Mespilus Oxyacantha flore roseo pleno* tige. Cent dix-huit autres arbres de première grandeur et arbustes d'ornement en treize espèces et variétés achèvent cette plantation.

Traversant ces vastes pelouses se dirigeant vers le château, on trouve, opposés à trois vieux *Quercus* dont un plusieurs fois séculaire, quatorze *Ginkgo biloba* ; derrière un massif de plantes les plus remarquables, vingt-sept *Mimosa julibrissin* tige, vingt-sept *Mimosa dealbata*, treize *Elæagnus reflexa*, six *Eriobotrya Japonica*, seize *Euonymus Japonicus alba variegatus*, dix autres espèces d'arbres et d'arbustes les plus intéressants des végétaux ligneux.

Dans la pelouse, sur une élévation, trois *Araucaria imbricata*.

Arrêtons-nous un moment devant le château ; sous nos yeux, de vastes tapis verts ondulés suivant la perspective naturelle, peuplés des arbres et arbustes que nous venons de visiter ; à gauche, la perspective de l'avenue de Casagnon.

Opposé au massif des *Mimosa*, celui des *Melia*, plus riche que ce dernier, quatre *Paulownia*, cinq *Virgilia*, quatre *Melia Azedarach*, trente-neuf *Daphne Laureola*, huit *Ruscus aculeatus*, plus vingt et une espèces d'arbres et arbustes les plus intéressants de ceux cultivés dans les jardins paysagistes et d'amateurs ; côté du chemin, quatre-vingt-cinq Rosiers Hermosa ; à l'extrémité, un *Quercus Suber* au tronc caverneux, dont les actes de naissance se perdent dans l'espace.

Sur le tapis vert, un *Thuia*, un *Gynerium splendens*, un *Pinus excelsa*, un *Juniperus*, un *Abies pinsapo* ; sur une élévation, six *Pinus Pyrenaica*, quatre *Ulmus campestris urticæfolia*, un *Yucca* et un groupe de soixante-sept *Magnolia* à feuille caduque entouré de quatre-vingt-dix-sept Rosiers variés demi-tige, vingt-sept Rosiers nains greffés, trente Rosiers Bengale variés, vingt-deux *Mahonia Japonica*.

En face les box jusqu'à l'allée des dépendances, deux *Esculus Hippocastanum flore pleno*, six *Esculus rubicunda*, trois *Robinia pseudo-acacia tortuosa* tige, cinq *Sophora Japonica* tige ; plus, vingt-sept espèces d'arbres résineux de première grandeur et arbustes variés.

Le tapis vert en face les dépendances, est planté à sa partie extrême de soixante-deux arbres et arbustes en 11 espèces.

Contre les dépendances, huit *Populus monilifera*, un *Populus balsamifera*, deux *Castanea*, marrons de Lyon, dix *Ulmus campestris latifolia*, deux *Esculus*, vingt *Carpinus* ; douze espèces de la section des Cupressinées et divers arbres et arbustes complètent cette plantation qui dissimule ces bâtiments.

De ce point à l'angle du massif, des gros *Quercus*, un *Platanus Orientalis*, vingt et un *Cerasus Lauro-cerasus*, dix-sept *Atriplex*, sept *Abies Nordmanniana* ; six espèces d'arbres et d'arbustes à feuille persistante complètent cet ensemble.

Dans la pelouse, sur une élévation, un *Yucca pendula*, un *Populus alba pendula* et un *Gynerium splendens*.

De cet angle au réservoir, trois *Juniperus excelsa*, vingt-deux *Castanea*, vingt-trois *Ulmus*, dix-huit *Gleditschia*, vingt-deux *Arbutus*, vingt-quatre *Ribes Alpinum*, dix-huit *Spiræa ulmifolia*.

Sur une élévation en triangle, seize *Cedrus argentea Atlantica*, dix-neuf *Cytisus laburnum*, vingt-six *Mahonia fascicularis*.

Sur l'autre bord de l'allée, un *Quercus Suber* le plus pittoresque de son genre, un autre *Quercus* séculaire et ne cédant en rien au premier, quatre *Populus monilifera*, onze *Acer campestre*, six *Esculus rubicunda*, vingt *Fraxinus Ornus* et vingt et une espèces d'arbres et arbustes variés.

Les limites de cet ouvrage ne me permettent pas de m'étendre sur les importantes plantations de cette immense propriété dont la première partie, de la grille principale au château, contient 10,128 arbres ou arbustes variés.

PLAN
du Parc Paysager
dépendant des propriétés
DE Mr COUSIN
situées aux Cloires
Canton & Commune de Charost
Arrond.t de Bourges
Départ.t du Cher
1868

Légende.

Habitation actuelle.
1 Chapelle
2 Salle à manger
3 Cuisine
4 Cabinet et office
5 Salle de Billard
6 Orangerie
Habitation projetée.
7 Salon
8 Petit salon
9 Cuisine
10 Salle à manger
11 Salle de Billard
12 Cabinet de Bains
13 Vestibule

Dépendances.
15 Jardinier
16 Ecurie
17 Berceau
18 Boulangerie
19 Buanderie
20 Potager
21 Kiosque de l'Auron
22 Eau froide
23 Vanne
24 Embarcadère
25 Laiterie
26 Communication
27 Observatoire

Légende (suite).
30 Lieu de repos
31 Corbeilles de fleurs
32 Porte de Lamberdière
33 Allée de Milandre
34 Pavillon du Garde
35 Porte de Milandre
36 Allée de Charost
37 Porte de Charost
38 Porte du Parc
39 Vignoble
40 collection 1er Choix
41 Fraisier
42 Fruits à pépins
43 à noyau
44 en baie
45 Rucher
46 Cour du Rucher
47 Volière
48 Lieu de repos du Rucher
49 Porte du potager
50 Esplanade
51 Perspective pommiers

# PARC PAYSAGISTE

VINICOLE, FRUITIER ET POTAGER

SITUÉ AUX GLOIRES, CANTON ET COMMUNE DE CHAROST, ARRONDISSEMENT DE BOURGES (DÉPARTEMENT DU CHER)

APPARTENANT A M. COUSIN

1868

Au bord de l'Auron, sur un point élevé, permettant à la perspective de s'étendre sur de fertiles vallées, M. Cousin a eu la pensée de créer un parc sans diminuer les produits agricoles et d'élever une construction en rapport avec ses goûts et sa fortune.

Les projets approuvés, le jardin paysagiste a été planté : de la porte principale au kiosque, de cinq *Ligustrum lucidum* (troènes à feuille luisante), cinq *Ligustrum Japonicum variegatum* (troènes du Japon à feuille panachée argentée), trois *Ulex Europœus flore pleno* (ajoncs marins à fleur double), cinq *Viburnum Tinus* (viornes lauriers-tins), trois *Weigelia rosea* (Weigelias à fleur rose), quatre *Weigelia amabilis* (Weigelias aimables), cinq *Symphoricarpos parviflora* (symphorines à petite fleur), trois *Smilax* (salsepareilles), cinq *Genista juncea* (genêts d'Espagne), six *Robinia hispida* (robiniers roses), trois *Ribes sanguineum* (groseilliers à fleur rouge). En avant, une bordure de Rosiers de Provins à fleur double panachée ou rubannée. Dans la pelouse, une corbeille de *Tulipa* (tulipes) et d'*Anemone* (anémones).

Au delà du kiosque, trois *Salix pentandra* (saules odorants), deux *Koelreuteria* (savonniers), cinq *Baccharis halimifolia* (baccharides à feuille d'Halime), trois *Philadelphus elegans* (seringas élégants), quatre *Philadelphus inodorus* (seringas inodores), un *Sorbus aucuparia* (sorbier des oiseleurs), un *Sorbus Americana* (sorbier d'Amérique), cinq *Spiræa lævigata* (spirées à feuille lisse), six *Spiræa prunifolia flore pleno* (spirées à feuille de prunier à fleur double), quatre *Spiræa Lindleyana* (spirées de Lindley), trois *Spiræa bella* (spirées élégantes), cinq *Buxus Balearica* (buis de Mahon), trois *Buxus Japonica microphylla* (buis du Japon à petite feuille), quatre *Salsola* (soudes), un *Pavia macrostachya* (pavier nain ou à long épi), trois *Rhamnus Billardii* (nerpruns de Billard), trois *Mahonia aquifolium*, trois *Mahonia fascicularis*, les bordures en *Hedera Hibernica*.

Le long de la haie, jusqu'à la porte communiquant sur la route de Dame-Sainte, six *Hypericum hircinum* (millepertuis à odeur de bouc), trois *Rhamnus alaternus angustifolius* (nerpruns alaternes à feuille étroite), six *Syringa Rothomagensis* (lilas Varin), cinq *Syringa Persica* (lilas de Perse), onze *Lycium Sinense* (lyciets de la Chine), sept *Indigofera dosua* (indigotiers dosua), cinq *Jasminum fruticans* (jasmins jaunes), quatorze *Ilex aquifolium folia variegato argenteo* (houx communs à feuille panachée de blanc), sept *Genista juncea* (genêts d'Espagne), quatre *Phillyrea angustifolia*, cinq *Fontanesia phillyreoides*.

En face la porte, un *Robinia viscosa* (robinier visqueux), trois *Cytisus laburnum* (cytises faux-ébeniers), trois *Cercis siliquastrum* (gainiers, arbres de Judée), un *Robinia pseudo-acacia* (robinier faux-acacia), un *Sorbus* (sorbier), un *Tilia Americana argentea* (tilleul d'Amérique à feuille argentée), cinq *Ilex aquifolium* (houx communs), quatre *Althæa Frutex* variés, cinq *Rubus odoratus* (framboisiers du Canada), trois *Chamæcerasus* (chamecerisiers), un *Fraxinus excelsior aucubæfolia*, onze *Spiræa* variées.

Dans le gazon, quinze *Pavia lutea* et *rubra*; à l'extrémité, un *Juniperus Japonica pyramidalis glauca* (genévrier du Japon pyramidal glauque). En face le lieu de repos, une corbeille plantée d'*Althæa rosea* (roses trémières). L'arbre isolé est un *Cedrus argentea Atlantica* (cèdre argenté de l'Atlas). La corbeille est ornée de Rosiers remontants variés et nains.

Près de cette dernière, sur la grande pelouse, dix *Pinus excelsa* (pins élancés); dans le massif qui s'étend jusqu'au kiosque, un *Robinia viscosa*, neuf *Robinia hispida*, trois *Pavia macrostachya*, six *Vitex Agnus castus*, un *Cratægus Aria Nepalensis*, un *Amelanchier*, onze *Hibiscus Syriacus flore albo pleno*, sept *Amygdalus Georgica*, trois *Amorpha glabra*, trois *Aralia Japonica*, quatre *Chionanthus Virginica* (chionanthes, arbres de neige), un *Cercis siliquastrum*, trois *Atriplex Halimus*, un *Atraphaxis spinosa*, dix *Aucuba Japonica* en six espèces et variétés, quatre *Baccharis halimifolia*, dix-sept *Cerasus pumila*, en avant des plantes vivaces et bulbeuses; isolés, trois *Fagus sylvatica purpurea* (hêtres communs à feuille pourpre); trois *Juniperus Japonica pyramidalis glauca*. La corbeille est occupée par des plantes se renouvelant selon les saisons. Au delà, un groupe de *Yucca gloriosa pendula gracilis*; plus loin que le château, quatre *Wellingtonia gigantea*; dans le massif, trois *Betula alba*, trois *Betula urticæfolia*, cinq *Betula pumila*, un *Broussonetia papyrifera cucullata*, six *Buxus Japonica microphylla* (buis du Japon à petite feuille), cinq *Mespilus pyracantha* (épines buissons ardents), trois *Calycanthus macrophyllus* (calycanthes à grande feuille),

15

trois *Caragana grandiflora*, trois *Caragana Altagana*, un *Celtis*, trois *Cerasus hortensis flore pleno*, trois *Cerasus Lauro Caucasica*, deux *Quercus coccinea*, trois *Quercus rubra*, quatre *Chamæcerasus cærulea* (chamecerisiers à fruit bleu), dix-neuf *Cistus ladaniferus* (cistes ladanifères), trois *Cydonia Japonica*, six *Coronilla Emerus*, des *Ononis fruticosa* (bugranes frutescentes) et des *Berberis Darwinii*. L'arbre isolé à tête ronde est un *Virgilia lutea*; au bord du chemin, trois *Quercus pedunculata fastigiata*; à l'extrémité, près le lieu de repos, un *Populus alba nivea*, cinq *Elæagnus*, trois *Hippophae*, cinq *Acer Negundo folis argenteo variegato*, un *Acer Pensylvanicum*, un *Gleditschia triacanthos*, un *Phillyrea latifolia*, sept *Ruscus racemosus*, trois *Rubus odoratus*, deux *Fraxinus excelsior aurea*, trois *Evonymus latifolius* et six *Genista juncea*.

Autour du lieu de repos creusé dans le rocher, trois *Æsculus Hippocastanum flore pleno* (marronniers d'Inde à fleur double), un *Gleditschia macrocanthos*, un *Gleditschia triacanthos*, un *Gleditschia Sinensis*, deux *Acer Monspessulanum*, trois *Acer Negundo*, sept *Fontanesia*, cinq *Carpinus Betulus*, dix-huit *Ruscus*, cinq *Rubus odoratus*, deux *Fraxinus Ornus*, trois *Evonymus verrucosus*, cinq *Mespilus pyracantha*, cinq *Jasminum nudiflorum*, huit *Mahonia aquifolium*, cinq *Maclura*; pour garnir le sol, dont la culture n'est pas facile à cause de sa disposition, dix-huit *Hypericum calycinum* et onze *Hypericum hircinum*; sur le bord du chemin, onze *Æsculus rubicunda* (marronniers rubiconds à fleur rouge); immédiatement après, un *Prumnopsis elegans*, beau conifère très-rustique nous venant du Chili.

A la pointe, une corbeille de fleurs se renouvelant selon les saisons, entourée de *Lobelia Ermus grandiflora superba*; plus loin, trois *Pinus Halepensis* (pins d'Alep); au carrefour, douze *Populus fastigiata*; en avant, un *Populus alba nivea*. De la porte de Dame-Sainte à la perspective principale, trois *Elæagnus reflexa*, quatre *Mespilus pyracantha*, trois *Ligustrum vulgare*, trois *Viburnum Lantana*, un *Tilia Americana argentea*, cinq *Philadelphus Mexicanus* et quelques *Spiræa* variées. De ce point aux arbres résineux, trois *Fraxinus Ornus*, un *Sorbus Americana*, deux *Sorbus aucuparia*, un *Sorbus domestica*, cinq *Spiræa opulifolia*, cinq *Spiræa salicifolia*, cinq *Spiræa Douglasii*, un *Koelreuteria*, trois *Sophora Japonica*, quatre *Robinia viscosa*, un *Pyrus Malus spectabilis*, un *Diospyros Lotus* (plaqueminier d'Italie), trois *Platanus Occidentalis*, cinq *Syringa media flore alba*, un *Prunus Sinensis flore alba plena*, trois *Ptelea trifoliata*, sept *Coriaria myrtifolia* (redouls à feuille de myrte); sur le dernier plan, vingt-deux *Potentilla fruticosa*; vingt-six *Pinus nigra Austriaca* divisent les plantations d'arbres et d'arbustes s'étendant jusqu'à l'habitation du garde, qui sont composées de trois *Æsculus*, neuf *Crataegus terminalis*, cinq *Crataegus Aria*, dix-huit *Corylus purpurea*, six *Amorpha fruticosa*, trois *Robinia pseudo-acacia*, cinq *Cercis siliquastrum*, quinze *Hippophae rhamnoides*, huit *Atriplex Halimus*, cinq *Atraphaxis spinosa*, trois *Alnus glutinosa quercifolia*, trois *Alnus glutinosa laciniata*, onze *Baccharis*, dix-neuf *Betula*, un *Gymnocladus*, sept *Viburnum Opulus sterilis*, trois *Broussonetia*, cinq *Budleia Lindleyana*, six *Calycanthus*, cinq *Caragana grandiflora*, trois *Cerasus hortensis flore pleno*.

Près du pavillon du garde, des *Populus alba nivea*, des *Elæagnus* et *Hippophae*; dans toute la longueur, cent vingt-huit *Spiræa* en vingt-six espèces, soixante *Baccharis halimifolia* sont distribuées un peu partout; devant la petite pelouse, en avant des *Pinus nigra Austriaca*, une corbeille d'*Anemone coronaria* (anémones des fleuristes).

Dans le vignoble, au bord du chemin, onze *Populus alba nivea*; en face les *Pinus nigra Austriaca*, trois *Quercus coccinea*, trois *Quercus rubra*, cinq *Mespilus pyracantha*, cinq *Buxus longifolia*, trois *Calycanthus*, deux *Cerasus hortensis flore pleno*, quatre *Elæagnus macrophylla*, un *Castanea chrysophylla* (châtaignier à feuille dorée), cinq *Cydonia Japonica carnea*, quatre *Cornus Sibirica*, trois *Cotoneaster rotundifolia*, deux *Mespilus Oxyacantha flore albo pleno*, sept *Berberis Darwinii*, un *Acer palmatum atropurpureum* (érable palmé à feuille pourpre), un *Gleditschia inermis*, au dernier plan, onze *Ruscus aculeatus*; dedans la vigne, trois *Cedrus Libani*; au carrefour des six chemins, treize *Juglans Americana pekan*; près de là, trois *Torreya nucifera* (torreyas nucifères).

De l'autre côté de l'allée, trois *Tilia Europæa macrophylla*, trois *Liriodendrum tulipifera*, quatre *Sophora Japonica*, cinq *Tamarix Gallica*, six *Philadelphus elegans*, deux *Koelreuteria*, deux *Sorbus Americana*, sept *Spiræa salicifolia*, onze *Spiræa lævigata*, neuf *Spiræa tomentosa*, trois *Salix argentea*, neuf *Salsola*, quatre *Cerasus Mahaleb*, trois *Pyrus salicifolia* et, sur le bord des gazons, dix-neuf *Phlomis fruticosa*; nous dirigeant vers le château, dans la pelouse, un *Pinus maritima*; plus loin, six *Fagus sylvatica purpurea*; autour du lieu de repos du château, un *Populus Ontariensis*, deux *Platanus Orientalis*, deux *Celtis*, un *Planera*, trois *Koelreuteria*, cinq *Fagus sylvatica purpurea*, cinq *Juglans regia folio laciniato*, cinq *Rhus Cotinus*, quatre *Ilex aquifolium*, trois *Buxus Balearica*, cinq *Cerasus Lauro Colchica*, trois *Pavia macrostachya*, six *Hypericum kalmianum*, sept *Rhamnus Alpinus*, cinq *Liquidambar styraciflua*, trois *Maclura aurantiaca*, huit *Ligustrum Japonicum*, onze *Berberis Darwinii*, cinq *Cytisus sessilifolius*.

Les trois arbres à tête ronde sont des *Tilia Americana argentea*; en avant du massif, un *Juniperus macrocarpa*; dans l'autre groupe, sur le premier plan, trois *Broussonetia papyrifera*, trois *Betula papyracea*, un *Gymnocladus*, deux *Cercis siliquastrum*, trois *Viburnum Opulus sterilis*, dix *Amygdalus*, quatre *Baccharis*, un *Catalpa*, cinq *Bupleurum*, quatre *Cerasus Padus*, trois *Carpinus Americana*, deux *Quercus Suber*, deux *Cydonia Japonica carnea*, quatre *Cornus sanguinea folio variegato*, huit *Coronilla Emerus*, isolés, sept *Sophora Japonica*. Avant d'arriver au grand carrefour, dans le tapis vert, trois *Quercus pedunculata fastigiata*.

Derrière le château, le massif en face le lieu de repos est composé de divers arbres et arbustes accompagnés par trois *Cupressus Lawsoniana nivea* (cyprès de Lawson blanchâtres).

En face le rucher, trois *Tilia Europæa platyphylla* (tilleuls d'Europe de Hollande).

A la suite du rucher, six *Pinus sylvestris*; de l'autre côté de la barrière, douze *Pinus Pinea*; le long de la clôture jusqu'à la porte, des arbustes peu élevés afin de conserver la perspective et de protéger les arbres fruitiers.

PLAN

des Jardins et Pavillons

DE LA MAISON DE SANTÉ

(Aliénés des deux Sexes)

de Mr. le Dr. Bourdonele

RUE DE PICPUS, N°6.

à Paris.

Légende.

Coupe sur A B

# JARDINS ET PAVILLONS

D'UNE

# MAISON DE SANTÉ DES DEUX SEXES

DESTINÉE AUX MALADIES MENTALES

ÉTABLIE RUE DE PICPUS, N° 6, A PARIS

PAR M. BOURDONCLE, DOCTEUR-MÉDECIN

1848

Au nombre des établissements d'utilité publique d'un ordre important on pourrait classer ceux des maladies mentales qui suivent leur cours de déclivité et vont s'anéantir, il faut l'espérer, dans un délai rapproché; mais, pour attendre cette époque, des asiles particuliers et placés dans des conditions convenables sont nécessaires.

C'est sur une surface de 3148",94 seulement que le programme m'a été donné.

Divisés en deux parties, les pelouses et tapis verts occupent 1845",74, les allées 729",20, les corbeilles de fleurs 38",80, et 1535",20 sont garnis de plantations d'arbres et d'arbustes.

Au centre du bâtiment, la chapelle où les malades viennent entendre le service divin.

La partie occupée par les hommes est composée d'un jardin général et de dix jardins particuliers, destinés à remplir par le travail les moments lucides de chacun d'eux, et pour leur donner plus d'attrait, j'ai fait entrer dans leur composition un grand nombre de plantes à fleurs odoriférantes.

La corbeille la plus rapprochée des bâtiments est plantée de *Pæonia arborea* (pivoines en arbre), sous leurs rameaux ligneux des *Hypericum calycinum* (millepertuis à grande fleur). Les trois arbres pyramidaux sont des *Populus fastigiata* (peupliers d'Italie), viennent ensuite quatre *Cedrus Deodora* (cèdres de l'Inde), un *Fagus sylvatica pendula* (hêtre commun pleureur), est placé en avant du massif; au bord du chemin, un *Paulownia*; dans le groupe, quatre *Catalpa*, cinq *Pavia macrostachya* (paviers nains), neuf *Althæa* (hibiscus), seize *Deutzia gracilis* (deutzias gracieux), trois *Baccharis halimifolia* (baccharides à feuille d'Halime), trois *Salsola* (soudes), cinq *Spiræa lævigata* (spirées à feuille lisse), cinq *Spiræa crenata* (spirées à feuille crénelée), trois *Spiræa prunifolia flore pleno* (spirées à feuille de prunier à fleur double). En face, sur le gazon, un piédestal supportant un vase Médicis. A l'extrémité, quatre *Taxodium distichum fastigiatum* (taxodiums distiques fastigiés).

Sur l'autre pelouse, le massif en face le petit jardin est garni de trois *Sophora Japonica*, quatre *Sorbus hybrida* (sorbiers hybrides), trois *Mespilus Oxyacantha flore roseo* (épines Aubépines à fleur rose), trois *Sambucus nigra laciniata* (sureaux communs à feuille laciniée), trois *Rhus typhinum* (sumacs de Virginie), cinq *Spiræa Douglasii* (spirées de Douglas), trois *Spiræa Thunbergi* (spirées de Thunberg), trois *Salix argentea* (saules argentés), six *Cistus ladaniferus* (cistes ladanifères), trois *Chamæcerasus fragrantissima* (chamæcerisiers très-odorants), six *Cydonia Japonica* (coignassiers du Japon), trois *Caragana*, trois *Calycanthus* (calycanthes). De chaque côté du piédestal, un *Quercus pedunculata fastigiata* (chêne à long pédoncule pyramidal); près du massif du centre, un *Sorbus aucuparia pendula* (sorbier des oiseleurs pleureur). Parmi ces plantations, trois *Æsculus Hippocastanum flore pleno* (marronniers d'Inde à fleur double), trois *Ligustrum lucidum* (troènes à feuille luisante), trois *Ligustrum Japonicum superbum* (troènes du Japon superbes), trois *Viburnum macrocephalum* (viornes à gros capitules), quatre *Weigelia arborea grandiflora* (Weigelias en arbre à grande fleur), cinq *Ulex* (ajoncs), sept *Althæa Syriacus flore albo pleno*, et six *Aucuba Japonica viridis*; sur le bord du chemin, seize *Cephalotaxus Fortuni*.

La première partie du lieu de repos est plantée de trois *Cerasus hortensis flore pleno* (cerisiers à fleur double), trois *Carpinus Ostrya* (charmes houblons), six *Elæagnus reflexa* (chalefs à fleur réfléchie), dix *Ceanothus azureus* (céanothes à fleur bleue), un *Celtis* (micocoulier), un *Broussonetia papyrifera heterophylla disserta* (broussonetia hétérophylle) et six *Budleia globosa* (budleias globuleux), quatre *Atriplex Halimus* (arroches halimes).

L'autre partie est plantée de : un *Liriodendrum tulipifera* (tulipier de Virginie), un *Alnus cordifolia* (aune à feuille en cœur), quatre *Gymnocladus* (bonducs), trois *Fagus sylvatica purpurea* (hêtres communs à feuille pourpre), trois *Betula papyracea* (bouleaux à papier), six *Baccharis halimifolia* (baccharides à feuille d'Halime), six *Aucuba macrophylla* (aucubas à feuille très-grande), trois *Arbutus* (arbousiers), cinq *Vitex Agnus castus* (gattiliers communs), cinq *Althæa Syriacus flore pleno violaceo*, trois *Berberis* (épines-vinette), cinq *Mespilus pyracantha* (épines buissons-ardents), trois *Buxus Japonica microphylla* (buis du Japon à petite feuille), trois *Caragana Chamlagu*, quelques *Spiræa* des plus florifères terminent ce joli groupe.

Le long du mur, côté du bâtiment, trois *Robinia viscosa* (robiniers visqueux), cinq *Robinia hispida* (robiniers roses), trois *Cratægus Aria Nepalensis* (alisiers du Népaul), huit *Althæa*, cinq *Amygdalus argentea* (amandiers satinés), trois *Amorpha*, deux *Aralia spinosa* (aralias épineux), six *Buxus Balearica* (buis de Mahon), quatre *Cerasus Lauro Colchica* (cerisiers lauriers de Colchide), trois *Elæagnus macrophylla* (chalefs à grande feuille), six *Hypericum hircinum* (millepertuis à odeur de bouc), sur le dernier plan des *Phlomis fruticosa*; dans la corbeille, des *Spiræa filipendula flore pleno* (spirées filipendules à fleur double), des *Statice latifolia*, des *Saxifraga crassifolia*; une bordure de *Sedum Sieboldii* orne l'espace entre le gazon et les plantations.

De l'autre côté du banc jusqu'au petit jardin, trois *Gleditschia Sinensis* (féviers de la Chine), un *Fraxinus excelsior aucubæfolia* (frêne commun à feuille d'Aucuba), cinq *Evonymus Japonicus argenteus* (fusains du Japon argentés), trois *Evonymus Japonicus albo variegatus* (fusains du Japon à large feuille blanche panachée), cinq *Evonymus nanus* (fusains nains), quatre *Phillyrea latifolia* (filarias à feuille large), cinq *Phillyrea angustifolia* (filarias à feuille étroite), six *Rubus odoratus* (framboisiers du Canada), un *Acer Neapolitanum* (érable de Naples), six *Daphne Fortunei* (daphnés de Fortune), trois *Diervilla multiflora*, trois *Mespilus nigra*, trois *Philadelphus*, cinq *Cytisus sessilifolius*, trois *Cydonia Japonica flore albo*.

Les dix jardins particuliers sont cultivés par les malades et garnis de diverses plantes vivaces et d'arbustes à fleurs s'élevant peu, qu'ils disposent à leur gré.

De l'autre côté du mur est le préau planté de vingt *Catalpa*; sous leurs rameaux quatre bancs destinés aux habitants des quatre loges, la cinquième étant réservée au gardien.

Le côté des dames, ayant la même chapelle et son entrée par les bâtiments dont elle dépend, est planté le long du mur séparant les cellules et le jardin des messieurs d'une corbeille de fleurs se renouvelant selon les saisons. Près le mur jusqu'au banc trois *Quercus coccinea* (chênes écarlates), trois *Cerasus Padus* (cerisiers merisiers à grappe), trois *Calycanthus Floridus* (calycanthes de la Caroline), cinq *Buxus longifolia* (buis à longue feuille), cinq *Cerasus Lauro Caucasica* (cerisiers lauriers du Caucase), un *Betula urticæfolia*, cinq *Budleia Lindleyana*, trois *Chionanthus Virginica*, un *Aralia Japonica*.

Du banc jusqu'à l'entrée du préau, trois *Æsculus Hippocastanum folio laciniato* (marronniers d'Inde à feuille laciniée), trois *Persica vulgaris flore albo pleno* (pêchers à fleur blanche double), un *Celtis cordifolia* (micocoulier à feuille en cœur), sept *Hypericum kalmianum* (millepertuis à feuille de Kalmia), trois *Rhamnus alaternus angustifolius* (nerpruns alaternes à feuille étroite), trois *Syringa regia* (lilas Charles X), cinq *Jasminum nudiflorum*, six *Viburnum Tinus* (viornes lauriers-tins); en avant, près la bordure, des *Iris pumila* (iris naines), en trois variétés. Dans la corbeille de fleurs, des *Tussilago suaveolens*.

De la porte au pavillon, quatre *Koelreuteria*, trois *Cerasus Lauro-cerasus* (cerisiers lauriers-amandes), cinq *Cerasus Lusitanica* (cerisiers lauriers de Portugal), cinq *Cytisus Adami* (cytises d'Adam), six *Deutzia Fortunei* (deutzias de Fortune), un *Diospyros* (plaqueminier), trois *Mespilus pyracantha*, cinq *Berberis Nepalensis*, en avant des *Rudbeckia purpurea*.

Du pavillon au banc, trois *Diospyros*, trois *Mespilus Azarolus*, cinq *Berberis Hookeri*, un *Acer Negundo*, cinq *Philadelphus*, trois *Syringa Rothomagensis*, trois *Phillyrea latifolia*, cinq *Forsythia viridissima*, trois *Rubus odoratus*, un *Evonymus Europæus fructu albo*, cinq *Genista multiflora alba*, un *Cercis Canadensis*, cinq *Cytisus hirsutus*; en avant, des *Salvia patens*.

Des bancs au bâtiment, trois *Cytisus Adami*, trois *Mespilus Oxyacantha flore coccinea pleno*, un *Acer eriocarpum*, trois *Ribes sanguineum*, cinq *Mahonia*, et sur le bord les charmantes *Potentilla aurantiaca flore pleno*.

Des quatre tapis verts, celui en face les bancs est planté de douze *Abies Canadensis*; à la pointe, trois *Robinia pseudo-acacia pyramidalis*; près la corbeille de fleurs, un *Ulmus campestris pyramidalis*. Cette corbeille est plantée de *Primula* en quatre espèces et plusieurs variétés.

Côté opposé, près les bâtiments, la corbeille est garnie de plantes de la famille des Renonculacées, le *Ranunculus aconitifolius flore pleno*, le petit groupe est occupé par des *Yucca gloriosa*; les quatre arbres pyramidaux sont des *Taxus*; au centre, un *Virgilia lutea*, l'autre corbeille est en *Pæonia Sinensis* en onze variétés.

Le grand massif est peuplé de trois *Malus spectabilis*, sept *Acer Negundo folio argenteo variegato*, un *Salix annularis*, un *Planera*, trois *Populus alba nivea*, sept *Tamarix Indica*, six *Symphoricarpos parciflora*, trois *Ligustrum Amurense*, trois *Viburnum plicatum*, dix-sept *Weigelia* variées en sept espèces, trois *Tilia Americana argentea*, cinq *Philadelphus coronarius*, trois *Symphoricarpos racemosa*, neuf *Indigofera decora alba*. Sur le bord du tapis vert, des *Phlomis fruticosa*.

La troisième pelouse est garnie d'un *Taxus fastigiata*, un *Maclura aurantiaca*; à l'extrémité, en face le banc, six *Saxe-Gothæa conspicua*; dedans le massif, quatre *Koelreuteria*, un *Salix argentea*, cinq *Smilax*, un *Sophora Japonica*, un *Sorbus hybrida*, six *Spiræa Regeliana*, quatre *Althæa*, cinq *Hypericum*, sept *Mahonia repens*, cinq *Jasminum fruticans*, cinq *Leycesteria formosa*. La corbeille est ornée de quatorze espèces et variétés de *Pentstemon*.

A l'extrémité de la quatrième, vers la porte du préau, six *Pinus* choisis dans la section *Tæda*; les arbres à tête ronde sont des *Malus spectabilis*; l'arbre pyramidal rapproché des kiosques appartient au genre *Quercus*.

Sur le piédestal, un vase contenant des fleurs; dans le préau, comme le côté des messieurs, cinq loges dont une réservée à la gardienne. Le quinconce est planté de vingt *Paulownia*; sous leurs rameaux quatre bancs sur lesquels les malades viennent s'asseoir lorsque leur santé le permet.

Au centre, un kiosque non fermé, afin de faciliter la surveillance.

La variété des végétaux en fait un véritable jardin d'étude.

Les devis approuvés le **28 février 1848**, s'élevant à 3,426 fr. 58, n'ont pas été excédés.

## Légende.

1. Grille d'Angers
2. Route d'Angers à Beaufort-en-Vallée
3. Petit Launay.
4. Rivière de l'Authion
5. Grande route d'Andard à Beaufort-en-Vallée
6. Chemin de la Commune au Petit Launay.
7. Commune d'Andard
8. Croix-Rouge
9. Route du Château à Beaufort-en-Vallée.
10. Abreuvoir du Petit Launay.
11. Pont d'Angers.
12. Parc reservé au Château
13. Château.
14. Remises reservées.
15. Ecurie.
16. Ecuries pour les chevaux étrangers.
17. Remises pour les voitures étrangères.
18. Grange.
19. Bucher.
20. Orangerie.
21. Potager reservé.
22. Jardin fruitier.

23. Pont de la Croix-Rouge
24. Pont des Voitures domestiques
25. Cour d'honneur
26. Buttes des Voitures domestiques.
27. Lavoir
28. Plantes et autres objets.
29. Vanne-déversoir pour régulariser les eaux et pour vider les bassins
30. Étang.
31. Île
32. Culture agricole.
33. Chemin du Village d'Avannes
34. Prairie
35. Commune d'Andard
36. Chemin de la Porte d'Angers à Andard.
37. Porte du Petit-Launay
38. Île.
39. Chemin de l'Etang.
40. Parc des Musiciens

# PLAN
## du Jardin Paysagiste, Agricole
## du Château du Grand Launay
— situé —

COMMUNE D'ANDARD CANTON & ARRONDISSEMENT D'ANGERS.

(Département de Maine & Loire)

appartenant

## à Mr Charles du Grand-Launay
(créé en 1858 et 1859)

Le présent Plan
Collationné et certifié pour l'exécution
Château du Grand-Launay
le 4 Octobre 1858.

*[signature]* Ph. du Grand Launay

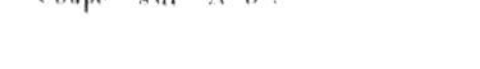

Coupe sur A B.

# PARC PAYSAGISTE ET AGRICOLE

## DU

# CHATEAU DU GRAND-LAUNAY

SITUÉ COMMUNE D'ANDARD, CANTON ET ARRONDISSEMENT D'ANGERS (DÉPARTEMENT DE MAINE-ET-LOIRE)

APPARTENANT A M. C. DU GRAND-LAUNAY

1858—1859

Il serait difficile d'étudier un projet où l'utile et l'agréable soient réunis sur une aussi grande échelle. La partie la plus modeste de ce vaste domaine est resserrée aux alentours du château, limité par un fossé formant clôture, sur lequel sont jetés deux ponts donnant accès au jardin paysagiste.

Derrière la Croix-Rouge, onze *Populus fastigiata* (peupliers d'Italie); à la place des Monceaux, vingt et un *Pinus nigra Austriaca* (pins noirs d'Autriche); du côté opposé, sept *Populus fastigiata* forment le massif de l'entrée principale.

Au pont de la Croix-Rouge, six *Quercus pedunculata fastigiata* (chênes à long pédoncule pyramidaux).

A l'angle de l'allée de première classe et de celle du fruitier, une corbeille de cinq cents Rosiers Souvenirs de la Malmaison; sur le bord de la pelouse, deux *Taxus fastigiata* (ifs pyramidaux); plus loin, en face les arbres résineux, un groupe de fleurs se renouvelant selon les saisons; immédiatement après, quatorze *Cryptomeria Japonica*.

Dedans le massif du fruitier, cinq *Robinia hispida* (robiniers roses) tige, trois *Pavia lutea* (paviers jaunes), un *Celtis Orientalis* (micocoulier du Levant), cinq *Syringa regia* (lilas Charles X), quatre *Syringa vulgaris flore alba* (lilas communs à fleur blanche), trois *Syringa Rothomagensis* (lilas Varin), quatre *Philadelphus* (seringas), trois *Phillyrea angustifolia* (filarias à feuille étroite), cinq *Mahonia intermedia*, quatre *Lycium Sinense* (lyciets de la Chine) et trois *Maclura tricuspidata*; opposé un *Cryptomeria*, sept *Araucaria imbricata*; vers le pont, un *Sequoia gigantea* (sequoia gigantesque).

A la pointe du tapis vert, près le pont, une corbeille de *Solanum laciniatum* (morelles à feuille laciniée).

Sur le bord des eaux, un *Populus alba nivea*, un *Populus alba pendula* (peuplier blanc pleureur), trois *Salix Babylonica* (saules pleureurs), un *Sorbus hybrida* (sorbier hybride), cinq *Spiraea laevigata* (spirées à fleur lisse), trois *Spiraea confusa*, trois *Sambucus racemosa*, trois *Rhus typhinum* et quelques *Ilex aquifolium folio variegato argenteo*.

Derrière les remises réservées, trois *Cratægus Aria Nepalensis* (alisiers du Népaul), cinq *Catalpa bignonioides*, trois *Betula papyracea* (bouleaux à papier), quatre *Broussonetia papyrifera heterophylla dissecta* (broussonetias mûriers à papier hétérophylles), trois *Quercus Ballota* (chênes d'Espagne à glands doux), trois *Cytisus Adami*, deux *Cytisus purpureus*, trois *Diospyros*, deux *Mespilus Oxyacantha folio variegato*, huit *Mespilus pyracantha* (épines buissons-ardents), un *Acer Negundo* (érable à feuille de frêne), trois *Acer eriocarpum* (érables à fruit cotonneux), trois *Phillyrea latifolia* (filarias à feuille large), cinq *Euonymus Japonicus aureus* (fusains du Japon dorés), six *Genista juncea* (genêts d'Espagne), cinq *Vitex incisa* (gattiliers à feuille incisée); la bordure est en *Hedera* (lierres). Sept *Fagus sylvatica purpurea* (hêtres communs à feuille pourpre), dont six placés régulièrement sont isolés sur les gazons; sur le bord du chemin, un groupe de *Gynerium argenteum* (gynéries argentées); isolé, un *Populus fastigiata* (peuplier d'Italie), à la pointe, un *Fagus sylvatica aspleniifolia*, trois *Ilex Balearica* (houx de Mahon), cinq *Hypericum hircinum* (millepertuis à odeur de bouc), cinq *Ribes sanguineum flore pleno* (groseilliers à fleur rouge double), un *Halesia tetraptera* (halesia à quatre ailes); entre le fossé et le chemin, derrière les remises, cinq *Alnus cordifolia* (aunes à feuille en cœur), trois *Alnus glutinosa laciniata* (aunes communs à feuille laciniée), un *Alnus imperialis aspleniifolia* (aune impérial à feuille de fougère), cinq *Tamarix Gallica* (tamarix de Narbonne), un *Cercis siliquastrum*, un *Cercis siliquastrum flore albo*, six *Indigofera dosua*, trois *Indigofera decora*, cinq *Kerria Japonica flore pleno*, un *Cerasus Lauro Caucasica* et quelques *Spiraea*.

Au bord des eaux, en face la corbeille de fleurs, un *Populus alba nivea* (peuplier blanc de Hollande cotonneux), un *Populus alba pendula* (peuplier blanc de Hollande pleureur), trois *Cerasus Lauro-cerasus* (cerisiers lauriers-cerises), deux *Viburnum Tinus* (viornes lauriers-tins), trois *Leycesteria formosa* (leycesterias élégants), cinq *Syringa* Prince Camille de Rohan, cinq *Syringa Josikea*, trois *Baccharis halimifolia* (baccharides à feuille d'haline), un *Sophora Japonica*, cinq *Spiraea prunifolia flore pleno* (spirées à feuille de prunier à fleur double), cinq *Spiraea Reevesi flore pleno* (spirées de Reeves à fleur double, trois *Tamarix Indica* (tamarix de l'Inde), aussi quelques *Deutzia gracilis*; opposé à la pointe, un *Cratægus Aria* (alisier blanc), un *Alnus cordifolia* (aune à feuille en cœur), un *Amygdalus communis flore pleno* (amandier commun à fleur double), un *Amygdalus glandulosa* (amandier glanduleux), un *Amorpha glabra*, un *Aralis spinosa* (aralia épineux), un *Aralia Japonica* (aralia du Japon).

Près la perspective de la ferme du Petit-Launay, un *Cerasus hortensis flore pleno* (cerisier à fleur double), un *Cerasus semperflorens* (cerisier de la Toussaint), un *Carpinus Americana* (charme d'Amérique), un *Quercus coccinea* (chêne écarlate), un *Betula alba pendula* (bouleau commun pleureur), trois *Calycanthus Floridus* (calycanthes de la Caroline), trois *Elæagnus reflexa* (chalefs à fleur réfléchie), un *Chamæcerasus Alpigena* (chamæcerisier des Alpes), trois *Chamæcerasus Ledebouri* et cinq *Coronilla Emerus* (coronilles des jardins).

Près le pont d'Angers, six *Populus fastigiata* (peupliers d'Italie).

Se dirigeant vers le fruitier, au bord des eaux, six *Taxodium distichum* (taxodiums distiques).

A la pointe, près le pont, un *Cytisus purpureus* tige, un *Diospyros Virginiana*, un *Mespilus Oxyacantha flore roseo pleno* (épine aubépine à fleur rose double), un *Berberis Sinensis* (épine-vinette de la Chine) et trois *Berberis Darwinii* (épines-vinettes de Darwin) ; sur la pelouse, bord du chemin, trois *Arthrotaxis selaginoïdes*.

Près le potager réservé, cinq *Arbutus* (arbousiers), un *Alnus glutinosa quercifolia* (aune commun à feuille de chêne), trois *Baccharis halimifolia* (baccharides à feuille d'halime), un *Catalpa*, deux *Gymnocladus*, un *Broussonetia papyrifera heterophylla disserta*, cinq *Buxus longifolia*, un *Quercus Phellos* (chêne saule), quatre *Chamæcerasus Tatarica speciosa* (chamæcerisiers de Tartarie à grande fleur rose vif). cinq espèces de *Cytisus* et trois de *Daphne*.

Contre les dépendances, seize *Pinus Lambertiana* (pins de Lambert).

Dans la pelouse, bord du chemin, un trio de *Taxus fastigiata* (ifs pyramidaux).

Sur la grande pelouse, près des seize *Pinus*, dans le massif, trois *Sterculia platanifolia* (sterculias à feuille de platane), deux *Zizyphus sativa* (jujubiers cultivés), trois *Kerria Japonica flore pleno*, trois *Kerria Japonica foliis albo variegatis*, trois *Koelreuteria*, cinq *Daphne Laureola*, quatre *Viburnum Tinus*, deux *Syringa* Prince Camille de Rohan, cinq *Syringa oblata*, plus six *Mahonia Japonica* (mahonias du Japon).

La corbeille du centre est peuplée de fleurs se renouvelant selon les saisons. L'arbre pyramidal est un *Robinia pseudo-acacia pyramidalis* (robinier faux-acacia pyramidal).

En face le pont n° 11, un *Sophora Japonica*, un *Æsculus Hippocastanum folio laciniato* (marronnier d'Inde à feuille laciniée), un *Æsculus Hippocastanum flore pleno* (marronnier d'Inde à fleur double), un *Celtis Orientalis*, six *Hypericum kalmianum*, trois *Corylus Americana*, cinq *Paliurus aculeatus* et quelques *Spiræa* s'élevant peu ; en face, dans la pelouse, trois *Virgilia lutea* et un *Cedrus Deodora viridis* ; côté opposé, quatre *Robinia pseudo-acacia pyramidalis*. Dans le massif du carrefour, un *Maclura aurantiaca*, cinq *Magnolia grandiflora rotundifolia*, trois *Magnolia grandiflora Oxoniensis*, trois *Magnolia purpurea* et neuf *Azalea* de pleine terre avec des *Phlomis*. Sur le dernier plan, isolés sur le gazon, trois *Larix Kæmpferii* ; les cinq arbres à tête ronde sont des *Sterculia platanifolia*.

Dans le potager, sont cultivés les légumes pour les besoins journaliers, les cultures importantes étant à l'extérieur.

Le fruitier réservé est planté de seize *Pyrus communis* (poiriers) pyramides : deux Beurrés Delannoy, deux Beurrés gris d'hiver, deux Beurrés Bachelier, deux Bon-Chrétien d'été, deux Blanquets le gros, deux Bonnes d'Ezée, deux Broom-Park, deux Caillots rosats.

Dans les deux premières lignes des arbres tige : douze *Amygdalus communis* (amandiers) : deux communs à coque dure, deux à fruit en grappe, deux à petit fruit, deux tardifs, deux pleureurs, deux pêches ou à pulpe.

Onze *Cerasus acium* (cerisiers) : un Guigne blanche, un Bigarreau à feuille de tabac, un B. Coö transparente, un B. gros courret, un B. noir de Tartarie, un B. Reverchon, un cerise de Montmorency ordinaire, un cerise de Montmorency à courte queue, un cerise Nain précoce, un cerise Belle de Choisy, un cerise Royale tardive.

Neuf *Prunus sativa* (pruniers) : un Abricotée, un Bleu de Belgique, un Damas de Maugeron, un Dame Aubert, un De Montfort, un Jaune hâtive, un Mirabelle la grosse, un Mirabelle la petite, un Monsieur, un Princesse d'Orange.

Neuf *Malus communis* (pommiers) : un Api rose, un Belle des jardins, un Calville d'automne, un Court pendu, un Fenouillet drap d'or, un Pigeonnet blanc d'hiver, un Reinette d'Angleterre, un Reinette franche, un Transparente de Zurich.

Six *Persica vulgaris* (pêchers) : un Admirable jaune, un Avant-pêche blanche, un Belle Beauce, un Brugnon blanc, un Chevreuse tardive, un de Malte.

Contre la ferme du Petit-Launay, douze *Cedrus Libani* (cèdres du Liban), vingt et un arbres tige en cinq *Pyrus communis* (poiriers), cinq *Malus communis* (pommiers), cinq *Prunus sativa* (pruniers) et six *Cerasus acium* (cerisiers), douze *Vitis vinifera* (vignes) cultivées en échalas, en douze espèces.

Le groupe traversé par le chemin de la grille d'Angers est planté de dix *Cydonia communis* (cognassiers) en cinq espèces.

A l'angle de la parcelle touchant la route d'Angers à Beaufort, onze *Cornus mascula* en quatre espèces.

Le groupe isolé se compose de sept *Castanea vesca* (châtaigniers) en sept espèces.

Au carrefour du pont d'Angers, sept *Amygdalus communis* (amandiers) en cinq espèces : les sept arbres résineux sont des *Pinus Pinea* (pins pignons) ; vingt-six *Malus communis* (pommiers) à cidre de diverses espèces composent le groupe d'arbres à tête ronde sur le bord du chemin près de la ferme.

Du pont de la Croix-Rouge, le chemin qui conduit à la commune d'Andard traverse une plantation de cinquante *Armeniaca vulgaris* (abricotiers) en trente et une espèces ; bord du chemin de l'étang, vingt-six *Sorbus domestica* (cormiers) en six espèces.

Opposé à la butte des *Sorbus domestica*, seize *Corylus acellana* (noisetiers) en quatorze espèces et variétés.

Sur la partie supérieure du chemin de la grille d'Angers à Andard, cinq *Morus nigra* (mûriers noirs) et dix *Berberis vulgaris* (épines-vinettes).

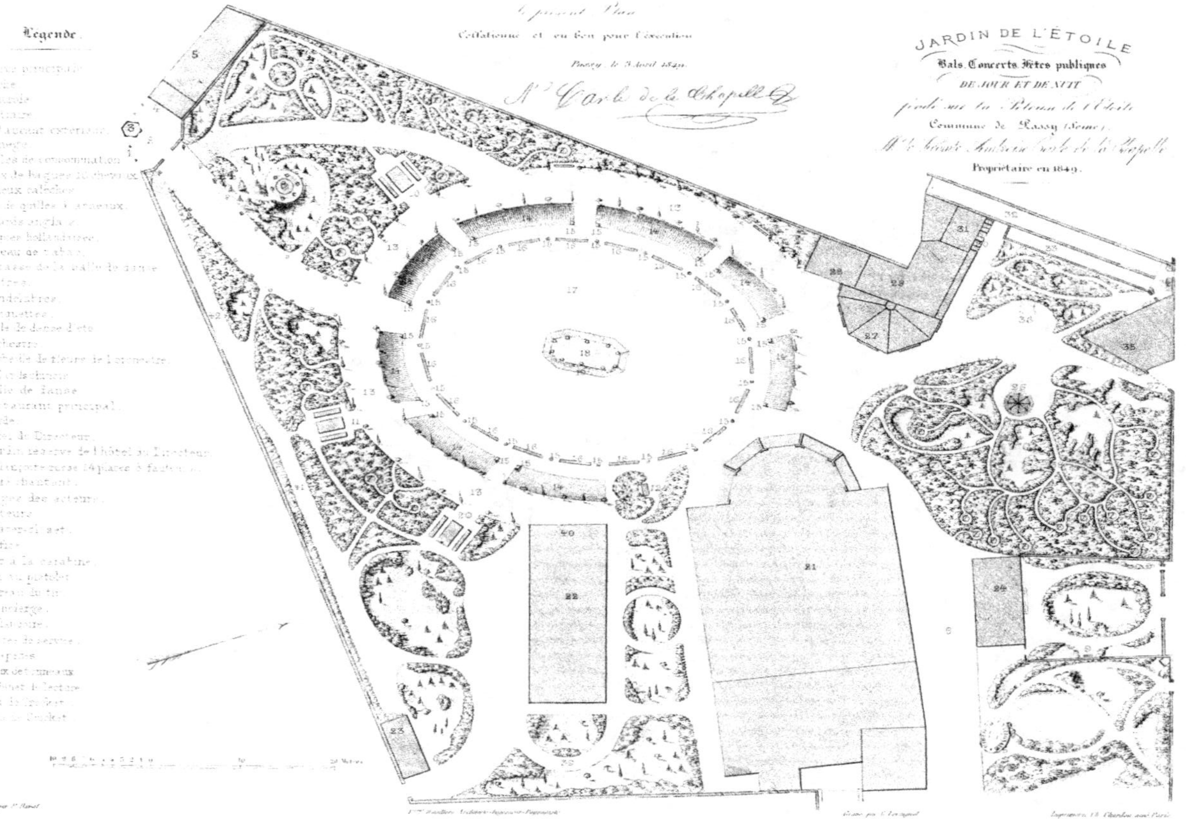
Pl. 52
JARDIN DE L'ÉTOILE
Bals, Concerts, Fêtes publiques
DE JOUR ET DE NUIT
situés sur le Plateau de l'Étoile
Commune de Passy (Seine)
M. le Vicomte Ambroise École de la Chapelle
Propriétaire en 1849.
Le présent Plan
Collationné et vu bon pour l'exécution
Passy le 3 Avril 1849.
N. Carle de la Chapelle
Légende.
1 Entrée principale
2 Kiosque
3 Cascade
4 Verdure
5 Restaurant extérieur
6 Manège
7 Salles de consommation
8 Jeu de bagues 10 chevaux et deux calèches
9 Jeu de quilles à anneaux
10 Billards anglais
11 Jeux hollandais
12 Bureau de tabac
13 Terrasse de la salle de danse
14 Lustres
15 Candélabres
16 Banquettes
17 Salle de danse d'été
18 Orchestre
19 Corbeille de fleurs de l'orchestre
20 Billard chinois
21 Salle de danse
22 Restaurant principal
23 Garde
24 Hôtel du Directeur
25 Jardin réservé de l'hôtel du Directeur
26 Rotonde...
27 Café chantant
28 Loges des acteurs
29 Acteurs
30 Waux-hall art
31 Office
32 Tir à la carabine
33 Tir au pistolet
34 Bureau du tir
35 Concierge
36 Billard
37 Buffet de service
38 Trapèzes
39 Jeux de tonneaux
40 Cabinet de lecture
41 Jeu de croquet
42 Jeu de cricket

# GRAND JARDIN DE L'ÉTOILE

## BAL PUBLIC SITUÉ A PASSY (SEINE)

### APPARTENANT A M. A. CARLE DE LA CHAPELLE

#### Créé en 1849

Sur les vastes terrains appelés Pelouse de l'Étoile, situés à l'extrémité de la belle et grande avenue des Champs-Élysées, près l'Arc-de-Triomphe, la rue du Bel-Air et l'avenue de Saint-Cloud, j'ai dessiné et exécuté le plus grand jardin public et particulier connu : possédant vingt salles de jeux et de consommation, salles de danse d'été et d'hiver, vaste orchestre, tir, restaurant, café, enfin tout le confort nécessaire à ces sortes d'établissement.

L'entrée principale est sur l'avenue de Neuilly ; au numéro 4 de la légende, le vestiaire, puis le contrôle, le porche ; après avoir franchi la deuxième entrée, on marche entre deux tertres élevés, puis l'on descend par une pente insensible jusqu'à la salle de danse ; l'orchestre, placé au centre, est garni de cinq caisses superposées remplies de fleurs se renouvelant chaque jour de réunion. Les acteurs ou musiciens entrent sous ces corbeilles pour se rendre au foyer ou à l'orchestre. Autour de cette vaste salle, dix-huit bancs destinés au repos des danseurs et séparés par des candélabres : derrière une large promenade sur laquelle viennent se réunir six chemins traversant les tertres ; au-dessus de ceux-ci, la galerie générale ayant le panorama des danseuses. Pour protéger les promeneurs, vingt-trois *Robinia pseudo-acacia spertabilis* alternés avec le *pyramidalis*. Les tertres sont garnis de très-jolis tapis verts composés de *Ray-Grass*, de *Bellis* (paquerettes), de *Primula eeris*, de *Galanthus nicalis* (galantines perce-neige) et quelques *Anemone*, plus particulièrement la *Nemorosa flore pleno* (des bois à fleur double).

Si nous retournons au contrôle, après avoir franchi six marches, avançant entre la tranchée, le petit sentier conduit à un jeu de bagues entouré de plantes à feuille persistante ; l'arbre à tête ronde est un *Tilia Americana argentea* (tilleul d'Amérique à feuille argentée) ; dans la même pelouse, quatre *Quercus pedunculata fastigiata* (chênes à long pédoncule pyramidaux) et un *Pinus insignis* (pin remarquable) ; au sommet du tertre, trois *Taxus* (ifs), un *Phillyrea latifolia* (filaria à feuille large), trois *Phillyrea angustifolia* (filarias à feuille étroite), cinq *Buxus rotundifolia* (buis à feuille ronde), sept *Spiræa lævigata* (spirées à feuille lisse), trois *Syringa Rothomagensis Saugeana* (lilas Varin Sauget), sept *Mahonia aquifolium* (mahonias à feuille de houx) ; sur le tapis vert, trois *Cedrus argentea Atlantica* (cèdres argentés de l'Atlas), deux *Pinus Koraiensis* et deux *Pinus Lambertiana* (pins de Lambert).

Les deux salles de consommation sont encaissées de 0m,80 centimètres, avec pentes garnies de gazon ; sur ces élévations, entre ces deux salles, trois *Esculus Hippocastanum flore pleno*, six *Cerasus Lauro-Colchica* et quelques *Spiræa* à rameaux peu élevés.

Côté du chemin de la salle de danse, trois *Pavia lutea*, deux *Mespilus Oxyacantha flore albo pleno*, cinq *Eronymus Japonicus albo variegatus*, seize *Mahonia repens*.

Côté du billard anglais jusqu'à l'allée qui prend naissance au sommet de l'escalier, cinq *Esculus Hippocastanum* (marronniers d'Inde), six *Sorbus hybrida* (sorbiers hybrides), sept *Celtis cordifolia* (micocouliers à feuille en cœur), sept *Cerasus Padus* (cerisiers merisiers à grappe), seize *Syringa media flore albo* (lilas de Marly à fleur blanche), six *Philadelphus coronarius* (seringas des jardins), quatorze *Hypericum hircinum* (millepertuis à odeur de bouc), trois *Morus Morettiana* (mûriers Moretti d'Italie), onze *Rhamnus alaternus angustifolius*, quatre *Corylus purpurea* et vingt-huit autres arbustes s'élevant peu.

Le côté opposé au billard est garni de quatre *Esculus Hippocastanum folia laciniata* (marronniers d'Inde à feuille laciniée), deux *Elæagnus angustifolia* (chalefs oliviers de Bohème), un *Ulmus Sinensis* (orme de la Chine), cinq *Paliurus aculeatus* (paliures épineux), trois *Prunus spinosa flore pleno* (pruniers épineux à fleur double), cinq *Phlomis fruticosa*, sept *Mahonia intermedia* ; contre le vestiaire et le bâtiment qui y fait suite, dedans la pelouse, des *Pinus* de la section Pseudo-Strobus ; parmi les autres arbres, il se trouve trois *Ulmus Americana*, cinq *Buxus Japonica microphylla*, trois *Taxus*, quatre *Syringa Persica*.

En face, trois *Populus monilifera* (peupliers Suisse), cinq *Jasminum fruticans* (jasmins jaunes) ; côté des gazons, des *Lagerstroemia Indica*, cinq *Cerasus Lauro Colchica*, quatre *Viburnum Tinus* (viornes lauriers-tins), six *Syringa vulgaris*, six *Lycium barbarum*.

Dans la pelouse, un *Cedrus argentea Atlantica* et un *Cedrus Libani*, trois *Yucca flamentosa*, trois *Yucca gloriosa*.

Le long de la grande allée, un *Robinia pseudo-acacia spectabilis* (robinier faux-acacia élégant), trois *Robinia hispida* (robiniers roses) tige et sept nains, trois *Rhus Cotinus* (sumacs fustets), six *Salix argentea* (saules argentés), quatre *Koelreuteria* (savonniers), quatre *Philadelphus grandiflorus* (seringas à grande fleur), sept *Spiræa lævigata*, quatre *Spiræa Douglasii*.

Sur le tapis vert, un *Wellingtonia gigantea*; le long du grand chemin limitant le gazon, vingt-deux *Mahonia* variés; la partie oviforme est plantée, près de la partie circulaire, d'un *Sophora Japonica*, trois *Koelreuteria*, quatre *Salix nigra*, trois *Sambucus nigra laciniata*, cinq *Spiræa hypericifolia*.

Dans le gazon, un *Septoia sempervirens* (septoïa toujours vert); autour, cinq *Sorbus aucuparia*, seize *Salsola fruticosa*, trois *Rhus coriaria*, sept *Staphylea pinnata*, trois *Tamarix tetrandra*, trois *Ligustrum lucidum*.

Sur le bord du chemin, trois *Tilia Europæa macrophylla* (tilleuls communs à grande feuille), quatre *Viburnum Lantana* (viornes communes), sept *Weigelia rosea* (weigelias à fleur rose).

Le long de la petite allée, cinq *Liriodendron tulipifera*, sept *Cratægus torminalis*, cinq *Cratægus Aria Nepalensis*, dix *Hibiscus Syriacus*, cinq *Amygdalus Georgica*, dix *Amygdalus glandulosa*, trois *Amelanchier Canadensis*, seize *Amorpha*.

Le long du mur jusqu'au numéro 28, des arbres de première, deuxième et troisième grandeur alternés d'arbustes à feuille persistante et à feuille caduque; les cinq salles de consommation sont encaissées de tertres élevés garnis de gazon.

De l'escalier conduisant au jeu de crocket au sentier, des *Platanus*, diverses espèces de *Celtis* (micocouliers), quantité de plantes ligneuses à feuille persistante et toute la collection de *Mahonia*.

Autour des deux salles de consommation, dix-neuf arbres de première grandeur, seize de moyenne, quatre-vingts arbustes variés, soixante arbrisseaux en onze espèces; autour des salles, des plantes à feuille persistante appartenant à divers genres; dans la pelouse, un *Araucaria imbricata* (araucaria imbriqué).

Du jeu de toupie hollandaise au billard anglais, comprenant les deux salles de consommation, jusqu'au jeu de crocket, quantité de plantes à feuille toujours verte, vingt-huit *Catalpa*, seize *Betula alba*, onze *Gymnocladus*, cent vingt-neuf arbustes à feuille caduque variés. Dedans la pelouse, près du cabinet de lecture, deux *Thuia Orientalis aurea* (thuias de la Chine nains à pointe dorée).

Dans la grande pièce, douze *Paulownia*, onze *Koelreuteria*, six *Broussonetia papyrifera cucullata* (broussonetias mûriers à papier en capuchon), vingt-deux *Syringa Rothomagensis* (lilas Varin) et quarante-neuf *Spiræa* variées.

Sur le tapis vert, un *Virgilia lutea* (virgilier à bois jaune), un *Cerasus hortensis flore pleno* (cerisier à fleur double), dix-neuf *Aucuba Japonica* variés, trois *Juniperus Virginiana* et trois *Cupressus sempervirens thuiæfolia*.

En face du pavillon de garde, douze *Mespilus Oxyacantha flore albo pleno*, treize *Mespilus Oxyacantha flore roseo pleno*, tige, seize *Berberis vulgaris*, onze *Berberis Darwinii* et soixante-douze arbres à feuille caduque; sur le tapis vert, seize *Juniperus Virginiana cinerascens* (genévriers cèdres de Virginie cendrés) et trois *Quercus pedunculata fastigiata*.

Sur la partie circulaire, derrière le restaurant principal, huit *Fagus sylvatica purpurea*, dix *Ilex* variés, quinze *Ribes malvaceum*, six *Ribes Gordonianum*, douze *Spiræa Douglasii*, six *Bupleurum*; dans la pelouse, trois *Pinus Coulteri*, un *Ulmus campestris pyramidalis*, un *Ulmus campestris pyramidalis Dampierri*. Contre le mur, vingt et un *Fagus sylvatica*, douze *Ribes speciosum*, vingt-cinq *Genista juncea*, dix-huit *Cercis siliquastrum*, trente-deux *Deutzia gracilis*, seize *Mespilus pyracantha* et quelques arbustes à feuille persistante. Sur le tapis vert, trois *Pinus Lambertiana*, trois *Pinus lophosperma*, un *Maclura aurantiaca*, un *Pavia lutea*, un *Pavia macrostachya*, un *Quercus Ballota*, un *Cerasus semperflorens*, un *Ulmus campestris pyramidalis*, un *Robinia pseudo-acacia pyramidalis*, un *Taxus fastigiata* et un *Fraxinus juglandifolia*.

Entre les deux bâtiments première partie: six *Caragana*, trois *Buxus Balearica*, un *Gymnocladus*, quatre *Hippophae argentea*, sept *Hibiscus Syriacus flore pleno roseo*. Sur la pelouse, un *Amygdalus*, deux *Arthrotaxis selaginoides*, deux *Populus fastigiata* (peupliers d'Italie).

La partie circulaire est garnie de trois *Aralia Japonica*, trois *Aralia spinosa*, six *Aucuba Japonica viridis*, six *Aucuba Japonica maculata*, huit *Ceanothus roseus grandiflorus*, deux *Cydonia Japonica flore semi-pleno rubro*; sur la pelouse, trois *Taxus fastigiata*, un *Gleditschia Bujoti*, un *Taxodium distichum fastigiatum*.

La troisième partie est plantée de trois *Salix pentandra*, un *Sophora Japonica*, sept *Spiræa hypericifolia*, dix *Spiræa lævigata*, cinq *Spiræa bella*, trois *Ligustrum lucidum*, huit *Weigelia rosea*, cinq *Persica vulgaris flore albo pleno*; dans la pelouse, un *Sterculia platanifolia*, trois *Taxodium distichum microphyllum* et un *Robinia pseudo-acacia pyramidalis*.

En face et autour du bureau de tabac, quatre *Robinia hispida*, tige, quatre *Koelreuteria*, cinq *Amygdalus communis flore pleno*, trois *Phillyrea latifolia*, trois *Aucuba* et quelques arbustes nains à feuilles persistantes.

Le jardin réservé de l'Hôtel du Directeur, dans les six parties d'arbres et d'arbustes, neuf *Robinia viscosa*, tige, sept *Catalpa*, trois *Gymnocladus*, neuf *Betula* nains, sept *Quercus Cerris*, dix *Buxus Japonica microphylla*, onze *Calycanthus Floridus*, sept *Quercus Ilex*, trois *Cerasus lauro-cerasus*, trois *Cerasus Lusitanica* et soixante-cinq arbustes à feuille caduque et à fleur: dans une pelouse, un *Acer Negundo foliis argenteo variegata*.

Derrière l'Hôtel du Directeur, trois *Gleditschia inermis*, quatre *Fraxinus excelsior aurea*, cinq *Fraxinus Ornus*, dix *Vitex Agnus castus*, huit *Genista Sibirica*, dix *Ribes sanguineum flore pleno*, cinq *Ilex aquifolium latispinum*, cinq *Ilex latifolia Tarajo*, dix *Hydrangea Japonica*; sur la pelouse, trois *Larix Kæmpferii*, trois *Ulmus campestris pyramidalis*.

Autour de la balançoire et des treize salles de consommation, des arbres de première, deuxième et troisième grandeurs, des arbustes de différentes hauteurs, à fleurs diverses et à feuille persistante; dans une pelouse, un *Pinus muricata*, un *Cedrus argentea Atlantica* et un *Podocarpus Koraiana*.

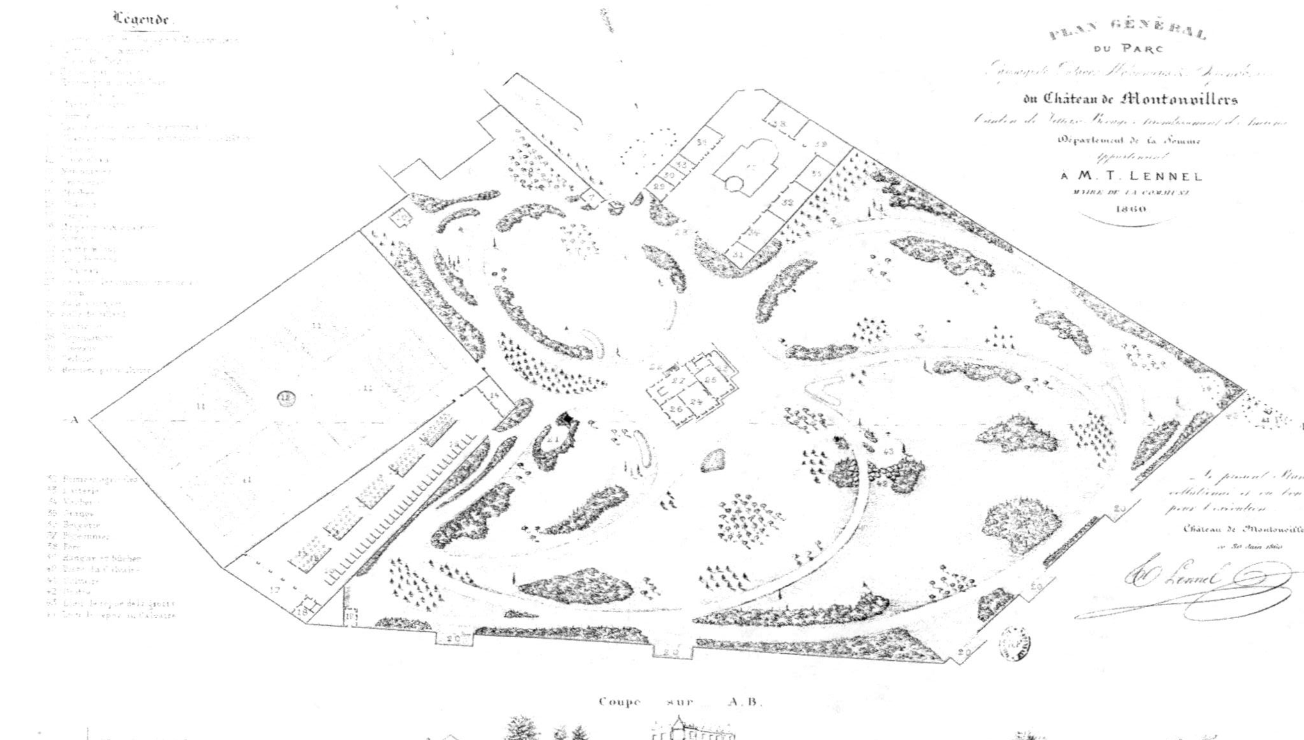
Légende
PLAN GÉNÉRAL
DU PARC
du Château de Montonvillers
Canton de Villers-Bocage, Arrondissement d'Amiens
Département de la Somme
Appartenant
à M. T. LENNEL
MAIRE DE LA COMMUNE
1860
Pl.
A
B
Le présent Plan
reste identique et en lieu
pour l'exécution
Château de Montonvillers
le 30 Juin 1860
Lennel
Coupe sur A.B.
Mètres

Gravé par G. Levasseur et T. Lennel

PARC PAYSAGISTE, POTAGER ET DÉPENDANCES

DU

# CHATEAU DE MONTONVILLERS

(CANTON DE VILLERS-BOCAGE ARRONDISSEMENT D'AMIENS (DÉPARTEMENT DE LA SOMME)

APPARTENANT A M. T. LENNEL

1860

Par sa position topographique et la nature de son terrain, le département de la Somme présente une grande richesse de végétation : les arbres comme tous les produits agricoles y prennent un développement peu commun aux autres localités, des diverses parties de la France.

Près la grille principale, de vastes dépendances dont la sortie est à l'extérieur ; le château de construction moderne et l'important parc que nous allons décrire avec ses perspectives étendues donneront l'ensemble de cette création.

De chaque côté de la grille à l'intérieur trois *Populus fastigiata* (peupliers d'Italie), trois *Phillyrea latifolia* (filarias à feuille large), cinq *Aucuba Japonica* (aucubas du Japon); extérieur un *Æsculus Hippocastanum flore pleno*.

Contre les dépendances allant à la petite porte particulière, trois *Platanus Canadensis fastigiata* (platanes du Canada pyramidaux), cinq *Koelreuteria* (savonniers), quatre *Syringa media flore albo* (lilas de Marly à fleur blanche), trois *Syringa Rothomagensis* (lilas Varin), trois *Mahonia fascicularis* (mahonias à fleur fasciculée).

De l'autre côté de la porte des dépendances, cinq *Planera*, trois *Robinia viscosa* (robiniers visqueux), cinq *Cistus ladaniferus* (cistes ladanifères), huit *Aucuba Japonica* ; contre le mur, vingt *Hedera Hibernica* (lierres d'Irlande) ; le long des bâtiments, trente-sept *Pinus nigra Austriaca* (pins noirs d'Autriche). Dans la pelouse, trois *Quercus pedunculata fastigiata*) (chênes à long pédoncule pyramidaux) et un *Æsculus rubicunda* (marronnier rubicond à fleur rouge); longeant le mur de la route jusqu'à la perspective, cinq *Populus Græca* (peupliers d'Athènes), sept *Acer montanum* (érables de montagne), huit *Phillyrea angustifolia* (filarias à feuille étroite), trois *Corylus Byzantina* (noisetiers de Byzance), neuf *Fontanesia phillyreoides* (fontanesias à feuille de filaria), six *Ruscus racemosus* (fragons à grappe); après la perspective jusqu'à l'angle et la porte du Calvaire, cinq *Fraxinus excelsior*, trois *Fraxinus excelsior aucubæfolia*, six *Syringa media*, huit *Genista Sibirica*, trois *Juniperus Virginiana* (genévriers cèdres de Virginie), cinq *Ilex aquifolium*, neuf *Hypericum*, six *Ribes Alpinum*, trois *Fagus sylvatica*, quatre *Chamæcerasus Tatarica*.

De la porte au premier saut de loup, trois *Gleditschia macrocanthos* (féviers à grosse épine), trois *Populus alba nivea* (peupliers blancs de Hollande cotonneux), un *Fraxinus excelsior atrovirens* (frêne commun vert foncé), trois *Evonymus latifolius* (fusains à large feuille), trois *Acer Monspessulanum* (érables de Montpellier), quatre *Cytisus laburnum* (cytises faux-ébéniers), six *Daphne Laureola* (daphnés Lauréoles) ; entre les deux premiers sauts de loup, quatre *Acer eriocarpum*, trois *Fraxinus excelsior monophylla*, cinq *Buxus longifolia*, cinq *Carpinus* et quelques *Ligustrum* (troènes).

Du deuxième au troisième saut de loup, trois *Populus alba nivea*, trois *Cratægus aria latifolia*, cinq *Corylus avellana*, cinq *Viburnum Lantana*, des *Tamarix Indica*, trois *Rhus Cotinus*, deux *Philadelphus coronarius* (seringas odorants).

De l'angle au quatrième saut de loup, huit *Ulmus campestris*, dix *Taxus baccata*, cinq *Fagus Americana*, six *Ilex aquifolium ciliatum*, six *Syringa vulgaris*, neuf *Lycium barbarum*, cinq *Morus alba variegata*, six *Rhamnus Frangula*, neuf *Staphylea*, neuf *Corylus Americana*, onze *Mespilus pyracantha*, trois *Robinia pseudo-acacia*, six *Viburnum* et sept *Spiræa opulifolia*.

Entre le quatrième et le cinquième saut de loup, six *Betula alba*, cinq *Robinia hispida arborea*, cinq *Salix argentea*, quatre *Koelreuteria*, trois *Sophora Japonica*, dix-huit *Spiræa hypericifolia*, dix *Salsola fruticosa*, cinq *Rhus typhinum*, trois *Sambucus nigra laciniata*, cinq *Acer pseudo-platanus*, trois *Tamarix*, onze *Symphoricarpos racemosa*.

Du cinquième saut de loup au kiosque, trois *Populus fastigiata*, trois *Tilia Europea macrophylla*, trois *Sambucus racemosa*, quatre *Staphylea pinnata*, deux *Syringa vulgaris flore albo*, sept *Spiræa grandiflora*.

En face, sur le tapis vert, vingt-trois *Pinus Lambertiana* ; à la pointe, trois *Tilia Americana argentea*, trois *Phillyrea latifolia*, un *Rhus typhinum*, un *Populus Ontariensis* et onze *Mahonia fascicularis*.

Le long du mur de la melonnière, seize *Taxus* (ifs), neuf *Phillyrea latifolia*, dix-huit *Mespilus pyracantha*, quatorze *Bupleurum fruticosum*, cinq *Calycanthus macrophyllus*, neuf *Carpinus Ostrya*, six *Chamæcerasus cærulea*, cinq *Buxus Japonica microphylla*, trois *Althæa Frutex*, huit *Spiræa* variées, cinq *Ribes aureum*.

17

En face, cinq *Ilex Dahoon* (houx à feuille de troène), huit *Hypericum*, cinq *Indigofera decora*, dix-sept *Jasminum fruticans*, cinq *Cerasus Lauro Caucasica*, cinq *Syringa Persica*, six *Lycium Sinense*, six *Celtis Orientalis*.

De la porte de la melonnière en retour sur l'orangerie, trois *Æsculus Hippocastanum flore pleno*, deux *Broussonetia papyrifera*, cinq *Rhamnus Alpinus*, trois *Corylus laciniata*, un *Persica vulgaris flore albo pleno*, cinq *Cydonia Japonica*, et quelques *Aucuba Japonica*.

En avant cinquante *Cedrus argentea Atlantica*, (cèdres argentés de l'Atlas).

De la porte du potager à la chapelle réservée, trois *Cratægus Aria Nepalensis*, neuf *Hibiscus Syriacus*, six *Robinia viscosa*, tiges, cinq *Amorpha glabra*, quatre *Alnus cordifolia*, cinq *Atriplex Halimus*, trois *Catalpa bignonioides*, six *Betula papyracea*, deux *Broussonetia papyrifera cucullata*, sept *Buxus rotundifolia*, cinq *Chamæcerasus Tatarica*, trois *Mespilus Oxyacantha flore albo pleno*, six *Berberis Nepalensis*; à l'extrémité, cinq *Chamœcyparis sphæroidea*.

Près de la chapelle, trois *Æsculus rubicunda*, trois *Celtis Orientalis*, quatre *Rhamnus Billardii*, six *Mahonia aquifolium*, trois *Persica vulgaris flore rubro pleno*, cinq *Paliurus aculeatus*. Dans la pelouse, trois *Cupressus sempervirens* et un *Cuninghamia Sinensis*; dans le massif, un *Juglans Americana fraxinifolia*, cinq *Elæagnus angustifolia*, trois *Persica Ispahanensis*, deux *Populus Ontariensis*, six *Phlomis*, quatre *Syringa*, deux *Malus spectabilis* et onze *Spirœa*.

Contre la cour de la ferme, cinq *Ulmus campestris purpurea*, trois *Populus Grœca*, trois *Planera*, six *Ilex aquifolium*, seize *Hypericum hircinum*, cinq *Ribes malvaceum*, six *Genista scoparia*, trois *Taxus baccata*, cinq *Jasminum fruticans*.

Près du mur de la route, un verger composé de vingt-cinq *Malus communis* (pommiers), tiges en vingt-cinq espèces premier choix.

De chaque côté de la loge du concierge, quatre *Ilex aquifolium*, cinq *Syringa Persica*, deux *Liquidambar styraciflua*, quatre *Lycium Sinense*, six *Vitex Agnus castus* et sept *Mahonia*.

Sur le tapis vert en face le château pour dissimuler l'entrée de la ferme, cinq *Fagus sylvatica purpurea*, quatre *Photinia glabra*, cinq *Hippophae rhamnoides*, trois *Alnus glutinosa quercifolia*, trois *Betula lenta*, trois *Castanea vesca*, un *Quercus filicifolia*, trois *Cerasus Padus*, quatre *Corylus purpurea* et cinq *Cornus Sibirica*.

Sur la pelouse, seize *Maclura aurantiaca*; près l'entrée de la ferme, trois *Acer macrophyllum*, deux *Gleditschia triacanthos*, cinq *Fraxinus excelsior aurea*, six *Evonymus Japonicus*, deux *Cercis siliquastrum flore albo*, six *Genista juncea* et douze *Aucuba Japonica*.

En face sur la pelouse un *Quercus rubra* et un *Callitris quadrivalvis*; dans la corbeille, dix-neuf *Yucca gloriosa* et vingt-deux *Yucca filamentosa*; en avant de l'autre corbeille, composée de diverses variétés de *Pæonia arborea* est un *Quercus pedunculata fastigiata*; à l'extrémité, un *Cedrus Deodora robusta*: à l'autre bout du massif, trois *Pavia lutea* et un *Ulmus campestris pyramidalis*; dans le massif, cinq *Populus heterophylla*, cinq *Planera acuminata*, trois *Malus baccata*, trois *Ptelea trifoliata*, seize *Robinia hispida*, nains, cinq *Salix argentea*, trois *Kœlreuteria*, dix *Philadelphus grandiflorus*, trois *Sophora Japonica*, dix-huit *Spirœa prunifolia flore pleno*, six *Rhus typhinum*, sept *Syringa media*, neuf *Symphoricarpos parciflora*, dix *Viburnum Opulus sterilis* et quinze *Potentilla fruticosa*.

Autour de la salle de jeux, dix *Maclura aurantiaca*, neuf *Robinia hispida*, nains, sept *Ulex hibernica*, cinq *Photinia glabra*, six *Hibiscus Syriacus flore roseo pleno*, trois *Amygdalus communis flore pleno*, trois *Amorpha glabra*, trois *Arbutus uva ursi* et six *Aucuba Japonica*; le massif s'étendant vers l'extrémité est planté de cinq *Catalpa bignonioides*, trois *Betula pumila*, quatre *Broussonetia papyrifera heterophylla dissecta*, trois *Cerasus hortensis flore pleno*, cinq *Elæagnus reflexa*, trois *Carpinus Betulus*, un *Castanea chrysophylla*, quatre *Cornus mascula*, cinq *Mespilus nigra*, deux *Acer Negundo*, sept *Forsythia viridissima*, des *Rubus odoratus* et des *Hypericum* complètent cette composition.

L'autre groupe est planté de quatre *Gleditschia Sinensis*, trois *Acer montanum*, trois *Fraxinus Ornus*, cinq *Evonymus latifolius*, six *Vitex incisa*, dix *Genista juncea*, dix *Ribes sanguineum flore pleno*, cinq *Hypericum hircinum*, sept *Indigofera dosua*, cinq *Jasminum nudiflorum*, six *Leycesteria formosa*, cinq *Syringa regia* et dix *Mahonia repens*, dans la pelouse, trois *Liquidambar styraciflua*, trois *Populus fastigiata*: la corbeille de fleurs se renouvelle selon les saisons; isolés, trois *Liriodendrum tulipifera*, un *Pavia discolor* et trois *Tilia Americana argentea*.

Façade du château sur le Parc, une corbeille d'*Azalea* garnie à l'intérieur d'*Erica* (bruyères) herbacées, à 0m.20 du gazon une bordure de *Malope grandiflora*, plus loin, trois *Cedrus argentea Atlantica*.

A la pointe, huit *Pinus Strobus*: en avant du massif un *Robinia pseudo-acacia pyramidalis*, à l'intérieur, trois *Platanus Orientalis*, cinq *Diospyros Lotus*, trois *Quercus macrocarpa*, quatre *Gymnocladus*, trois *Alnus imperialis aspleniifolia*, quatre *Celtis Orientalis*, cinq *Ulmus Sinensis*, six *Elæagnus angustifolia*, vingt-trois *Phlomis fruticosa*, cinq *Ptelea trifoliata*, dix *Coriaria myrtifolia*, cinq *Salix argentea*, sept *Salsola fruticosa* et vingt et une *Spirœa* variées en onze espèces.

Les trois arbres à tête ronde sont des *Tilia Americana argentea*, viennent ensuite douze *Wellingtonia gigantea*; sur le bord du chemin trois *Tilia Europea macrophylla*; au centre trente-et-un *Acer Negundo folio argenteo variegato*; en face de la grotte, neuf *Chamœcyparis Boursierii*; entre les rochers, cinq *Tamarix Gallica* et dix *Mahonia repens*; dans le petit groupe trois *Gingko biloba*, trois *Ilex latifolia Tarajo* et cinq *Berberis Darwinii*; onze *Æsculus rubicunda* terminent les plantations de cette vaste et jolie pelouse.

Celle de la grotte est occupée en avant des rochers par trois *Pavia rubra*, trois *Liriodendrum tulipifera integrifolium*, quatre *Viburnum Opulus sterilis* et plusieurs autres arbres et arbustes de diverses espèces.

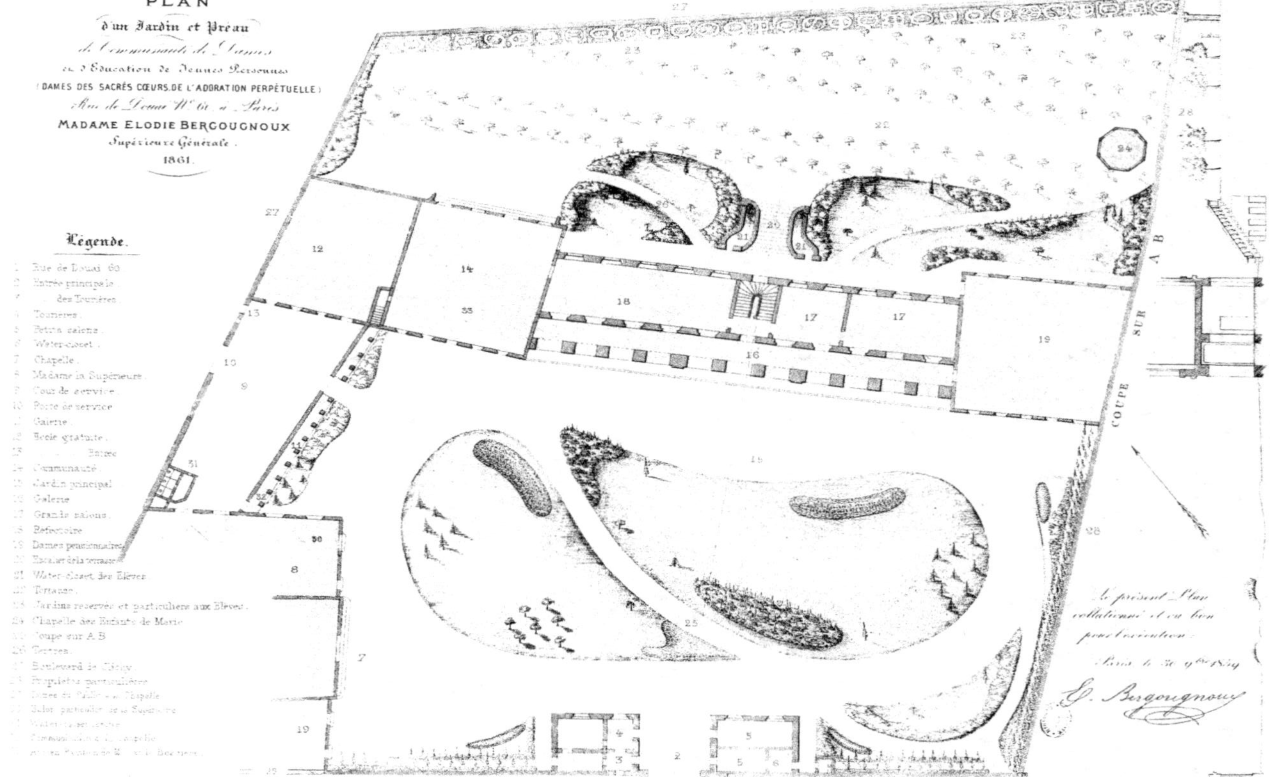

PLAN
d'un Jardin et Preau
de Communauté de Dames
et d'Education de Jeunes Personnes
(DAMES DES SACRÉS CŒURS DE L'ADORATION PERPÉTUELLE)
Rue de Douai N° 60 à Paris
MADAME ELODIE BERGOUGNOUX
Supérieure Générale
1861
Legende.
1 Rue de Douai 60
2 Entrée principale
3 des Tournées
4 Tournées
5 Petits salons
6 Water-closet
7 Chapelle
8 Madame la Supérieure
9 Cour de service
10 Porte de service
11 Galerie
12 Ecole gratuite
13 Entrée
14 Communauté
15 Jardin principal
16 Galerie
17 Grands salons
18 Refectoire
19 Dames pensionnaires
20 Escalier de la terrasse
21 Water-closet des Elèves
22 Terrasse
23 Jardins reservés et particuliers aux Elèves
24 Chapelle des Enfants de Marie
25 Coupe sur A B
26 Terrasse
27 Boulevard de Clichy
28 Propriétés particulières
COUPE SUR A B
Pl. 34

# JARDIN DE COMMUNAUTÉ

### ET DE

# MAISON D'ÉDUCATION DE JEUNES PERSONNES

DIRIGÉES PAR LES DAMES DES SACRÉS CŒURS ET DE L'ADORATION PERPÉTUELLE

À PARIS, N° 60, RUE DE DOUAI

Madame Élodie BERGOUGNOUX, Supérieure générale

**1861**

Je ne puis commencer le texte de cette gravure sans témoigner mes regrets de la disparition de ces magnifiques jardins créés selon le système de Le Nôtre dont quelques-uns existaient encore il y a peu de temps à Paris.

Le jardin de l'hôtel de Biron, rue de Varennes, ceux du Grand-Tivoli et du Petit-Tivoli étaient les plus importants.

C'est sur ce dernier, contenant 19 hectares, 40 ares, 50 centiares, appartenant à M. de la Bossière, que furent ouvertes plusieurs rues, et le square de la place Vintimille créé par l'auteur de cet ouvrage.

Dans l'une des parcelles limitées par le boulevard de Clichy, se trouvaient diverses constructions, de magnifiques parterres en dessins de broderie, des quinconces d'*Esculus* (marronniers) séculaires, trois boulingrins sur lesquels quatre avenues de mêmes arbres.

À l'une de ces habitations, souvenir d'une grande époque, on a ajouté de vastes bâtiments et à leur extrémité un autre pavillon semblable à celui construit par M. de la Bossière, réservant comme promenade particulière la terrasse.

Sur l'emplacement de ces jets d'eau qui s'élevaient à plus de 6 m. 60, de toutes ces statues mythologiques, à l'endroit même où se sont placés le niveau et le cordeau de Le Nôtre, tant critiqués et quelquefois chantés par Delille, j'ai créé les modestes jardins d'une communauté de Dames et d'une maison d'éducation de Jeunes Personnes.

Entrant par la rue de Douai, 60, à gauche, les Tourières, à droite les petits salons. Côté des bâtiments, une avenue de vingt-sept *Populus fastigiata*, contre le mur, six *Phillyrea angustifolia* (filarias à feuille étroite), douze *Cerasus Lauro Colchica* (cerisiers Lauriers de Colchide), cinq *Rhamnus alaternus* (nerpruns alaternes), onze *Buxus Japonica microphylla* (buis du Japon à petite feuille), en face, cinq *Quercus Suber*, six *Aralia Japonica*, six *Aucuba Japonica cicidis*, vingt-deux *Azalea* en vingt-deux espèces et variétés, cinq *Baccharis*; quelques fleurs de saison garnissent le dernier plan.

Derrière les petits salons, vingt-six *Populus fastigiata* (peupliers d'Italie); cachant le mur, treize *Cerasus Lauro-cerasus* (cerisiers au lait), douze *Buxus Japonica microphylla*; de l'autre côté du chemin, quinze *Mespilus pyracantha* (épines Buissons-ardents), douze *Bupleurum fruticosum*, trois *Catalpa*, cinq *Cydonia Japonica* et sept *Cotoneaster*.

De l'angle au bâtiment principal, soixante-dix *Populus fastigiata*, les cinquante-trois arbres de la même espèce plantés en quinconce sur la rue sont destinés à dissimuler les bâtiments opposés, entre ces arbres pyramidaux, trente-trois *Rhamnus Billardii*, trente-neuf *Hypericum hircinum*, trente-deux *Buxus sempervirens*, six *Maclura aurantiaca* (macluras épineux). La corbeille est garnie de trente-huit *Rudbeckia purpurea* (rudbeckies pourpres).

En face l'angle, neuf *Quercus ilex* (chênes verts), trente-huit *Evonymus Japonicus albo variegatus* (fusains du Japon à large feuille blanche panachée), neuf *Evonymus Japonicus albo variegatus* à feuille caduque, cinq *Phillyrea angustifolia* (filarias à feuille étroite), douze *Genista juncea* (genêts d'Espagne), six *Cerasus avium flore pleno* (cerisiers merisiers à fleur double), sept *Cydonia Japonica flore albo*, (coignassiers du Japon à fleur blanche), cinq *Cotoneaster Fontanesii*, trois *Gleditschia macrocanthos* (féviers à grosse épine), cinq *Syringa media* (lilas de Marly).

Dans la pelouse un *Gleditschia Bujoti* et un *Robinia pseudo-acacia pyramidalis* (robinier faux-acacia pyramidal).

La corbeille près de l'entrée principale est garnie de fleurs se renouvelant selon les saisons; le groupe placé sur une légère élévation est composé de sept *Virgilia lutea* (virgiliers à bois jaune), les arbres résineux au nombre de six sont des *Abies pinsapo* (sapins pinsapos); sur la pelouse, quelques arbustes s'élevant peu et à feuilles persistantes, tels que sept *Andromeda*, cinq *Aucuba Japonica picta femina* (aucubas du Japon panachés femelles), onze *Budleia*, trois *Ceanothus azureus variegatus grandiflorus* (ceanothes azurées à grande fleur), près la corbeille, un *Esculus rubicunda*.

Sur l'autre partie à la pointe, trois *Robinia hispida* (robiniers roses), cinq *Robinia nains*, six *Ulex Europeus flore pleno* (ajoncs marins à fleur double), trois *Althea Syriacus flore albo pleno*, trois *Althea Syriacus flore pleno roseo*, cinq *Amygdalus Georgica* (amandiers de Géorgie), trois *Amygdalus argentea* (amandiers satinés), un *Aralia spinosa* (aralia épineux), trois *Daphne Mezereum* (daphnés Bois-jolis), trois *Budleia Lindleyana* (budleias de Lindley), un *Calycanthus Floridus* (calycanthe de la Caroline), deux *Caragana grandiflora*, deux *Caragana Chamlagu*, cinq *Ceanothus azureus variegatus grandiflorus*, trois *Cydonia Japonica coccinea* ; au delà de la bordure des fleurs se renouvelant selon les saisons ; sur le bord de l'allée transversale, un *Acer Negundo folio argenteo variegato* (érable à feuille de frêne panachée argentée) ; l'arbre résineux près le massif appartenant à la section Pseudo-Strobus est le *Wincesteriana* (de Winchester) ; dans le massif, trois *Sterculia platanifolia* (sterculias à feuille de platane), douze *Phlomis fruticosa* (phlomis frutescents), trois *Pyrus salicifolia* (poiriers à feuille de saule), trois *Pyrus Sinaica* (poiriers du mont Sinaï), trois *Malus spectabilis* (pommiers à fleur double), quatorze *Potentilla fruticosa* (potentilles frutescentes), trois *Prunus spinosa flore pleno* (pruniers épineux à fleur double), cinq *Baccharis* (baccharides), deux *Sorbus hybrida*, neuf *Spiræa prunifolia flore pleno* (spirées à feuille de prunier à fleur double), trois *Philadelphus elegans* (seringas élégants), trois *Philadelphus inodorus* (seringas inodores), cinq *Salsola fruticosa* (soudes en arbre), six *Symphoricarpos parviflora variegata* (symphorines à petite fleur à feuille panachée), trois *Ligustrum lucidum* (troènes à feuille luisante), trois *Ligustrum ovalifolium* (troènes à feuille ovale), sept *Viburnum Tinus* (viornes lauriers-tins) cinq *Weigelia amabilis* (weigelias aimables), côté du chemin des fleurs se renouvelant selon les saisons, sur la pelouse, quarante-neuf *Anemone Japonica* ; dans le gazon, un *Populus fastigiata* (peuplier d'Italie), neuf *Cedrus argentea Atlantica*, placés sur une élevation et isolés, terminent les plantations de cette partie principale.

Contre la galerie permettant la communication à la chapelle, cinq *Arbutus Unedo* (arbousiers communs), vingt-deux *Rhododendrum* en vingt-deux espèces, dix-huit *Azalea* de pleine terre variées, seize *Pæonia arborea*, quatorze *Hydrangea* ; à 30 centimètres de la bordure et sur une seule ligne des *Erica herbacea* (bruyères herbacées).

L'ensemble de ces plantations, étudié pour jardin où la surveillance est de tous les instants, se fait remarquer par le choix des arbres et arbustes pris parmi ceux de moyenne grandeur et les plus remarquables ; les arbres de l'intérieur des massifs sont à feuille caduque, de manière à ne pas former un fourré trop compacte.

Comme je le disais au commencement de ce texte, les trois Boulingrins créés par M. de la Bossiere, lors de l'établissement de ces vastes jardins, sont remplacés par des tertres gazonnés, dans lesquels j'ai tracé deux chemins qui conduisent aux quinconces des *Æsculus* (marronniers) restes de ces belles et grandes créations régulières, plantés en deux lignes non interrompues, ensemble cinquante *Æsculus* et en quatre autres lignes de quarante-huit arbres de même essence et de même époque servant aux promenades des Dames et aux récréations des Élèves. A la place occupée autrefois par la statue d'Apollon, une jolie chapelle destinée aux Enfants de Marie.

Sur le tertre, côté de l'ancien pavillon de la Bossiere, à la pointe, seize *Azalea* de pleine terre, un *Azara integrifolia* (azara à feuille entière), isolé, un *Betula alba pendula* (bouleau commun pleureur), plus haut, trois *Melia Azedarach* (Azédarachs lilas des Indes), dans le massif contre le perron, trois *Quercus Suber* (chênes liéges), cinq *Cotoneaster thymifolia* (cotoneasters à feuille de Thym), un *Ilex Dahoon* (houx à feuille de troène), un *Ilex microcarpa* (houx à petit fruit), un *Ilex Fortunei* (houx de Fortune) et un *Ilex latifolia Tarajo* (houx Tarajo), trois *Pavia macrostachya* (paviers à long épi), contre l'*Æsculus*, un *Mespilus Oxyacantha flore albo pleno*, deux *Mespilus Oxyacantha flore coccineo pleno*, trois *Jasminum nudiflorum* (jasmins à fleur nue), cinq *Corchorus Japonica flore pleno* (kerrias du Japon à fleur double), un *Syringa Rothomagensis Saugeiana* (lilas Varin Sauget), un *Syringa Josikea* (lilas à feuille de Chionanthe), trois *Lycium Sinense* (lyciets de la Chine), plus cinq *Hypericum calycinum* (millepertuis à grande fleur), isolé, un *Arthrotaxis Doniana* (arthrotaxis du Don), un *Robinia pseudo-acacia pyramidalis* (robinier faux-acacia pyramidal) et un *Amygdalus pendula* (amandier pleureur), dans le massif, trois *Magnolia macrophylla*, cinq *Magnolia Soulangeana*, trois *Magnolia purpurea*, trois *Magnolia conspicua*, trois *Magnolia Lenné*, six *Ulex Europæus flore pleno* (ajoncs marins à fleur double), sept *Kalmia glauca*.

Sur l'autre tertre, près le mur de l'escalier, trois *Mahonia Fortunei*, cinq *Mahonia Bealii*, cinq *Mahonia repens*, un *Menziezia polifolia*, huit *Hypericum calycinum*, trois *Mitraria coccinea*, un *Pernettia floribunda*, un *Philesia buxifolia*, dix-huit *Pæonia arborea*, diverses variétés, trois *Retinospora lycopodioides*, trois *Retinospora pisifera*, neuf *Rhododendrum azaloides*, neuf *Skimmia Japonica* ; sur le gazon, trois *Thuiopsis dolabrata*, plus bas un *Tilia Europæa laciniata*, au sommet, trois *Ligustrum Amurense*, deux *Virgilia lutea*, deux *Weigelia hortensis nivea*, trois *Symphoricarpos parviflora variegata*, un *Tamarix Indica*, trois *Philadelphus gracilis*, sept *Spiræa Regeliana*, trois *Spiræa lævigata*, quelques *Cotoneaster* à feuilles persistantes terminent cette plantation.

Sur le quatrième tertre, le groupe du milieu, bord du chemin, un *Salix Japonica*, deux *Koelreuteria*, trois *Philadelphus coronarius*, trois *Smilax*, quatre *Spiræa tomentosa*, un *Pyrus salicifolia*, trois *Syringa Persica laciniata* et six *Daphne Laureola*, isolé, un *Mimosa Julibrissin*, un *Thuia Orientalis aurea*, dans l'angle, deux *Sorbus hybrida*, deux *Salix pentandra*, cinq *Spiræa Douglasii*. Côté des gazons, douze *Hydrangea Hortensis foliis argenteis*, dans le gazon, un *Liriodendrum tulipifera*, au sommet, un *Taxus fastigiata*, contre le mur, un *Planera*, deux *Celtis*, trois *Corylus Americana*, cinq *Rhamnus Alpinus*, quatre *Liquidambar styraciflua*, sept *Cerasus Lauro Caucasica*, cinq *Jasminum fruticans*, en avant, onze *Cotoneaster*, sur le bord, coté du gazon, dix *Jasminum nudiflorum*.

Le long du mur du quinconce, trente jardins de divers dessins, faisant chaque printemps les délices des Élèves.

Tel est l'ensemble d'un jardin de communauté de Dames et de Maison d'éducation, servant à la fois d'école botanique et forestière à l'aide de laquelle les Jeunes Filles complètent avec avantage l'instruction et l'éducation supérieures qu'elles reçoivent dans cette communauté.

Que ces Dames me permettent de leur témoigner ici toute ma reconnaissance pour les soins qu'elles ont mis à former le cœur de ma fille au degré le plus élevé ainsi que son éducation !

# PLAN GÉNÉRAL
*du Parc paysagiste*

*dépendant des Propriétés*

## DE PETITVAUX ET GRANDVAUX
—— situé ——

*Communes de Savigny-sur-Orge & d'Épinay-sur-Orge*

*Arrondissement de Corbeil*

*Canton de Longjumeau (Seine & Oise)*

*appartenant*

## À Mr LORGE.
—— 1866 ——

### Légende.

1  Entrée principale
2  Cour
3  Vasque garnie de fleurs
4  Varendha
5  Vestibule
6  Escalier
7  Salon
8  Petit salon
9  Salle à manger
10  Salle de billard
11  Cuisine
12  Dépendances
13  Cour principale
14  Régisseur
15  Concierge
16  Écurie
17  Escalier des greniers au fourrage
18  Remise
19  Sellerie
20  Bûcher
21  Poulailler
22  Dépotoir
23  Orangerie
24  Serre
25  Buanderie
26  Lavoir
27  Rivière l'Yvette
28  Vivier pour le jardin
29  Mur d'appui formant clôture du potager
30  Chemin de l'Yvette
31  Entrée des eaux de l'Yvette au parc
32  Pont de l'Yvette
33  Chûte et cascade servant à l'alimentation
    de la cunette
34  Entrée des eaux de l'Yvette au lac
35  Pont de la chûte
36  Pont de Grandvaux
37  Jardin fruitier
38  Porte de Savigny
39  Terres arables
40  Bains froids
41  Tente des bains
42  Lac
43  Rochers
44  Corbeilles de fleurs
45  Lieux de repos
46  Commune de Savigny
47          de Grandvaux
48          d'Épinay
49          de Petitvaux
50  Chemin d'Épinay
51  Chemin d'exploitation agricole
52  Porte de l'Yvette
53  Espalier extérieur

# JARDIN PAYSAGISTE

CRÉÉ A PETITVAUX ET GRANDVAUX

COMMUNES DE SAVIGNY-SUR-ORGE ET D'ÉPINAY-SUR-ORGE, CANTON DE LONGJUMEAU, ARRONDISSEMENT DE CORBEIL, DÉPARTEMENT DE SEINE-ET-OISE

APPARTENANT A M. LORGE

1866

Sur le bord d'une petite et intéressante rivière prenant sa source à Auffargis (Seine-et-Oise), connue sous le nom d'Yvette, se trouve une modeste habitation placée trop près de l'entrée et du chemin d'Épinay-sur-Orge. La situation de ce jardin est très-propre à exercer l'intelligence du paysagiste, ces sortes de périmètre présentant un grand nombre de difficultés jointes à la nature du sol essentiellement aquatique.

Pour dissimuler le potager déjà fermé par un mur d'appui, supportant une grille en bois, près la porte des dépendances six *Cedrus argentea Atlantica*, (cèdres argentés de l'Atlas), les autres arbres et arbustes sont onze *Crataegus Aria latifolia* (alisiers de Fontainebleau), sept *Amygdalus communis* (amandiers communs), cinq *Amygdalus glandulosa* (amandiers glanduleux), cinq *Amelanchier Canadensis*, six *Amorpha*, sept *Arbutus Uva ursi* (arbousiers Busseroles), huit *Atriplex Halimus* (arroches halimes), quatre *Baccharis halimifolia* (baccharides à feuille d'Halime), trois *Buxus sempervirens* (buis communs), trois *Buxus Balearica* (buis de Mahon), trois *Buxus Japonica microphylla* (buis du Japon à petite feuille), trois *Buxus longifolia* (buis à longue feuille), trois *Buxus rotundifolia* (buis à feuille ronde), cinq *Ceanothus azureus variegatus grandiflorus*, huit *Cerasus Lauro-cerasus* (cerisiers Lauriers-cerises), cinq *Cerasus Lauro Colchica* (cerisiers Lauriers de Colchide), cinq *Cerasus Lauro Caucasica* (cerisiers Lauriers du Caucase), six *Cerasus Lusitanica* (cerisiers Lauriers de Portugal), dix *Chamaecerasus Tatarica* (chamcerisiers de Tartarie), trois *Cydonia Japonica coccinea* (coignassiers du Japon coccinés), six *Cytisus hirsutus*, huit *Mespilus pyracantha*, sept *Berberis vulgaris purpurea*, à l'extrémité, quatre *Cedrus Libani* (cèdres du Liban).

Le long du bord de l'eau six *Taxodium distichum*, quatre *Salix pentandra* et quatre *Pinus Strobus* (pins du lord Weymouth).

En face la porte du potager sur la pelouse, neuf *Taxodium distichum*, plus sur le bord du chemin dix *Salix pentandra*, en face les quatre *Pinus Strobus* dix arbres de la même espèce. La partie traversée par le canal qui alimente le lac est garnie de quatre *Salix Babylonica* (saules pleureurs), trois *Salix caprea* (saules Marceau), quatre *Salix argentea* (saules argentés), un *Salix Japonica* (saule du Japon), neuf *Alnus* en trois espèces, un *Cercis siliquastrum*, cinq *Baccharis*, trois *Baplerum*, trois *Calycanthus macrophyllus*, un *Caragana Altagana*, cinq *Chamaecerasus Ledebouri*, trois *Cornus Sibirica*.

L'arbre pyramidal isolé est un *Populus fastigiata* (peuplier d'Italie). Dans le massif, cinq *Planera*, quatre *Celtis* (micocouliers), trois *Cornus mascula* (cornouillers mâles), cinq *Cytisus laburnum* (cytises faux-ébéniers), huit *Mespilus Oxyacantha flore coccineo pleno* (Épines Aubépines à fleur coccinée double) tiges, trois *Mespilus corallina* (épines petit corail), cinq *Berberis vulgaris purpurea* (épines-vinettes communes à feuille pourpre), onze *Berberis Darwinii* (épines-vinettes de Darwin), trois *Acer macrophyllum* (érables à grande feuille), un *Gleditschia triacanthos* (février d'Amérique), onze *Fontanesia phillyreoides* (fontanesias à feuille de filaria); les trois arbres à tête ronde sont des *Pavia lutea* (paviers jaunes). En avant du massif de la pointe, un *Taxus fastigiata* (if pyramidal); dans le massif trois *Fraxinus Ornus* (frênes à fleur), cinq *Evonymus Europeus* (fusains communs), cinq *Evonymus Europeus fructu albo* (fusains communs à fruit blanc), quatre *Cercis Canadensis*, sept *Genista juncea*, onze *Ribes sanguineum* et quelques *Hypericum hircinum*.

La partie traversée par le canal, à la pointe opposée aux plantations que nous venons de décrire : trois *Fagus sylvatica asplenifolia* (hêtres communs à feuille de fougère), trois *Æsculus Hippocastanum* (marronniers d'Inde), trois *Celtis Australis* (micocouliers de Provence), cinq *Rhamnus Alpinus* (nerpruns des Alpes), sept *Corylus Byzantina* (noisetiers de Byzance), huit *Hypericum calycinum* (millepertuis à grande fleur), onze *Mahonia*, diverses variétés, et trois *Syringa media flore albo* (lilas de Marly à fleur blanche), isolé un *Juniperus drupacea* (genévrier drupacé). A l'endroit traversé par le canal : un *Juglans macrophylla* (noyer à grande feuille), un *Ulmus campestris purpurea* (orme champêtre à feuille pourpre), un *Ulmus Sinensis* (orme de la Chine), un *Alnus glutinosa quercifolia* (aune commun à feuille de chêne), trois *Alnus glutinosa oxyacanthæfolia* (aunes communs à feuille d'Aubépine), trois *Hibiscus Syriacus flore vario pleno*, cinq *Amorpha fruticosa* (amorphas en arbre), trois *Atriplex Halimus*, trois *Colutea arborescens* (baguenaudiers communs), quatre *Baplerum*, deux *Caragana*, trois *Elaeagnus macrophylla* (chalefs à grande feuille), quatre *Cistus lalaniferus* (cistes ladanifères), six *Deutzia staminea* terminent cette plantation. Treize *Catalpa* occupent le tapis vert près le canal.

18

La pelouse principale est plantée près l'habitation de neuf *Wellingtonia gigantea*. Autour du lieu de repos sept *Phillyrea augustifolia*, deux *Gleditschia triacanthos*, deux *Acer saccharinum*, sept *Forsythia viridissima*, sept *Rubus odoratus*, un *Fraxinus excelsior aurea*, quatre *Evonymus Japonicus argenteus*, cinq *Genista Sibirica*, trois *Ribes Gordonianum*, trois *Ribes speciosum*, cinq *Ilex* variés et quelques *Spiræa*. Derrière, trois *Pavia lutea*; à l'autre extrémité, dans le gazon, trois *Fraxinus juglandifolia*. Au carrefour, trois *Fraxinus excelsior auculæfolia*, trois *Acer Tataricum*, deux *Gleditschia inermis*, deux *Cytisus purpureus*, huit *Cytisus sessilifolius*, trois *Syringa Rothomagensis*, trois *Syringa Persica*, trois *Syringa vulgaris flore albo*, quatre *Berberis Nepalensis*, huit *Berberis Darwinii*, trois *Cydonia Japonica princeps*. Dans la pelouse trois *Cunninghamia Sinensis* et deux *Cerasus hortensis flore pleno*. Près le gué, cinq *Liriodendrum tulipifera*. De l'autre côté de la pièce d'eau, trois *Cryptomeria Japonica elegans* et six *Populus fastigiata*. Au carrefour de l'allée principale, neuf *Acer Negundo folio argenteo variegato*. En avant du groupe, sept *Pinus Lambertiana*, dans le massif, trois *Maclura aurantiaca*, trois *Pavia Californica* nains, trois *Syringa Josikæa*: cette plantation est entourée de trente-huit *Aster multiflorus* (Asters multiflores); près la corbeille, un *Sequoia gigantea*, cette dernière, garnie de fleurs, se renouvelant selon les saisons. Un *Robinia pseudo-acacia pyramidalis* complète ce remarquable ensemble.

À la pointe du triangle, près les neuf *Acer Negundo folio argenteo variegato*, quatre *Platanus Orientalis*, trois *Diospyros Lotus* (plaqueminiers d'Italie), cinq *Syringa Josikæa*, trois *Syringa Rothomagensis Saugeiana*, quatre *Maclura aurantiaca*, cinq *Jasminum fruticans* (jasmins jaunes).

En avant sur le tapis vert sept *Pinus* de la section Pseudo-Strobus en trois espèces, près de l'autre groupe, sept *Betula alba*. Dans le massif, trois *Gymnocladus Canadensis* (bondues chicots du Canada), deux *Broussonetia papyrifera heterophylla dissecta*, quatre *Budleia Lindleyana*, un *Fagus Americana*, trois *Ilex Dahoon* (houx à feuille de Troène), quatre *Indigofera decora*, un *Corylus purpurea*, entourant les bordures et sur la pelouse quarante et un *Aubrietia deltoidea*; parmi les blocs de rochers, six *Larix Kæmpferii* (mélèzes de Kæmpfer).

Sur la palme qui s'étend jusqu'au pont près le canal, une corbeille de *Magnolia* à feuille caduque en onze espèces. Les arbres à tête ronde au nombre de sept sont des *Fagus sylvatica purpurea*. Plus loin, sur la pelouse, cinq *Cephalotaxus pedunculata*. En avant du massif, trois *Taxus fastigiata*; dans le groupe, trois *Quercus Ballota* (chênes d'Espagne à glands doux), trois *Elæagnus reflexa*, trois *Cerasus Padus*, cinq *Cerasus pumila*, quatre *Chamærcerasus Tatarica*, un *Chionanthus Virginica* et cinq *Spiræa*; coté du chemin, vingt et une *Aquilegia Canadensis* (Ancolies du Canada); isolé un *Cedrus Deodora viridis* (cèdre de l'Inde à feuille verte); à la pointe, une corbeille de *Mahonia fascicularis*; en avant, un *Paulownia imperialis*; les arbres, au nombre de sept à tête ronde, traversés par le chemin sont des *Æsculus Hippocastanum flore pleno* (marronniers d'Inde à fleur double); dans le massif trois *Liriodendrum* (tulipiers), cinq *Maclura*, trois *Liquidambar styraciflua* (liquidambars copals), trois *Rhamnus alaternus latifolius*, un *Corylus purpurea*, cinq *Phlomis fruticosa*, trois *Pyrus Sinaica*.

Autour du lieu de repos, trois *Populus balsamifera* (peupliers baumiers), trois *Populus Ontariensis* (peupliers du lac Ontario), trois *Populus Græca* (peupliers d'Athènes), deux *Cratægus torminalis* (alisiers des bois), deux *Cratægus Aria* (alisiers blancs), deux *Cratægus Aria Nepalensis* (alisiers du Népaul), cinq *Arbutus Uva ursi* (arbousiers Busseroles), cinq *Hippophae Canadensis*, sept *Ilex* (houx) variés, cinq *Taxus* (ifs) variés, quatorze *Aucuba* variés, huit *Baccharis halimifolia*, quatre *Colutea* (baguenaudiers), trois *Betula lenta*, (bouleaux merisiers), cinq *Buxus* variés et dix-neuf *Cotoneaster* à feuilles persistantes et caduques en douze espèces. Sur la pelouse, treize *Cupressus horizontalis* (cyprès horizontaux); au bord du chemin, dix *Æsculus Hippocastanum flore pleno*; isolé un *Cupressus macrocarpa* (cyprès à gros cône); à la pointe huit *Cupressus Lawsoniana nivea* (cyprès de Lawson blanchâtres; près le massif du lieu de repos quatre *Mespilus linearis* (épines linéaires).

Entre les deux ponts près de celui des chutes un *Taxodium distichum*; contre la grotte quatre *Sequoia sempervirens*; plus loin, six *Tilia Americana argentea*; près du deuxième pont, quatre *Cupressus Lawsoniana gracilis*.

En face, dans le massif, cinq *Tilia Americana argentea*, trois *Cratægus Aria latifolia*, trois *Sorbus aucuparia* (sorbiers des oiseleurs), quatre *Syringa media*, trois *Syringa media flore albo*, cinq *Daphne Laureola*. Dans le gazon, des *Cephalotaxus Fortunei*; quatorze *Juniperus Virginiana* (genévriers cèdres de Virginie) composent le groupe d'arbres résineux; isolé, un *Tilia Americana argentea pendula*; dans le massif trois *Quercus Tauza* (chênes tauzins), un *Acer Negundo*, un *Gleditschia triacanthos* (févier d'Amérique), trois *Phillyrea angustifolia*, cinq *Fontanesia phillyreoides*, trois *Forsythia viridissima* (forsythias à feuillage très-vert), et onze *Spiræa* variés. Sur le bord du chemin, un *Pinus muricata*; dans la corbeille, quatre-vingt sept *Dracocephalum* (Dracocéphales) en quatre espèces. Isolé, un *Populus alba nivea* (peuplier blanc de Hollande cotonneux).

De cette admirable perspective du petit salon à la porte d'Yvette, le long du mur nous séparant des exploitations agricoles, divers arbres de première, deuxième et troisième grandeur, sous lesquels ont été plantés des *Hedera helix latifolia*, des *Ilex* diverses variétés, des *Phillyrea latifolia* et *angustifolia*, des *Mahonia* en plusieurs espèces, quarante-huit *Ruscus* en deux espèces, vingt-huit *Jasminum fruticans*, douze *Buxus* en six espèces parmi lesquels dominent ceux à feuille longue, dix-neuf *Mespilus pyracantha*, une collection de sept espèces de *Saxifraga* de pleine terre; les rameaux de ces grands arbres, rapprochés de ceux des massifs, forment une voûte de verdure la plus complète et la plus sévère.

Le long du mur de l'exploitation agricole, jusqu'au pont d'Yvette, onze *Populus alba nivea*, seize *Elæagnus*; sur le bord de l'eau, quatre *Hippophae*, trois *Tamarix Gallica*, cinq *Corylus purpurea*, neuf *Syringa media*, trois *Mespilus crus galli*, douze *Berberis* en six espèces et quinze *Daphne Laureola*; près la porte, un *Mespilus Oxyacantha flore albo pleno*; à l'angle, un *Populus fastigiata*.

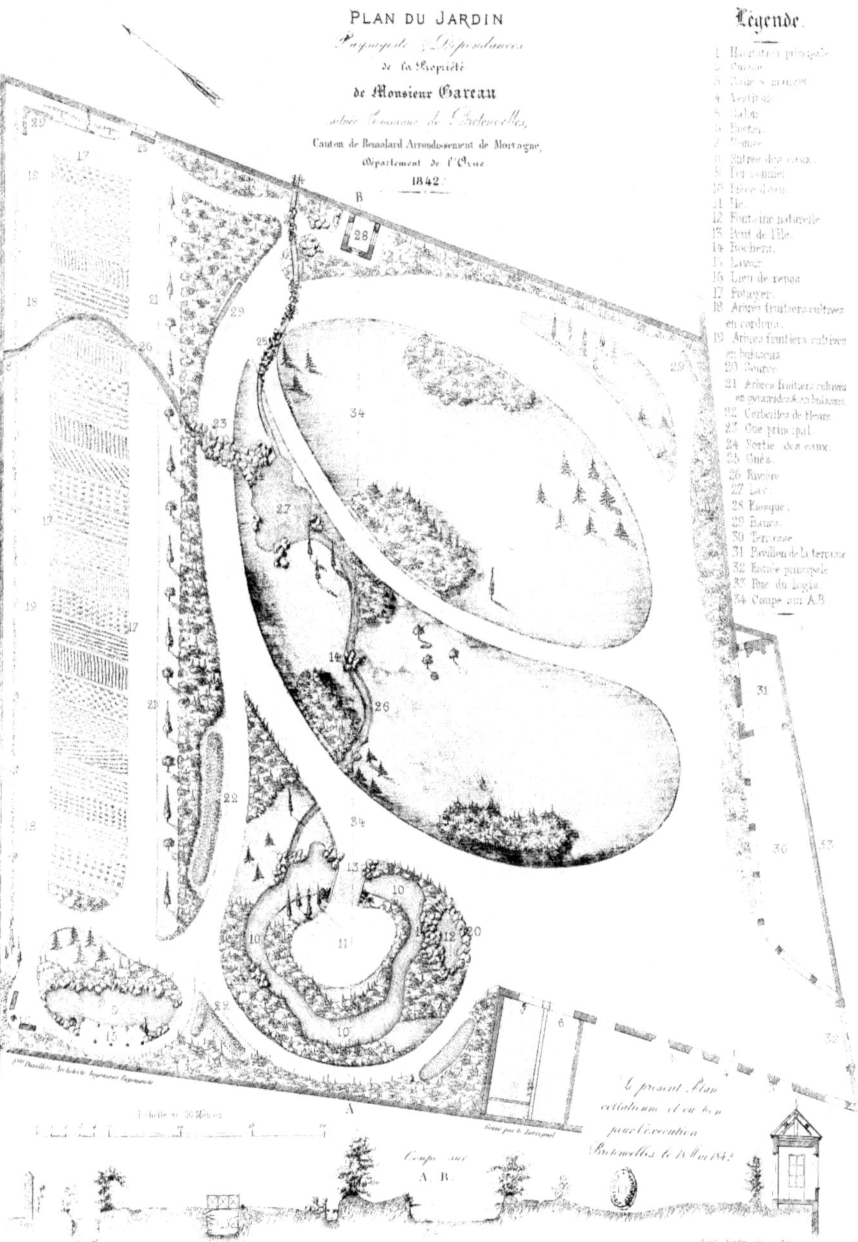

PLAN DU JARDIN
Paysage et Dépendances
de la Propriété
de Monsieur Gareau
située Commune de Bretoncelles,
Canton de Rémalard Arrondissement de Mortagne,
Département de l'Orne
1842

Légende.
1 Habitation principale
2 Cuisine
3 Sorties ménagées
4 Vestibule
5 Salon
6 Basses
7 Remises
8 Entrée des eaux
9 Terre coulisse
10 Pièce d'eau
11 Île
12 Fontaine naturelle
13 Pont de l'île
14 Rochers
15 Lavoir
16 Lieu de repos
17 Potager
18 Arbres fruitiers cultivés en cordons
19 Arbres fruitiers cultivés en buissons
20 Source
21 Arbres fruitiers cultivés en pyramides & en buissons
22 Corbeilles de fleurs
23 Gué principal
24 Sortie des eaux
25 Gués
26 Rivière
27 Lac
28 Kiosque
29 Bancs
30 Terrasse
31 Pavillon de la terrasse
32 Entrée principale
33 Porte du logis
34 Coupe sur A B

Échelle de 50 Mètres

Coupe sur A B

Le présent Plan collationné et vu bon pour l'exécution
Bretoncelles le 18 Mai 1842

# JARDIN PAYSAGISTE

SITUÉ A BRETONCELLES, CANTON DE REMALARD, ARRONDISSEMENT DE MORTAGNE, DÉPARTEMENT DE L'ORNE

PROPRIÉTÉ DE M. GAREAU

1842

S'il y a amateur pour les grands parcs, il s'en trouve aussi pour les petits jardins auxquels on accorde beaucoup s'ils sont dessinés avec goût et intelligence : cette création en est un bel exemple.

Le long de la terrasse, couverte d'une tente lors des excessives chaleurs, de l'entrée à l'angle où se trouve placé le banc, dix *Cratægus Aria Nepalensis* (alisiers blancs du Népaul), quatre *Æsculus Hippocastanum* (marronniers d'Inde), cinq *Pavia Californica* (paviers de Californie); près la terrasse, six *Pavia macrostachya* (paviers nains), cinq *Persica vulgaris flore alba pleno* (pêchers à fleur blanche double), trois *Celtis cordifolia* (micocouliers à feuille en cœur), trois *Morus alba* (mûriers blancs communs), trois *Corylus purpurea* (noisetiers à feuille pourpre), dix-sept *Mahonia Bealii* (mahonias de Beal), seize *Hypericum kalmianum*, dix *Syringa Persica flore alba*, trois *Liquidambar*, neuf *Leycesteria formosa*, et vingt-trois *Hydrangea* en six espèces, au-dessus de la bordure, soixante-cinq *Digitalis grandiflora* (digitales à grande fleur).

De cet angle au pavillon et au potager, cinq *Fagus sylvatica aspleniifolia* (hêtres communs à feuille de fougère); contre le pavillon, cinq *Ilex microcarpa* (houx à petit fruit), trois *Betula alba*, six *Arbutus Unedo*, six *Cercis siliquastrum*, sept *Atriplex Halimus*, sept *Colutea arborescens*, un *Catalpa*, cinq *Gymnocladus*, sept *Buddleia*.

Près la sortie des eaux, un *Salix Babylonica* (saule pleureur), un *Populus fastigiata* (peuplier d'Italie), trois *Tamarix*, sept *Caragana* en quatre espèces, un *Quercus palustris* (chêne des marais), seize *Spiræa* variées, onze *Cerasus pumila*, trois *Carpinus Ostrya* (charmes houblons), onze *Mespilus pyracantha*, à 0ᵐ,20 de la bordure, quarante-neuf *Erigeron Alpinum*.

Le long des arbres fruitiers et du potager, trois *Pavia rubra* (paviers à fleur rouge), trois *Pavia Californica* (paviers de Californie), trois *Pavia discolor* (paviers discolores), sept *Robinia hispida* (robiniers roses) tiges et onze nains, trois *Ulmus Sinensis* (ormes de la Chine), un *Juglans macrophylla* (noyer à grande feuille), un *Juglans Americana cinerea* (noyer d'Amérique cendré), trois *Populus alba nivea* (peupliers blancs de Hollande cotonneux), vingt-deux *Mahonia fascicularis* (mahonias à fleur fasciculée), un *Celtis Orientalis* (micocoulier du Levant), trois *Rhamnus alaternus*, trois *Rhamnus alaternus angustifolius*, trois *Rhamnus alaternus albo-variegatus*, trois *Rhamnus alaternus aureo-variegatus*, trois *Rhamnus alaternus latifolius*, cinq *Rhamnus Billardii* (nerpruns de Billard), quatre *Corylus purpurea*, sept *Paliurus aculeatus* (paliures épineux), trois *Persica vulgaris flore rubro pleno* (pêchers à fleur rouge double), quatre *Syringa Persica* (lilas de Perse), cinq *Philadelphus coronarius* (seringas odorants), un *Planera crenata*, deux *Platanus Canadensis fastigiata*, quatre *Pyrus Sinaica*, dix-neuf *Cerasus Lauro Caucasica*, cinq *Malus spectabilis*, seize *Potentilla fruticosa*, huit *Prunus Sinensis flore albo pleno*, seize *Aucuba Japonica*, faisant bordure, soixante-dix *Pavonia arborea Sinensis* en quinze espèces, alternés avec des *Campanula grandiflora*.

Dans la corbeille, trois cent quatre-vingts Rosiers nains Général Jacqueminot.

A la pointe de l'île, cinq *Amygdalus communis flore pleno*, trois *Aralia spinosa*, trois *Chionanthus*, un *Alnus barbata* (aune barbu), trois *Baccharis halimifolia* (baccharides à feuille d'Haline), un *Catalpa*, deux *Calycanthus Floridus*, trois *Caragana Altagana*, cinq *Ceanothus Americanus*, cinq *Cerasus pumila*, un *Eleagnus* et sept *Spiræa lævigata* (spirées lisses), au-dessus des bordures, vingt-huit *Campanula pyramidalis flore albo*. Sur la pelouse, un *Robinia pseudo-acacia pyramidalis*, trois *Sequoia gigantea*. Près la pièce d'eau, cinq *Salix argentea*, cinq *Salix Japonica*, cinq *Fagus sylvatica purpurea* (hêtres communs à feuille pourpre) trois *Sorbus hybrida*, cinq *Liriodendron tulipifera*, sept *Tamarix Indica*, quatre *Betula alba*, cinq *Phillyrea latifolia*, six *Philadelphus elegans*, trois *Sophora Japonica*, sept *Salsola fruticosa*, douze *Spiræa opulifolia*, quatre *Ligustrum lucidum* (troènes à feuille luisante), cinq *Viburnum macrocephalum* (viornes à gros capitules). Sur le bord de l'eau, vingt-neuf *Lythrum roseum superbum* (salicaires roses superbes); côté de l'allée au-dessus de la bordure, quarante-deux *Rudbeckia purpurea*; de la fontaine au pont, un *Salix Babylonica*, trois *Tamarix Gallica*, un *Liriodendron tulipifera*, un *Cratægus Aria Nepalensis*, sept *Hibiscus Syriacus anemonæflora plena*, trois *Amygdalus nanus flore pleno*, trois *Arbutus Uva ursi*, quatre *Atriplex Halimus*, trois *Colutea arborescens*, un *Gymnocladus*, trois *Betula lenta*, un *Broussonetia papyrifera cucullata*, trois *Buxus longifolia*, un *Calycanthus præcox*, trois *Caragana grandiflora*, un *Catalpa*, trois *Cerasus Lauro Colchica*, quatre *Cerasus pumila*, un *Carpinus Ostrya*, un *Quercus Phellos*.

Côté des eaux, trente-huit *Lythrum virgatum* (salicaires effilées); près des allées, douze *Salvia patens flore albo* (sauges à large fleur blanche); sur les rochers, neuf *Saxifraga crassifolia* (saxifrages à feuille épaisse); côté des gazons, sept *Scabiosa Caucasica* (scabieuses du Caucase).

Des remises au potager le long des murs, trois *Quercus coccifera*, cinq *Carpinus Americana*, trois *Elæagnus edulis*, quatre *Corylus purpurea*, six *Cistus ladaniferus*, cinq *Cydonia Japonica*, trois *Cornus mascula*, treize *Cotoneaster uniflora*, quatre *Cytisus Adami*, cinq *Cytisus purpureus*, dix-huit *Daphne Laureola*, onze *Deutzia staminea*, trois *Mespilus Oxyacantha flore albo pleno*, neuf *Berberis vulgaris dulcis*, neuf *Rubus odoratus*, seize *Eronymus Japonicus macrophyllus* et quinze *Mahonia repens*; dans la corbeille, près le pommier, quatre-vingt-dix *Statice latifolia* (statices à large feuille); de cette corbeille au potager, soixante-quatre *Pentstemum spectabilis* (pentstemons remarquables); à l'angle des remises, quatre-vingts *Phlox suaveolens folio variegato* (phlox odorants à feuille panachée).

A côté du lavoir, un *Salix Babylonica*, un *Populus fastigiata*; bord du poissonnier, entre les rochers et en avant, deux *Amelanchier Canadensis*, trois *Amorpha fruticosa*, trois *Aralia spinosa*, un *Cercis siliquastrum*, cinq *Hippophae rhamnoides*, trois *Atriplex Halimus*, un *Alnus barbata*, trois *Betula lenta*, cinq *Buxus rotundifolia*, sept *Cerasus pumila*, sur les rochers, trente et une *Vinca minor flore pleno* (pervenches petites à fleur double), au bord de l'eau, un *Phalaris arundinacea picta* (phalaride roseau à feuille rubanée), côté des gazons, dix-neuf *Phlomis samia* (phlomis samias), au-dessus des bordures, côté des allées, onze *Aquilegia Canadensis* (ancolies du Canada), et sept *Alchemilla Alpina* (alchemilles des Alpes). Sur le gazon, cinq *Pinus Pinea* (pins pignons).

En face le potager, un *Castanea* (châtaignier) Marrons de Lyon, un *Cerasus semperflorens* (cerisier de la Toussaint), un *Juglans regia variegata* (noyer commun à coque tendre), deux *Corylus laciniata*, un *Mespilus germanicus* (néflier) commun à gros fruit, cinq *Ribes rubrum* (groseilliers à grappe) Versaillaise, cinq *Ribes ura crispa* (groseilliers épineux).

A l'intérieur de l'île, près le pont, un *Salix Babylonica*, quatre *Populus fastigiata*; dans le gazon, le long des eaux, sept *Tamarix Germanica*, cinq *Liriodendrum tulipifera integrifolium*, cinq *Viburnum Opulus sterilis*, onze *Weigelia arborea grandiflora*, trois *Rhus typhinum*, quatre *Staphylea pinnata*, neuf *Sambucus nigra laciniata*, dix *Symphoricarpos parciflora variegata*, six *Taxodium distichum*, un *Tilia Americana*, quatre *Ligustrum Amurease*, trois *Betula alba*, onze *Aucuba* en onze espèces ou variétés; près des eaux, cent trente et un *Arundinaria falcata* (arundinaires à feuille en faux), à l'intérieur, vingt-neuf *Asphodelus luteus* (asphodèles jaunes). Isolé, un *Cupressus pendula* (cyprès pendants).

Le premier massif de la pelouse du lac est garni de seize espèces de *Magnolia* à feuille persistante entouré d'une bordure de cent vingt-neuf *Gentiana acaulis* (gentianes à grande fleur), en avant de la rivière, quatre *Cephalotaxus pedunculata*, à l'opposé, quatre *Maclura aurantiaca*, trois *Hippophae rhamnoides*, un *Alnus glutinosa laciniata*, un *Cercis siliquastrum*, trois *Baccharis halimifolia*, un *Gymnocladus*, trois *Betula pumila*, sept *Ceanothus*, à l'extérieur, quarante-sept *Geranium pratense flore pleno*; à l'entrée du lac, trois *Populus fastigiata* (peupliers d'Italie).

De l'autre côté du cours d'eau, dans le massif, un *Salix argentea*, trois *Rhus typhinum*, trois *Sambucus nigra laciniata*, un *Sambucus racemosa*, un *Tamarix Indica*, un *Tilia Americana argentea*, trois *Viburnum Opulus sterilis*, cinq *Robinia hispida* nains, huit *Spiræa lævigata*; au bord des eaux, onze *Helleborus niger* (hellébores noirs); en face l'allée, au-dessus de la bordure, huit *Hemerocallis disticha* (hémérocalles distiques); côté des gazons, sept *Lamium maculatum* (lamiums tachés); les trois arbres à tête ronde isolés sont des *Sterculia platanifolia* (sterculias à feuille de platane).

En face sur la pelouse opposée, un *Taxus fastigiata*. Dans le massif, sept *Maclura aurantiaca*, sept *Paliurus aculeatus*, trois *Sterculia platanifolia*, un *Celtis cordifolia*, un *Tamarix Gallica*, cinq *Hypericum calycinum*, un *Æsculus rubicunda*, trois *Persica vulgaris flore albo pleno*, cinq *Amygdalus nanas flore albo*, deux *Aralia Japonica*, cinq *Hippophae argentea*, deux *Gymnocladus Canadensis*, quatre *Betula urticæfolia*, un *Cerasus hortensis flore pleno*, cinq *Hibiscus* variés; côté des chemins, neuf *Cotoneaster*, sept *Daphne Laureola*, onze *Berberis Darwinii*, au-dessus de la bordure, vingt-quatre *Iris pumila* (iris naines), en plusieurs variétés, près des gazons, trente-cinq *Linum Sibiricum* (lins vivaces de Sibérie); à l'extrémité, trois *Cupressus thuioides* (cyprès faux-thuias); dans l'autre groupe, cinq *Acer Negundo folio argenteo variegato*, deux *Gleditschia inermis*, trois *Phillyrea latifolia*, cinq *Fontanesia phillyreoides*, trois *Fagus sylvatica purpurea*, trois *Eronymus Europeus fructu albo*, deux *Cercis siliquastrum flore albo*, huit *Genista juncea*, trois *Ribes Gordonianum*, trois *Halesia tetraptera*; côté des gazons, dix-neuf *Hydrangea Japonica folio variegato*, en bordure, vingt-huit *Lychnis Chalcedonica flore pleno* (lychnides croix de Jérusalem rouge double); sur une élévation, huit *Cedrus Deodora* (cèdres de l'Inde).

A l'une des extrémités de la pelouse du banc, six *Ulmus campestris pyramidalis* et trois *Pinus lanceolata*.

Dans le fruitier: le long du mur, soixante-trois *Persica vulgaris* (pêchers) inclinés à 45 degrés, choisis parmi les meilleures espèces; A 0ᵐ,60, sous le chaperon, un cordon de *Vitis vinifera* (vignes), les plus remarquables. Au fond, quatorze *Cerasus acinm* (cerisiers).

Sur la plate-bande, dix *Malus communis* (pommiers).

Côté des arbustes, neuf *Pyrus communis* (poiriers), alternés avec huit *Malus communis* (pommiers), cultivés en buisson.

Dans la plate-bande, divisée en quatre parties, contenant chacune des *Fragaria sylvestris* (fraisiers): deux cents des Alpes ou des quatre saisons à fruit rouge, deux cents des Alpes ou des quatre saisons à fruit blanc, deux cents des Alpes ou des quatre saisons sans filet à fruit rouge, deux cents des Alpes ou des quatre saisons sans filet à fruit blanc; ces deux dernières sous-variétés n'ayant pas de filet peuvent être utilisées avec succès pour bordure.

Légende.

PLAN DU PARC
Paysagiste, Potager, Fruitier,
exploitation agricole dépendant du Château
de Mr Cornet d'Yzeux
SITUÉ
Commune d'Yzeux, Canton de Picquigny
Arrondissement d'Amiens.
Département de la Somme.

8 Cour
9 Perspective sur les Yzeux
10 Belvédère
11 Banc et lieu de repos
12 Terrain communal
13 Pont sur le grand rocher
14 Yzeux
15 Corbeilles de fleurs
16 Serre chaude
17 Ferme modèle
18 Écurie
19 Remise
20 Entrée de la ferme
21 Sortie de la ferme
22 Vacherie
23 Bergerie
24 Élevage de veaux
25 Porcherie
26 Château
27 Petit salon
28 Grand salon
29 Billard
30 Salle à manger
31 Cabinet de travail
32 Escalier principal
34 Matériaux parties de pelouse de terre de bruyère et de terre
35 Corbeilles de fleurs
36 Perspective sur le chemin de Picquigny à Yzeux
37 Banc sur le gazon
38 Allée de 1ère Classe
39 Chalet et logement du garde
40 Marquise
41 Bureau
42 Salon
43 Chambre à coucher
44 Salle à manger
45 Magasin
46 Water-Closet
47 Route de Picquigny au château d'Yzeux

Le présent plan
a été vu et arrêté par nous
pour exécution
Château d'Yzeux
le  Décembre 18..
Cornet d'Yzeux

Coupe sur A B.

Échelle de 0.0075 pour Mètre.

F. Duvillers Architecte Ingénieur-Paysagiste
Gravé par G. Levasseur
Écriture par F. Duval

PARC PAYSAGISTE, POTAGER, FRUITIER ET FLEURISTE

DÉPENDANT

# DU CHATEAU D'YZEUX

SITUÉ COMMUNE D'YZEUX, CANTON DE PICQUIGNY, ARRONDISSEMENT D'AMIENS, DÉPARTEMENT DE LA SOMME

APPARTENANT A M. CORNET D'YZEUX

Créé en 1856

Les bords de la Somme, dont tout le monde connaît la fertilité, sont çà et là peuplés de riches domaines aux manoirs variés de toutes les époques; on le comprend, si l'on se rappelle l'importance des bois qui permettent aux chasseurs de s'exercer bien avant l'ouverture et longtemps après la clôture à cause du nombre considérable de gibiers de passage, de ces infortunés condamnés à l'émigration, qui s'arrêtent dans cette délicieuse vallée et sur ce fleuve abondant en poissons qui leur servent de pâture.

Venant de la station de Picquigny, où la voie ferrée se dirige d'Amiens sur Boulogne, on entre dans ce vaste parc dont le sol présente une déclivité assez sensible vers la Somme. Sur une partie circulaire, l'entrée principale, fermée par une belle grille en fer forgé, ayant un couronnement en rapport avec son importance; à droite, le chàlet destiné au garde est orné d'une varendha.

Le long du mur formant clôture sur la route de Picquigny à Yzeux jusqu'à la perspective, des arbres de première grandeur; près du chàlet, six *Populus alba nicca* (peupliers blancs de Hollande cotonneux), trois *Esculus Hippocastanum flore pleno* (marronniers d'Inde à fleur double), trois *Populus fastigiata* (peupliers d'Italie), quatre *Amelanchier*, cinq *Cercis siliquastrum* (gainiers communs), trois *Hippophae argentea* (argousiers argentés), six *Alnus* (aunes), dix *Broussonetia*, quinze *Carpinus Americana* (charmes d'Amérique), dix *Castanea chrysophylla* (châtaigniers à feuille dorée); près la perspective, onze *Quercus Mirbecki* (chênes Zang); un peu partout, vingt-deux *Quercus coccinea* (chênes écarlates), un *Mespilus Oxyacantha flore alba pleno* (épines à fleur blanche double), vingt-deux *Mespilus Oxyacantha flore roseo pleno* (épines à fleur rose double), dix-huit *Berberis vulgaris purpurea* (épines-vinettes communes à feuille pourpre), seize *Acer Negundo* (érables à feuille de frène), seize *Acer Pseudo-platanus folio purpureo* (érables sycomores à feuille pourpre), cinquante *Rhus typhinum* (sumacs de Virginie), neuf *Sambucus racemosa* (sureaux à grappe), quatorze *Symphoricarpos racemosa* (symphorines à grappe), dix-huit *Cornus Sibirica* (cornouillers de Sibérie), vingt-deux *Chamaecerasus Ledebouri* (chamecerisiers de Ledebour), vingt-cinq *Buxus rotundifolia* (buis à feuille ronde), quatre *Bupleurum* (buplèvres), trente *Hibiscus* (althæas) variés, trente-huit *Syringa media* (lilas de Marly), vingt-cinq *flore albo* (à fleur blanche), trente *Spiræa* variées choisies parmi celles qui prennent le plus de développement.

Sur le gazon, cinq *Tilia Americana argentea* (tilleuls d'Amérique à feuille argentée), quatorze *Pinus sylvestris* (pins d'Écosse); derrière le banc, six *Populus fastigiata* (peupliers d'Italie); de la perspective à la ferme, cinq *Ulmus campestris latifolia* (ormes champêtres à large feuille), cinq *Liriodendrum* (tulipiers), cinq *Acer Negundo*, sept *Catalpa*, trois *Cratægus Aria Nepalensis* (alisiers du Népaul), vingt-six *Amygdalus nanas* (amandiers nains de Chine), dix *Amorpha glabra* (amorphas glabres), treize *Aucuba* variés, cinq *Æsculus rubicunda* (marronniers à fleur rouge), cinq *Colutea* (baguenaudiers), trois *Broussonetia papyrifera heterophylla dissecta* (broussonetias hétérophylles), dix *Budleia Lindleyana* (budleias de Lindley), vingt-deux *Mahonia aquifolium* (mahonias à feuille de houx) et neuf *Kœlreuteria* (savonniers).

Revenant à la porte de Picquigny et d'Amiens, sur la pelouse, dix-huit *Wellingtonia gigantea* (séquoias gigantesques); isolés, treize *Æsculus rubicunda*; en face le massif d'arbres à feuille caduque, neuf *Cedrus argentea Atlantica* (cèdres argentés de l'Atlas); dans le massif, onze *Elæagnus macrophylla* (chalefs à grande feuille), dix *Cerasus Padus* (cerisiers merisiers à grappe), cinq *Cerasus Mahaleb* (cerisiers Sainte-Lucie), sept *Carpinus Americana* (charmes d'Amérique), cinq *Quercus Robur pedunculata* (chênes communs à long pédoncule), dix *Cornus Florida* (cornouillers de la Floride), cinq *Mespilus Oxyacantha flore alba pleno*, cinq *Acer eriocarpum* (érables à fruit cotonneux), six *Gleditschia macrocanthos* (féviers à grosse épine), trois *Fraxinus excelsior aucubæfolia* (frènes communs à feuille d'Aucuba), six *Evonymus latifolius* (fusains à large feuille), trois

*Populus balsamifera* (peupliers baumiers); sur le bord du gazon, vingt-sept *Phlomis fruticosa* (phlomis frutescents), trois *Planera* et treize *Spiræa Lindleyana* (spirées de Lindley): le groupe d'arbres pyramidaux est composé de quinze *Quercus* (chênes); le massif isolé est garni de cinq *Salix argentea* (saules argentés), six *Koelreuteria*, dix *Baccharis halimifolia* (baccharides à feuille d'Haline), cinq *Sorbus Americana* (sorbiers d'Amérique), dix *Salsola* (soudes), dix-huit *Spiræa tomentosa* (spirées cotonneuses), trois *Sambucus nigra foliis argenteis* (sureaux communs à feuille argentée), six *Tamarix Indica* (tamarix de l'Inde), trois *Liriodendrum tulipifera* (tulipiers de Virginie), sept *Viburnum Lantana* (viornes communes), trois *Cratægus Aria* (alisiers blancs), six *Hippophae* et trente-deux *Cistus ladaniferus* placés sur le dernier plan; près de l'allée, un *Catalpa*; plus loin, un *Cupressus horizontalis* (cyprès horizontal): les sept arbres à tête ronde sont des *Paulownia*; isolé, un *Taxus fastigiata* (if pyramidal); à la pointe, sept *Quercus ilex* (chênes verts), neuf *Quercus Mirbecki* (chênes Zang), seize *Mespilus pyracantha* (épines buissons-ardents), huit *Cerasus Lusitanica* (cerisiers lauriers de Portugal), onze *Bupleurum*, dix *Cotoneaster latifolia* (cotoneasiers à feuille de buis), cinq *Cerasus lauro-cerasus* (cerisiers lauriers-amandes), sept *Cerasus Virginiana*, cinq *Daphne Laureola* (daphnés Lauréoles), quatorze *Berberis Darwinii* (épines-vinettes de Darwin), ce groupe se termine par quinze *Ruscus aculeatus* (fragons piquants). Remontant l'allée de première classe sur la coupe A B, seize *Acer Negundo folio argenteo variegato* (érables à feuille de frêne panachée argentée); en avant du groupe isolé, deux *Ulmus campestris pyramidalis* (ormes champêtres pyramidaux); parmi le groupe il se trouve cinq *Mespilus Oxyacantha flore roseo pleno*, neuf *Berberis vulgaris purpurea*, sept *Rhus typhinum* (sumacs de Virginie), trois *Evonymus Europæus fructu albo* (fusains communs à fruit blanc), un *Gleditschia Sinensis* (févier de la Chine), neuf *Forsythia viridissima* (forsythias à feuillage très-vert).

Sur cette spacieuse pelouse qui s'étend jusqu'au château, la corbeille est garnie de cent vingt *Arundo Donax variegata* (arundos à quenouilles à feuilles panachées) bordés d'*Anemone* Honorine Jobert; à l'une des extrémités, un *Cedrus Libani* et un *Sophora Japonica*; opposé aux *Acer Negundo folio argenteo variegato*, treize arbres de la même espèce à bois jaspé. Dans le groupe, dix *Pavia lutea* (paviers jaunes), cinq *Hippophae*, six *Gymnocladus*, huit *Betula alba*, trois *Broussonetia papyrifera cucullata*, dix-neuf *Ononis*, cinq *Chimonanthus fragrans*, neuf *Caragana*, six *Symphoricarpos racemosa*, neuf *Genista juncea* et dix-huit *Ribes* en neuf espèces. Sur une légère élévation, vingt *Cedrus Deodora*; viennent ensuite sept *Abies pinsapo*. La corbeille n° 35 est garnie de plantes se renouvelant selon les saisons; à l'une de ses extrémités, quatre *Abies balsamea* (sapins baumiers de Gilead); les onze arbres à tête ronde sont des *Liriodendrum*; en avant du massif, un *Thuia Lobbii* (thuia de Lobb), puis un *Quercus pedunculata fastigiata*; dans le massif, quatre *Salix pentandra*, douze *Koelreuteria*, huit *Philadelphus coronarius*, sept *Sophora Japonica*, cinq *Sorbus* en cinq variétés, six *Spiræa opulifolia*, six *Spiræa Douglasii*, neuf *Rhus Cotinus*, cinq *Sambucus racemosa*, sept *Symphoricarpos parviflora*, cinq *Tamarix Gallica*, cinq *Tilia Europæa macrophylla*, sept *Viburnum plicatum*, trente-deux *Weigelia rosea* achèvent cette importante plantation; sur le gazon, dix *Pavia rubra*; dans le groupe isolé sur la pelouse, sept *Eleagnus*, sept *Hippophae*, trois *Juglans macrophylla*, trois *Ulmus Sinensis*, dix *Phlomis fruticosa*, trois *Diospyros Virginiana*, trois *Pyrus salicifolia*, quatre *Malus spectabilis*, quatorze *Potentilla fruticosa*, trois *Ptelea trifoliata*, huit *Robinia hispida* greffés nains et cinq *Althæa frutex* en cinq variétés.

A la pointe de la pelouse du potager, une corbeille de fleurs garnie de *Canna nigricans*; suivant l'allée de première classe, en avant du massif, isolé trois *Liriodendrum tulipifera*; les plantations du massif sont composées d'arbres à effet, seize *Liquidambar styraciflua*, cinq *Cratægus*, cinq *Amelanchier*, huit *Amygdalus argentea*, cinq *Cercis Canadensis*, huit *Genista scoparia*, six *Fagus sylvatica purpurea* et dix *Ilex* en dix variétés, vingt-neuf *Potentilla fruticosa* forment le dernier plan; immédiatement après, trois *Salisburia adianthifolia* (gingkos à deux lobes); les huit arbres résineux sont des *Larix Sibirica* (mélèzes de Sibérie); à l'autre point extrême, vingt-huit *Pinus Coulteri* (pins à gros cône); les trois arbres pyramidaux sont des *Robinia pseudo-acacia*; viennent ensuite quatorze *Diospyros Virginiana*; à la pointe du massif, huit *Betula lenta*; dans le massif, trois *Planera acuminata*, trois *Diospyros Virginiana*, dix *Corylus Byzantina*, cinq *Pyrus Sinaica*, trois *Malus baccata*.

Du kiosque à la perspective de la vallée de la Somme, vingt-deux *Tamarix*, cinq *Salix Babylonica*, trois *Quercus rubra*, cinq *Acer rubrum*, trois *Gleditschia triacanthos*, six *Evonymus latifolius*, trois *Cercis Canadensis*, trois *Robinia pseudo-acacia*, dix-sept *Genista scoparia*, six *Ribes Alpinum*, huit *Ilex aquifolium* et quelques *Spiræa*; à l'extrémité, un *Pinus Strobus*; l'arbre à tête ronde est un *Fagus sylvatica purpurea*; dans le massif, quatre *Cratægus Aria*, cinq *Amorpha*, quatre *Hippophae argentea*, trois *Alnus cordifolia*, cinq *Colutea*, trois *Betula urticæfolia*, un *Broussonetia papyrifera heterophylla dissecta*, trois *Calycanthus macrophyllus*, deux *Cerasus hortensis flore pleno*, quatre *Cerasus Mahaleb*, cinq *Chamæcerasus fragrantissima*, quatre *Cotoneaster vulgaris*, plusieurs *Cytisus hirsutus* et quelques *Spiræa* variées. Sur le gazon, un *Tilia Americana argentea*, un *Ulmus campestris pyramidalis* et un *Cephalotaxus pedunculata*. Derrière l'orangerie, trois *Cydonia Lusitanica*, cinq *Hibiscus Syriacus speciosus flore pleno*, trois *Robinia hispida* tige, trois *Cratægus Aria Nepalensis*, un *Sophora Japonica*, trois *Amygdalus Georgica*, deux *Amorpha glabra*, un *Aralia spinosa*, quatre *Cercis Canadensis*, neuf *Aucuba* variés et dix *Potentilla fruticosa*. En avant de la première partie circulaire du potager, deux *Cerasus semperflorens*, trois *Catalpa*, un *Alnus barbata*, deux *Gymnocladus*, quatre *Buddleia Lindleyana*, trois *Buxus longifolia*, quatre *Caragana*, trois *Syringa media flore albo*, trois *Cerasus lauro-cerasus*; en face la deuxième partie, quatre *Cerasus hortensis flore pleno*, deux *Eleagnus*, deux *Carpinus Ostrya*, quatre *Chamæcerasus Tatarica*, six *Cistus ladaniferus*, cinq *Cydonia Japonica flore albo*, six *Coronilla Emerus*, cinq *Cotoneaster rotundifolia*. Le groupe de l'autre côté est garni de trois *Mespilus germanicus* (néfliers) communs à gros fruit, trois *Cornus mascula*, trois *Corylus purpurea*, cinq *Syringa Rothomagensis Sanguinea*, quatre *Lycium Sinense*, six *Mahonia fascicularis*, un *Celtis Australis*, quatre *Rhamnus Alpinus* et six *Spiræa lævigata*; le quatrième comprend un *Pavia discolor*, quatre *Persica vulgaris flore rubro pleno*, trois *Pyrus Sinaica*, six *Prunus spinosa flore pleno*.

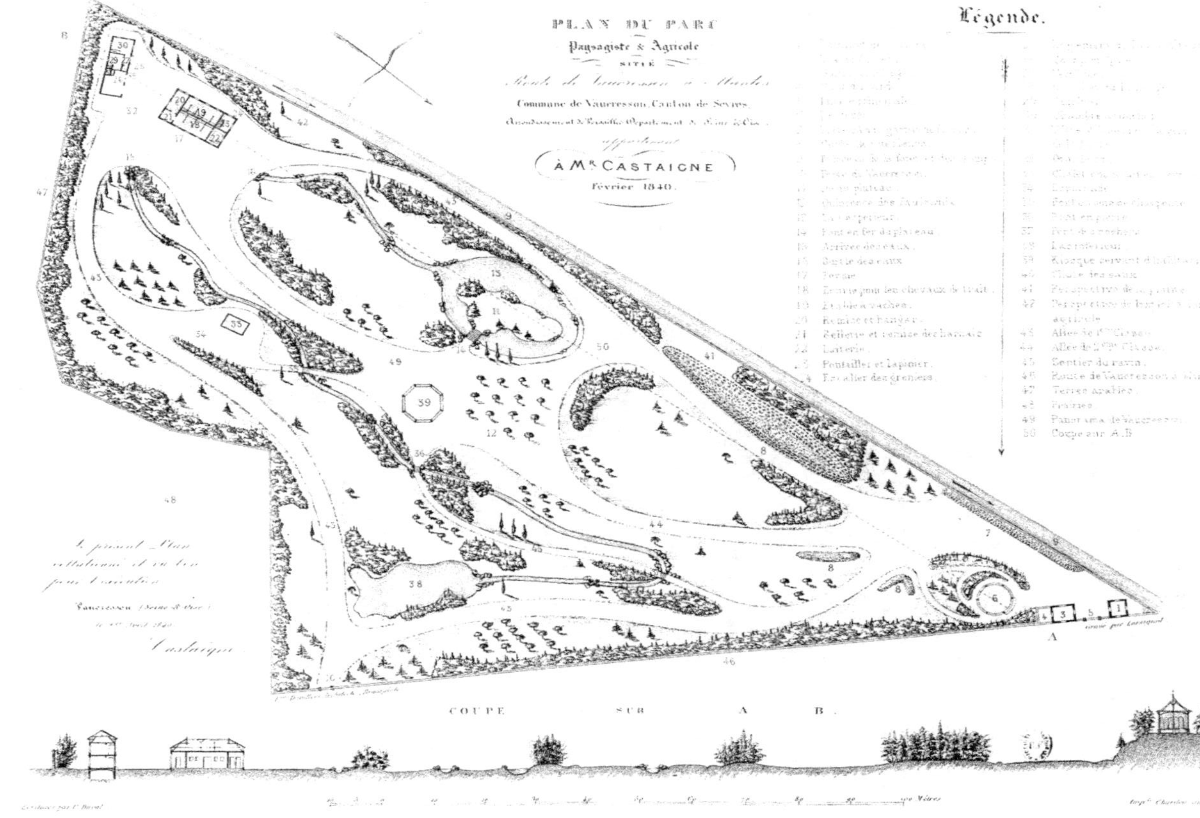

PLAN DU PARC
Paysagiste & Agricole
SITUÉ
Route de Vaucresson à Marnes
Commune de Vaucresson, Canton de Sèvres,
Arrondissement de Versailles, Département de Seine & Oise
appartenant
À M. CASTAIGNE
Février 1840.

Légende.
14 Pont en fer du plateau
15 Arrivée des eaux
16 Sortie des eaux
17 Forge
18 Écurie pour les chevaux de trait
19 Étable à vaches
20 Remise et hangar
21 Sellerie et remise des harnais
22 Laiterie
23 Poulailler et lapinier
24 Escalier des greniers
38 Lac intérieur
39 Kiosque servant d'habitation
40 Chute des eaux
41 Perspective de la plaine
42 Perspective de ... agricole
43 Allée de 1re classe
44 Allée de 2me classe
45 Sentier du ...
46 Route de Vaucresson à ...
47 Terres arables
48 Prairies
49 Panorama de Vaucresson
50 Coupe sur A.B

COUPE SUR A.B.

# PARC PAYSAGISTE ET AGRICOLE

CRÉÉ A VAUCRESSON (ROUTE DE MANTES)

CANTON DE SÈVRES, ARRONDISSEMENT DE VERSAILLES (DÉPARTEMENT DE SEINE-ET-OISE)

APPARTENANT A M. CASTAIGNE.

1840

Cette création contient deux hectares, dix-neuf ares, onze centiares ; le potager et le fleuriste sont établis à l'extérieur. Ce terrain, très-tourmenté, présente des déclivités sensibles au pied desquelles sont de fertiles prairies et des eaux peu constantes qui ont été réunies dans un lac inférieur.

Des parties plus élevées on découvre la fertile vallée de Vaucresson ; sur le plateau, les magnifiques bois qui nous séparent de Versailles.

Entrant par la porte de Vaucresson, le long de la route, sept *Pinus Laricio* (pins Laricio de Corse) ; jusqu'à l'entrée principale, seize *Populus Græca* (peupliers d'Athènes), onze *Populus Canadensis* (peupliers du Canada), cinq *Ulmus campestris tortuosa* (ormes champêtres tortillards), trois *Ulmus campestris latifolia* (ormes champêtres à large feuille), dix *Cratægus torminalis* (alisiers des bois), seize *Alnus glutinosa* (aunes communs), trois *Broussonetia*, six *Quercus Tauza* (chênes tauzins), onze *Chamæcerasus Alpigena* (chamecerisiers des Alpes), six *Cornus alternifolia* (cornouillers à feuille alterne), huit *Cotoneaster vulgaris* (cotoneasters communs), dix *Cytisus labarnum* (cytises faux-ébéniers) et trente-deux *Berberis vulgaris et purpurea* (épines-vinettes communes et à feuille pourpre) ; sur le gazon, treize *Fagus sylvatica* (hêtres communs), plus trois *Juniperus Virginiana* (genévriers cèdres de Virginie). Au n° 8, une corbeille de trente *Pæonia arborea*. Sur la pelouse du belvéder, cinq *Thuia gigantea* (thuias gigantesques) ; dans les divers massifs, trois *Esculus rubicunda* (marronniers rubiconds à fleur rouge), trois *Platanus*, cinq *Diospyros Virginiana* (plaqueminiers de Virginie), trois *Planera*, cinq *Celtis cordifolia* (micocouliers à feuille en cœur), six *Morus alba variegata* (mûriers blancs à feuille de rose), trois *Rhamnus alaternus angustifolius* (nerpruns alaternes à feuille étroite), cinq *Corylus Byzantina* (noisetiers de Byzance), dix-huit *Mahonia*, sept *Jasminum fruticans* (jasmins jaunes), six *Cerasus Lusitanica* et dix-huit *Spiræa Reevesi flore pleno* (spirées de Reeves à fleur double).

Sur la prairie du pont des rochers, la corbeille est garnie de soixante *Solanum robustam* : six *Amygdalus communis* (amandiers communs), forment le groupe d'arbres à tête sphérique ; un *Cedrus argentea Atlantica* (cèdre argenté de l'Atlas) ; près les rochers, un *Salix Babylonica* (saule pleureur) ; plus loin, cinq *Cerasus avium* (cerisiers) de Montmorency ; dans le massif trois *Cratægus Aria Nepalensis* (alisiers blancs du Népaul), cinq *Amygdalus argentea* (amandiers satinés), deux *Cercis siliquastrum* (gainiers communs), un *Gymnocladus* (bonduc), cinq *Mespilus pyracantha* (épines buissons-ardents), un *Cerasus Sibirica* (cerisier de Sibérie), deux *Cerasus Padus* (merisiers à grappe), six *Cistus ladaniferus* (cistes ladanifères) et trois *Cydonia Japonica* (coignassiers du Japon) ; de l'autre côté du ruisseau, cinq *Cydonia vulgaris* (coignassiers communs), trois *Cornus mascula* (cornouillers mâles), six *Cytisus sessilifolius* (cytises à feuille sessile), quatre *Daphne Laureola* (daphnés Lauréoles), dix *Berberis vulgaris purpurea* (épines-vinettes communes à feuille pourpre), plus seize *Deutzia scabra* (deutzias rudes) ; les trois arbres à rameaux fasciculés sont des *Ulmus campestris pyramidalis* (ormes champêtres pyramidaux).

A l'entrée de la pelouse du lac inférieur six *Cydonia communis* (coignassiers) d'Angers, dix *Ribes uva crispa* (groseilliers épineux) en dix espèces et variétés, cinq *Mespilus germanicus* (néfliers) communs à fruit monstrueux et quelques *Berberis* (épines-vinettes) ; sur le gazon, un *Cerasus semperflorens* (cerisier de la Toussaint) ; à l'entrée du lac, un *Populus fastigiata* (peuplier d'Italie) ; sur les bords, trois *Mespilus germanicus* (néfliers) communs des bois, trois *Corylus avellana* (noisetiers) avelines blanches rondes, deux *Malus communis* (pommiers) à bois monstrueux, quatre *Berberis* (épines-vinettes), un *Acer Pseudo-platanus folio purpureo* (érables sycomores à feuille pourpre), et trois *Tamarix Indica* (tamarix de l'Inde) : longeant le chemin de la ferme, un *Salix annularis* (saule à feuille annulaire) ; près des rochers dans le massif, cinq *Prunus sativa* (pruniers) Dame Aubert, un *Juglans regia* (noyer) à très-gros fruit, six *Corylus avellana* francs à fruit rouge, sept *Ribes rubrum* (groseilliers à grappe) et dix-sept *Rubus idæus* (framboisiers) belles de Fontenay ; plus loin un *Malus communis* (pommier) api rose ; l'arbre résineux est un *Pinus Pinea* (pin pignon) ; dans le massif, trois *Castanea vesca* (châtaigniers) marrons dorés de Lyon, quatre *Amygdalus communis* (amandiers) à coque tendre, huit *Rubus idæus* (framboisiers) des deux saisons à fruit rouge ; côté des prés, trois *Rhus typhinum* (sumacs de Virginie), cinq *Ligustrum glabrum*, pour garnir l'intérieur neuf *Weigelia hortensis nivea* (Weigelias des jardins à fleur blanche) ; près le pont en bois de charpente, un *Juniperus excelsa fasti-*

*giata* (genévrier d'Orient pyramidal); de l'autre côté de l'eau, un *Cerasus semperflorens* (cerisier de la Toussaint); près le pont de pierre, trois *Liriodendrum* (tulipiers), trois *Mespilus Oxyacantha tanacetifolia* (épines blanches à feuille de Tanaisie), deux *Acer Negundo* (érables à feuille de frêne), trois *Forsythia*, cinq *Rubus odoratus* (framboisiers du Canada), quatre *Cytisus hirsutus* (cytises velus); les plantations de l'autre rive sont composées de cinq *Gleditschia inermis* (féviers sans épine), cinq *Tamarix Indica* (tamarix de l'Inde), deux *Fraxinus excelsior aurea* (frênes communs dorés), trois *Ilex Dahoon* (houx à feuille de troène), six *Ribes Alpinum* (groseilliers des Alpes), neuf *Hypericum* (millepertuis), cinq *Leycesteria formosa* (leycesterias élégants), trois *Syringa media flore albo* (lilas de Marly à fleur blanche).

De ce point au groupe du lac, sept *Pyrus communis* (poiriers) en sept espèces de plein vent; dans le groupe côté de l'eau, cinq *Tamarix Gallica* (tamarix de l'Inde), un *Salix Japonica* (saule du Japon), trois *Sambucus racemosa* (sureaux à grappe), cinq *Symphoricarpos racemosa* (symphorines à grappe), trois *Rhus Cotinus* (sumacs fustets), quatre *Ligustrum glabrum*, un *Tilia Americana argentea* (tilleul d'Amérique à feuille argentée), deux *Philadelphus elegans* (seringas élégants), et sept *Spiraea Douglasii* (spirées de Douglas); l'arbre résineux est un *Cedrus Deodora* (cèdre de l'Inde); dans le massif, un *Liriodendrum tulipifera* (tulipier de Virginie), deux *Celtis Orientalis* (micocouliers du Levant), un *Corylus Americana* (noisetier d'Amérique), et six *Mahonia fascicularis* (mahonias à fleur fasciculée).

La pelouse principale est occupée à son extrémité par six *Castanea vesca* (châtaigniers) Saint-Martin, trois *Cydonia communis* (coignassiers communs), sept *Cornus mascula* (cornouillers) communs à fruit jaune, deux *Celtis Orientalis* (micocouliers du Levant), trois *Corylus purpurea* (noisetiers à feuille pourpre), cinq *Pavia macrostachya* (paviers nains), quatre *Persica Ispahanensis* (pêchers d'Ispahan); côté des prairies, onze *Phlomis fruticosa* (phlomis frutescents), huit *Robinia hispida* (robiniers roses) greffés nains, et dix-sept *Aucuba Japonica* variés; sur le bord du chemin, un *Pinus Pinea* (pin pignon); vers le quinconce sept *Juglans regia* (noyers) à coque tendre; dans le massif, six *Morus nigra* (mûriers) à fruit noir, cinq *Mespilus germanicus* (néfliers) communs à fruit monstrueux, cinq *Corylus acellana* (noisetiers) avelines de Provence, sept *Persica vulgaris* (pêchers) alberges jaunes, quatre *Amygdalus argentea* (amandiers satinés), trois *Amorpha*, cinq *Colutea arborescens* (baguenaudiers communs), quatre *Calycanthus*, onze *Caragana*, six *Elæagnus edulis* (chalefs comestibles), quatre *Chamaecerasus Tatarica speciosa* (chamecerisiers de Tartarie à grande fleur rose vif), cinq *Cydonia Japonica carnea* (coignassiers du Japon carnés), et huit *Cotoneaster nummularia* (cotoneasters à feuille de nummulaire); isolé un *Cupressus Lawsoniana nivea* (cyprès de Lawson blanchâtre), et un *Salisburia adiantifolia* (gingko à deux lobes).

Le quinconce du kiosque est planté de quatorze *Juglans regia* (noyers) à très-gros fruit.

Près le pont du lac supérieur trois *Taxodium distichum fastigiatum* (taxodiums distiques fastigiés); suivant l'extérieur entre les 3ᵉ et 4ᵉ blocs de rochers, un *Abies taxifolia* (sapin commun); dans le massif, trois *Juglans regia* (noyers) fertiles, cinq *Mespilus germanicus* (néfliers) communs, trois *Corylus acellana* (noisetiers) communs, trois *Corylus avellana* avelines de Provence, neuf *Ribes uva crispa* (groseilliers épineux) à fruits jaunes lisses, trois *Robinia hispida* (robiniers roses), quatre *Pyrus salicifolia* (poiriers à feuille de saule), dix *Potentilla fruticosa* (potentilles frutescentes), quatre *Prunus myrobolana* (pruniers myrobolans), six *Ilex aquifolium* (houx communs), quatorze *Spiraea bella* (spirées élégantes), complètent ce groupe; sur la prairie, trois *Populus fastigiata* (peupliers d'Italie); au bord du ruisseau, un *Sorbus aucuparia pendula* (sorbier des oiseleurs pleureur); côté opposé, sur le bord des eaux, dans le groupe, un *Morus nigra* (mûrier) à fruit noir, deux *Cydonia communis* (coignassiers) à fruit long, dix-huit *Ribes rubrum* (groseilliers à grappe) cassis royal de Naples, trois *Philadelphus coronarius* (seringas des jardins), trois *Salix caprea* (saules Marceau) et cinq *Salsola fruticosa* (soudes en arbre); près la sortie des eaux, un *Populus fastigiata*; côté des eaux, un *Pinus Pinea*; dans le massif sur le bord du chemin, cinq *Sorbus domestica* (cormiers) à gros fruit rose, cinq *Amygdalus communis* (amandiers) à coque très-tendre, trois *Armeniaca vulgaris* (abricotiers) d'Alexandrie, trois *Cerasus avium* (cerisiers) gaignes rouges communes, sept *Cornus mascula* (cornouillers) communs à gros fruit, vingt-deux *Rubus idaeus* (framboisiers) belles de Fontenay, seize *Ribes rubrum* (groseilliers à grappe) grosses blanches transparentes, trois *Sophora Japonica* (sophoras du Japon), un *Salix pentandra* (saule odorant), neuf *Spiraea salicifolia* (spirées à feuille de saule), six *Robinia pseudo-acacia tortuosa* (robiniers faux-acacias tortueux) greffés nains, plus dix-neuf *Mahonia aquifolium* (mahonias à feuille de houx), trois *Rhamnus Alpinus* (nerpruns des Alpes), seize *Genista juncea* (genêts d'Espagne) terminent ces plantations. Sur le gazon, cinq *Æsculus Hippocastanum flore pleno* (marronniers d'Inde à fleur double); dans le groupe près le pont, trois *Cerasus avium* (cerisiers) cerises belles de Choisy, trois *Tamarix Indica* (tamarix de l'Inde), deux *Rhus typhinum* (sumacs de Virginie), cinq *Symphoricarpos racemosa* (symphorines à grappe).

À l'intérieur de l'île du plateau, trois *Juniperus Virginiana cinerascens* (genévriers cèdres de Virginie cendrés); dans le petit groupe, un *Acer Negundo* (érable à feuille de frêne), trois *Cistus ladaniferus* (cistes ladanifères), deux *Chamaecerasus Tatarica speciosa* (chamecerisiers de Tartarie à grande fleur rose vif), un *Buxus longifolia* (buis à longue feuille). En face l'entrée des eaux au lac, un *Platanus Canadensis fastigiata* (platanes du Canada pyramidal), deux *Gleditschia triacanthos* (féviers d'Amérique), deux *Evonymus verrucosus*, trois *Genista Sibirica* complètent ce joli petit groupe.

La prairie du châlet traversée par le ruisseau qui conduit les eaux au lac inférieur, à son extrémité, côté du kiosque un *Juglans regia folio laciniato* (noyer commun à feuille laciniée), deux *Persica vulgaris* (pêchers) admirables jaunes, un *Pyrus communis* (poirier) besi de Chaumontel panaché, un *Prunus satica* (prunier) mirabelle la grosse, trois *Cytisus purpureus* (cytises pourpres), cinq *Deutzia gracilis* (deutzias gracieux), cinq *Daphne Laureola* (daphnés Lauréoles), etc., etc.

Ce parc, comme nous l'avons vu en parcourant le plan, a le double avantage de réunir la pomologie dans tout son ensemble, sans que l'effet paysagiste soit compromis sur aucune de ses parties.

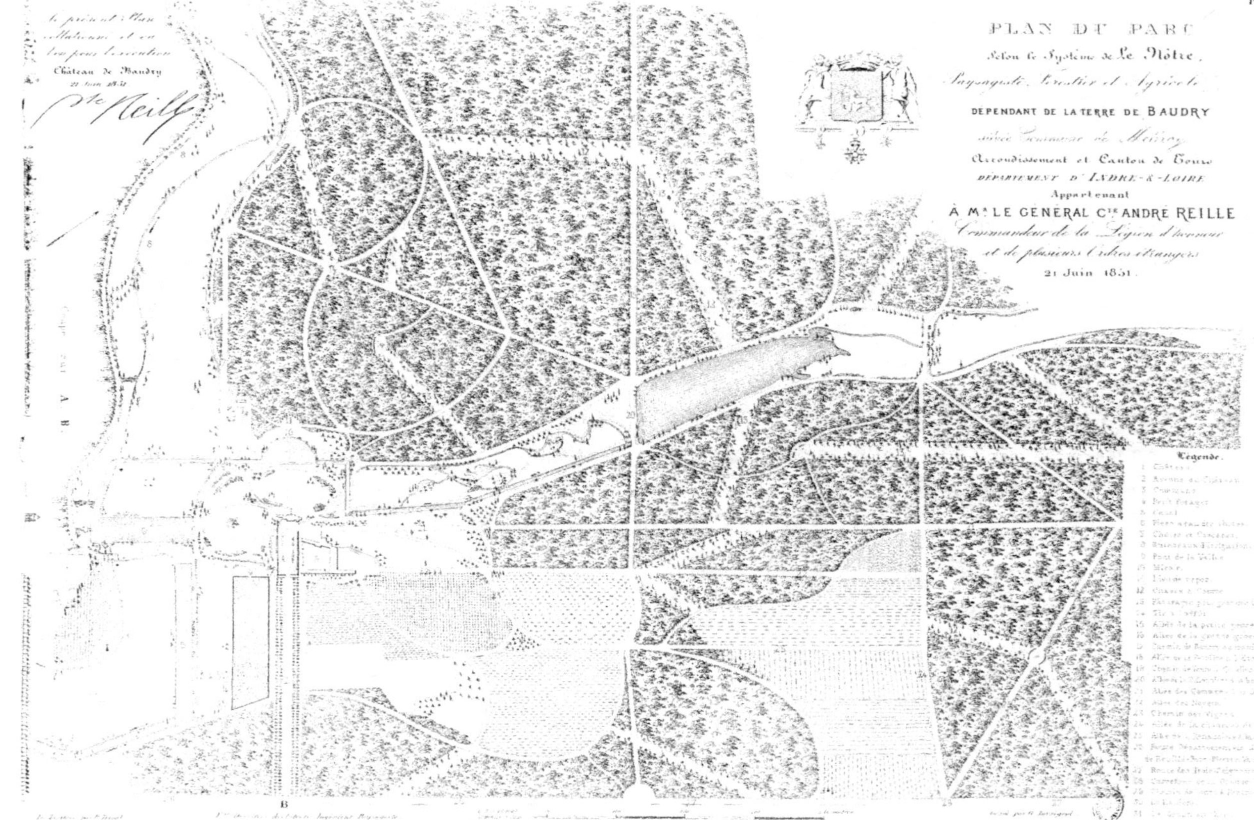
PLAN DU PARC
Selon le Système de Le Nôtre,
Paysagiste, Forestier et Agricole
DÉPENDANT DE LA TERRE DE BAUDRY
située Commune de Meusnes,
Arrondissement et Canton de Tours
DÉPARTEMENT D'INDRE-&-LOIRE
Appartenant
À M. LE GÉNÉRAL C.te ANDRÉ REILLE
Commandeur de la Légion d'honneur
et de plusieurs Ordres étrangers
21 Juin 1851.
Château de Baudry
21 Juin 1851
Cte Reille
Légende.
A
B
Coupe sur A B.

# PARC SELON LE SYSTÈME DE LE NOTRE

## PAYSAGISTE, FORESTIER ET AGRICOLE

DÉPENDANT

# DE LA TERRE DE BAUDRY

SITUÉE, COMMUNE DE METTRAY, ARRONDISSEMENT ET CANTON DE TOURS (DÉPARTEMENT D'INDRE-ET-LOIRE)

APPARTENANT A M. LE GÉNÉRAL COMTE ANDRE REILLE

COMMANDEUR DE LA LÉGION D'HONNEUR ET DE PLUSIEURS ORDRES ÉTRANGERS

**21 juin 1851**

La Touraine, appelée avec tant de justice le Jardin de la France, possède encore des souvenirs de cette époque tant regrettée, de ces châteaux élevés au milieu d'importants revenus territoriaux, faisant la puissance d'une nation.

Cette propriété d'une étendue considérable assise non-seulement sur Mettray, mais encore sur Nouilly, Chanceaux-sur-Choisille, Cérelles, etc., présente des ressources en bois, terres arables et prairies.

La topographie naturelle du sol nous montre ce parc grandiose sur une élévation, ayant deux versants au pied desquels coulent des eaux limpides suivant des sinuosités qui permettent aux irrigations d'étendre leurs bienfaits sur toute la surface des prairies et parties cultivées.

Venant de Tours on arrive au château en passant par une avenue ayant ses bas-côtés composés de trois cent quatre *Tilia* (tilleuls) qui protègent les visiteurs des rayons du soleil ; après avoir traversé une partie de bois et une autre, à droite, de terres arables, on trouve le saut de loup qui défend la cour d'honneur ; à gauche, de belles et fertiles prairies, une pièce d'eau importante et des cascades roulant leurs eaux sur des rochers et des vasques ; dans la cour d'honneur un tapis vert.

Côté des dépendances seize *Magnolia conspicua* (magnoliers Yulan), onze *Andromeda floribunda* (andromèdes floribonds), dix-huit *Azalea nudiflore purpurascens* (azalées à fleur nue purpurine), dix-huit *Azalea nudiflore amenissima* (azalées à fleur nue charmante), ces plantations sont entourées d'une bordure d'*Erica vulgaris pumila* (bruyères communes naines) ; dans le massif opposé, cinq *Magnolia grandiflora* (magnoliers à grande fleur), six *Magnolia purpurea* (magnoliers pourpres) et quatre *Magnolia macrophylla* (magnoliers à grande feuille), sept *Arctostaphyllos* en cinq variétés, recouvrent le sol de leurs rameaux couchés garnis de feuilles persistantes ; plus loin un *Taxus fastigiata* (if pyramidal) ; le long du mur des dépendances quatre *Phillyrea latifolia* (filarias à feuille large), cinq *Cerasus Lauro Caucasica* (cerisiers lauriers du Caucase), huit *Ruscus* (fragons) en deux espèces, et douze *Ulex Europœus flore pleno* (ajoncs marins à fleur double). Cette cour d'honneur élevée en terrasse permet de découvrir le panorama des chutes d'eau, des cascades, des grandes pièces d'eau régulières peuplées de poissons, des vastes prairies garnies d'arbres et d'arbustes intéressants.

Continuant la visite des plantations, côté du miroir, nous enfonçant dans les divers canaux et pièces d'eau, contre la porte de l'allée des communs à la Bellière, treize *Cedrus Libani* (cèdres du Liban) ; vers le château, pour dissimuler l'entrée d'un sous-sol, trois *Cedrus argentea Atlantica* (cèdres argentés de l'Atlas).

En avant du piédestal supportant un Faune flûteur, trois *Indigofera dosua* (indigotiers dosuas), un *Itea Virginica* (itea de Virginie), cinq *Jasminum nudiflorum* (jasmins à fleur nue), cinq *Corchorus Japonica foliis albo rariegatis* (kerrias du Japon à feuille panachée), huit *Viburnum Tinus* (viornes lauriers-tins), quatre *Ledum latifolium* (ledons à large feuille) et dix-huit *Pœonia arborea* (pivoines en arbre) variées en huit espèces, bord des allées des *Erica vulgaris alba* (bruyères communes blanches) ; près le canal un *Taxodium distichum* (taxodium distique) ; plus loin un *Ulmus campestris pyramidalis* (orme champêtre pyramidal), trois *Salix annularis* (saules à feuille annulaire) ; près du chemin, trois *Salix-Gothœa conspicua* ; près le kiosque, cinq *Robinia pseudo-acacia pyramidalis* (robiniers faux-acacias pyramidaux). De ce point au miroir, trois *Thuia Occidentalis pendula* (thuias du Canada pleureurs), trois *Quercus pedunculata fastigiata* (chênes à long pédoncule pyramidaux) ; isolé un *Populus alba pendula* (peuplier blanc de Hollande pleureur) ; de l'autre côté, jusqu'au pont de Baudry au montant de Varuel, quatre *Salix pentandra* (saules odorants), quatre *Fraxinus juglandifolia* (frênes à feuille de noyer).

Sur le tapis vert principal, dans le groupe près de celui qui accompagne le massif du piédestal, trois *Liriodendrum tulipifera* (tulipiers de Virginie), cinq *Fraxinus excelsior aurea* (frênes communs dorés), cinq *Robinia hispida* (robiniers roses), trois *Syringa Persica* (lilas de Perse), trois *Syringa regia* (lilas Charles X), quatre *Berberis Darwinii* (épines-vinettes de Darwin), cinq *Forsythia suspensa* (forsythias suspendus), trois *Rubus odoratus* (framboisiers du Canada), trois *Persica vulgaris flore albo pleno* (pêchers à fleur blanche double), un peu partout des *Plumbago Larpenta* (dentelaires de lady Larpent) ; isolé un

*Populus fastigiata* (peuplier d'Italie); en avant du massif un *Sterculia platanifolia* (sterculia à feuille de platane); en face le kiosque, dans le groupe, cinq *Maclura aurantiaca* (maclures épineux), six *Syringa Josikea* (lilas à feuille de Chionanthe), cinq *Fagus sylvatica purpurea* (hêtres communs à feuille pourpre), trois *Cercis Canadensis* (gainiers du Canada), onze *Genista juncea* (genêts d'Espagne), sept *Acer Negundo folio argenteo variegato* (érables à feuille de frêne panachée argentée), trois *Diospyros* (plaqueminiers), six *Cytisus hirsutus* (cytises velus), quatre *Cydonia Japonica rubra*, trois *Coronilla Emerus* (coronilles des jardins), la partie cultivée est entièrement couverte par des *Hypericum calycinum* (millepertuis à grande fleur); en avant, sur la pelouse, trois *Larix Kæmpferii*: la corbeille en face le miroir est garnie de *Perilla Nankinensis* (périllas de Nankin); quatre *Pavia discolor* forment le groupe isolé; la corbeille la plus près du château est peuplée de plantes se renouvelant selon les saisons; isolés trois *Robinia pseudo-acacia* (robiniers faux-acacias).

Pour dissimuler le passage du pont de Baudry, dans le massif le plus rapproché, cinq *Photinia glabra* (photinies luisants), trois *Amelanchier Canadensis* (amelanchiers du Canada), cinq *Arbutus Ura ursi* (arbousiers busseroles), quatre *Alnus glutinosa oxyacanthæfolia* (aunes communs à feuille d'aubépine), trois *Platanus Canadensis fastigiata* (platanes du Canada pyramidaux), quatre *Gymnocladus*, cinq *Buxus Japonica microphylla* (buis du Japon à petite feuille), trois *Cerasus Virginiana* (cerisiers de Virginie), cinq *Eleagnus reflexa* (chalefs à fleur réfléchie), cinq *Quercus filicifolia* (chênes à feuille de fougère), six *Chamæcerasus Tatarica speciosa* (chamæcerisiers de Tartarie à grande fleur rose vif), huit *Cistus ladaniferus* (cistes ladanifères), trois *Cornus Sibirica* (cornouillers de Sibérie), cinq *Mespilus pyracantha* (épines buissons-ardents), six *Berberis Darwinii* (épines-vinettes de Darwin), neuf *Cotoneaster buxifolia* (cotoneasters à feuille de buis) couvrent le sol; une bordure de *Hedera Helix folio variegato* (lierres grimpants à feuille panachée) défend ces plantations côtés des allées; sur le gazon un *Cupressus elegans* (cyprès élégant); à l'extrémité du tapis vert quatre *Quercus pedunculata fastigiata*.

Dans le massif opposé, cinq *Esculus rubicunda* (marronniers rubiconds à fleur rouge), quatre *Cytisus Adami* (cytises d'Adam), cinq *Mespilus Oxyacantha flore coccineo pleno* (épines aubépines à fleur coccinée double), trois *Cornus mascula* (cornouillers mâles), trois *Cerasus hortensis flore pleno* (cerisiers à fleur double), cinq *Quercus Suber* (chênes liéges), trois *Catalpa bignonioides* (catalpas communs), huit *Buxus longifolia* (buis à longue feuille), sept *Betula pumila* (bouleaux nains), trois *Broussonetia papyrifera cucullata* (broussonetias mûriers à papier en capuchon), six *Hippophae argentea* (argousiers argentés), cinq *Viburnum macrocephalum* (viornes à gros capitules), neuf *Budleia globosa* (budleias globuleux), quatre *Acer Pensylvanicum* (érables jaspés), trois *Evonymus latifolius* (fusains à large feuille), six *Vitex Agnus castus* (gattiliers communs), onze *Ribes sanguineum flore pleno* (groseilliers à fleur rouge double), trois *Indigofera decora rubra* (indigotiers élégants à fleur rouge), cinq *Jasminum fruticans* (jasmins jaunes), sept *Viburnum Tinus* (viornes lauriers-tins), trois *Syringa media flore albo* (lilas de Marly à fleur blanche), trois *Liquidambar styraciflua* (liquidambars copals) et vingt-neuf *Spiræa Billardii* (spirées de Billard), des *Lycium Sinense* tapissent entièrement le sol, les limites des allées sont indiquées par une bordure de *Hedera Helix arborescens minor lutea*; en arrière du piédestal, quatre *Quercus pedunculata fastigiata*; à l'autre extrémité, près la corbeille de fleurs, trois *Araucaria imbricata*; en avant, quatre *Taxus fastigiata* (ifs pyramidaux).

A peu près au centre de l'important tapis vert qui se déroule vers le grand canal, un groupe de neuf *Cedrus Deodora* (cèdres de l'Inde); près le château, les trois arbres pyramidaux appartiennent à la famille des Papilionacées; opposés au potager, à côté du piédestal, onze *Betula urticæfolia* (bouleaux à feuille d'ortie), trois *Cerasus Sibirica* (cerisiers de Sibérie), quatre *Cerasus Padus* (cerisiers merisiers à grappe), trois *Eleagnus angustifolia* (chalefs oliviers de Bohème), trois *Carpinus Ostrya* (charmes houblons), cinq *Castanea Americana* (châtaigniers d'Amérique), quatre *Quercus Phellos* (chênes saules), neuf *Chamæcerasus Ledebouri* (chamæcerisiers de Ledebour), cinq *Chimonanthus fragrans grandiflora* (chimonanthes odoriférants à grande fleur), trois *Cydonia Japonica carnea* (cognassiers du Japon carnés), trois *Cornus sanguinea folio variegato* (cornouillers sanguins à feuille panachée), sept *Cotoneaster Hookerii*, onze *Cytisus sessilifolius* (cytises à feuille sessile), cinq *Syringa media* et dix-huit *Spiræa Lindleyana*, à l'intérieur et autour, des *Malva crispa* (mauves frisées); l'autre petit groupe est occupé par un *Liriodendrum tulipifera integrifolium*, deux *Tilia Americana argentea*, cinq *Tamarix Indica*, cinq *Weigelia arborea grandiflora*, trois *Baccharis halimifolia*, sept *Potentilla fruticosa*.

Près la poterne qui donne accès sur la terrasse, six *Pinus excelsa* (pins élancés); en avant de la serre adossée au mur de la terrasse, des arbustes s'élevant peu; contre la porte, cinq *Mimosa Jubibrissin*; à l'autre extrémité, cinq *Aralia spinosa*; ces deux groupes sont reliés par huit *Hibiscus* variés, cinq *Amygdalus nanus*, onze *Andromeda polifolia*, six *Atragene Alpina*, cinq *Ardisia Japonica*, dix *Arthrotaxis selaginoides*, cinq *Aucuba Japonica angustifolia*, trois *Benthamia fragifera*, dix-huit *Daphne Mezereum*, vingt-deux *Erica herbacea*, quelques *Ononis*, trois *Ceanothus Delilianus*, sept *Clethra tomentosa*: dans toute la longueur, des plantes de serre qui n'ont pu prendre place dans les massifs ou corbeilles de fleurs; dans le petit groupe à l'entrée du chemin du potager, cinq *Mahonia intermedia*, un *Cryptomeria Japonica nana* et huit *Azalea* en huit variétés, autour desquels se trouvent des *Polygonum cuspidatum*; la corbeille est occupée par une collection de vingt-deux *Peonia albiflora* variées; bordant l'allée du potager et de la prairie, six *Buxus Balearica*, huit *Bupleurum fruticosum*, six *Chimonanthus fragrans*, quatre *Caragana Chamlagu*, cinq *Cerasus semperflorens*, trois *Castanea chrysophylla*, quatre *Chamæcerasus Alpigena*, un *Cydonia Japonica Gaujardii*, trois *Cotoneaster Fontanesii*, cinq *Deutzia staminea*, un *Mespilus nigra*; au lieu de repos, trois *Fagus sylvatica purpurea*, sept *Rubus odoratus*, trois *Juniperus Barbadensis* et trois *Glyptostrobus pendula*.

Il reste à faire la description des arbres et arbustes qui se trouvent isolés dans ces belles prairies ainsi que de ceux placés au bord des eaux, qui sont tous d'un grand intérêt au point de vue du paysage: l'espace ne nous permet pas de la placer ici.

Les forêts, parfaitement aménagées, sont composées d'essences forestières des meilleurs produits.

PLAN DU PARC
PAYSAGISTE
de M. L. BRATON
située à l'Orpentette
MONTELIMAR
Légende
COUPE SUR A. B.
DÉPARTEMENT DE LA DRÔME

# PARC PAYSAGISTE

CRÉÉ A L'ESPOULETTE, ROUTE DÉPARTEMENTALE N° 2 DE MONTÉLIMAR A LA BÂTIE-ROLAND, LA BIGUDE ET DIEU-LE-FIT

DÉPARTEMENT DE LA DRÔME, ARRONDISSEMENT ET CANTON DE MONTÉLIMAR

APPARTENANT A M. C. GENTON

1857

Si Vermenou, Jabron et Roublion, torrents dévastateurs, ont rendu tant de propriétés impropres à l'agriculture, jeté le désordre dans de nombreuses familles, ils ont quelquefois fertilisé leurs rives, ce qui a fait donner le nom, à la partie gauche de Roublion qui n'est plus inondée, de l'Espoulette (l'épaulette) ; les alluvions qu'il a déposées sans corps étrangers sont de qualité tellement supérieure que les habitants ont ainsi appelé cet endroit du territoire de la ville de Montélimar.

L'entrée principale sur la route de Dieu-le-Fit nous présente un tapis vert occupé par une corbeille de fleurs se renouvelant selon les saisons ; isolés, trois *Sterculia platanifolia* (sterculias à feuille de platane) et vingt-sept *Robinia pseudo-acacia pyramidalis* (robiniers faux-acacias pyramidaux) ; dans l'anse, trois *Populus fastigiata* (peupliers d'Italie) ; sur l'île, trois *Gleditschia Bujoti* (féviers pleureurs) ; près des rochers, bord des eaux, un *Cupressus sempervirens* (cyprès pyramidal) ; dans le petit groupe, trois *Koelreuteria paniculata* (savonniers paniculés), trois *Mimosa Julibrissin* (acacies de Constantinople), cinq *Syringa Josiken* (lilas à feuille de chionanthe), trois *Philadelphus coronarius* (seringas des jardins), six *Weigelia rosea* (weigelias à fleur rose), sept *Berberis vulgaris dulcis* (épines-vinettes communes à fruit doux) et neuf *Hypericum calycinum* (millepertuis à grande fleur) ; isolés, trois *Cedrus Deodara* (cèdres de l'Inde) ; près la sortie des eaux, dix-sept *Ulmus campestris pyramidalis* (ormes champêtres pyramidaux) ; sur le côté opposé, trois *Betula alba pendula* (bouleaux communs pleureurs) ; dans le massif, quatre *Gleditschia inermis* (féviers sans épine), six *Maclura aurantiaca* (maclures épineux), cinq *Betula alba* (bouleaux communs), un *Broussonetia papyrifera cucullata* (broussonetia mûrier à papier en capuchon), cinq *Cercis siliquastrum* (gainiers communs), trois *Mespilus Oxyacantha flore coccineo* (épines aubépines à fleur coccinée), trois *Hippophae* (argousiers), cinq *Arauja albens* (araujas blanchâtres), cinq *Chionanthus*, six *Atragene Alpina* (atragènes des Alpes), quatre *Aralia Japonica* (aralias du Japon), neuf *Amygdalus communis flore pleno* (amandiers communs à fleur double), trois *Amorpha glabra* (amorphas glabres), six *Ribes sanguineum flore pleno* (groseilliers à fleur rouge double) ; côté des gazons, vingt-deux *Hydrangea quercifolia* (hydrangées à feuille de chêne), dix-huit *Aquilegia hortensis* (ancolies des jardins), neuf espèces de *Spiræa* placées à l'intérieur garnissent le dernier plan ; en avant, cinq *Tilia Americana argentea* (tilleuls d'Amérique à feuille argentée) et trois *Juniperus Barbadensis* (genévriers des Barbades).

De l'entrée principale à la porte de Montélimar, cinq *Cratægus Aria* (alisiers blancs), deux *Gymnocladus* (bonducs), trois *Broussonetia papyrifera heterophylla dissecta* (broussonetias mûriers à papier hétérophylles), quatre *Quercus coccifera* (chênes kermès), quatre *Carpinus Americana* (charmes d'Amérique), cinq *Elæagnus macrophylla* (chalefs à grande feuille), trois *Cytisus Adami* (cytises d'Adam), trois *Mespilus Oxyacantha flore albo pleno*, trois *Acer Negundo* (érables à feuille de frêne), cinq *Berberis vulgaris purpurea* (épines-vinettes communes à feuille pourprée), six *Berberis Darwinii* (épines-vinettes de Darwin), trois *Phillyrea angustifolia* (filarias à feuille étroite), neuf *Fontanesia phillyreoides* (fontanesias à feuille de filaria), trois *Fraxinus excelsior atrovirens* (frênes communs verts foncés), six *Evonymus Japonicus* (fusains du Japon), huit *Ceanothus divaricatus* (céanothes à feuille divariquée), à 0 m. 20 c. de la bordure, des *Aster Sinensis* (reines-Marguerites) pyramidales ; sur le gazon, trois *Cedrus argentea Atlantica* (cèdres argentés de l'Atlas) et un *Populus fastigiata* (peuplier d'Italie).

De la porte de Montélimar au lieu de repos du fruitier, six *Koelreuteria* (savonniers), quatre *Salix argentea* (saules argentés), neuf *Sorbus hybrida* (sorbiers hybrides), trois *Robinia viscosa* (robiniers visqueux), six *Rosmarinus officinalis* (romarins officinaux), six *Planera*, cinq *Diospyros* (plaqueminiers), sept *Platanus Canadensis fastigiata* (platanes du Canada pyramidaux), cinq *Pyrus salicifolia* (poiriers à feuille de saule), six *Malus baccata alba* (pommiers porte-baies à fruit blanc), quatre *Prinos glaber* (prinos glabres), cinq *Ptelea trifoliata* (ptéleas à trois feuilles), cinq *Populus alba nivea* (peupliers blancs de Hollande cotonneux), vingt-huit *Phlomis*, trois *Ulmus Sinensis* (ormes de la Chine), cinq *Persica vulgaris flore albo pleno*, trente-deux *Spiræa* en seize espèces, tout autour du massif, quarante-huit *Pæonia arborea* (pivoines en arbre).

En avant du fruitier, sur le gazon, à la pointe, dix-huit *Pinus Halepensis* (pins d'Alep) ; plus loin, un *Populus fastigiata* (peuplier d'Italie) ; dans toute la longueur, des arbres de première grandeur pour faire résistance aux vents du midi, trois *Populus Ontariensis* (peupliers du lac Ontario), cinq *Ulmus campestris latifolia* (ormes champêtres à large feuille), cinq *Juglans*

*Americana pekan* (noyers d'Amérique pacaniers), six *Pavia rubra* (paviers à fleur rouge), cinq *Æsculus Hippocastanum flore pleno* (marronniers d'Inde à fleur double), dix *Corylus purpurea* (noisetiers à feuille pourpre), neuf *Syringa vulgaris flore albo* (lilas communs à fleur blanche), six *Maclura aurantiaca* (maclures épineux), onze *Jasminum fruticans* (jasmins jaunes), sept *Cytisus sessilifolius* (cytises à feuille sessile), dix *Lagerstroemia Indica* (lagerstroemias des Indes), onze *Cerasus Lauro Colchica* (cerisiers lauriers de Colchide), huit *Koelreuteria*, six *Ilex aquifolium crassifolium* (houx communs à feuille épaisse), seize *Paliurus* (paliures) et quinze *Genista juncea* (genêts d'Espagne); côté des gazons, sur le dernier plan, cent vingt *Sanvitalia procumbens* (sanvitalias rampants); côté de la bordure, des *Lupinus nanus* (lupins nains); sur la pelouse, un *Æsculus Hippocastanum folio laciniato*; dix-sept *Larix Kæmpferii* (mélèzes de Kæmpfer), composent le groupe d'arbres résineux.

Opposé aux *Larix* sur la grande pelouse, dans le massif, quatre *Ulmus campestris purpurea* (ormes champêtres à feuille pourpre), un *Juglans macrophylla* (noyer à grande feuille), trois *Pavia Californica* (paviers de Californie), trois *Celtis cordifolia* (micocouliers à feuille en cœur), six *Rhamnus alaternus latifolius* (nerpruns alaternes à large feuille), sept *Corylus Byzantina* (noisetiers de Byzance), cinq *Syringa Rothomagensis* (lilas Varin), huit *Liquidambar styraciflua*, cinq *Jasminum fruticans*, trois *Zizyphus* (jujubiers), onze *Viburnum Tinus* (viornes lauriers-tins), cinq *Leycesteria formosa* (leycesterias élégants), six *Ribes malvaceum* (groseilliers à feuille de mauve), quatre *Ilex microcarpa* (houx à petit fruit), trois *Cercis siliquastrum flore albo* (gainiers communs à fleur blanche), six *Vitex Agnus castus* (gattiliers communs), neuf *Genista Sibirica* (genêts de Sibérie), un *Fraxinus excelsior aucubæfolia* (frêne commun à feuille d'aucuba), huit *Daphne Mezereum* (daphnés bois-jolis), trois *Deeringia celosioides* (deeringias à port de célosie), cinq *Mespilus crus galli* (épines ergots de coq), six *Evonymus latifolius* (fusains à large feuille), vingt-trois *Daphne Laureola* (daphnés Lauréoles) et quelques *Spiræa* complètent cette plantation; en avant, longeant les gazons, une bordure de *Plumbago Larpentæ* (dentelaires de lady Larpent); isolé, un *Populus fastigiata*; les trois arbres résineux sont des *Callitris quadrivalvis* (callitris à quatre valves) employés à la fabrication de la sandaraque; derrière Hippomène, dans le massif, trois *Cratægus Aria Nepalensis* (alisiers blancs du Népaul), quatre *Amelanchier Canadensis* (amelanchiers du Canada), neuf *Arbutus Unedo* (arbousiers communs), dix *Hippophae* (argousiers), trois *Alnus imperialis aspleniifolia* (aunes impériaux à feuille de fougère), six *Cerasus hortensis flore pleno* (cerisiers à fleur double), trois *Carpinus Americana* (charmes d'Amérique), cinq *Quercus coccinea* (chênes écarlates), cinq *Cytisus laburnum* (cytises faux-ébéniers), quatre *Mespilus Oxyacantha flore albo pleno*, trois *Acer Negundo* (érables à feuille de frêne), trois *Gleditschia macracanthos* (féviers à grosse épine), trois *Fraxinus excelsior aurea* (frênes communs dorés), quatre *Evonymus verrucosus* (fusains à bois galeux), trois *Fagus sylvatica purpurea* (hêtres communs à feuille pourpre), dix *Ilex* (houx) variés, onze *Syringa media* (lilas de Marly), neuf *Lycium Sinense* (lyciets de la Chine), dix-huit *Mahonia* en cinq espèces, un *Celtis cordifolia* (micocoulier à feuille en cœur), trois *Broussonetia papyrifera* (broussonetias mûriers à papier), sept *Corylus Americana* (noisetiers d'Amérique), cinq *Rhamnus Alpinus* (nerpruns des Alpes), sept *Ulmus Sinensis* (ormes de la Chine), cinq *Pavia macrostachya* (paviers nains), douze *Robinia hispida* (robiniers roses) nains et dix-neuf *Spiræa lævigata* (spirées à feuille lisse), en bordure, côté de l'allée, des *Beta vulgaris variegata rubra* (poirées à carde rouge), côté de la pelouse, des *Humea elegans* (humées élégantes); sur le gazon, un *Sorbus aucuparia pendula* (sorbier des oiseleurs pleureur) et trois *Catalpa*; à son origine, quarante *Sequoia sempervirens* (sequoias toujours verts); près la corbeille, un *Taxus fastigiata* (if pyramidal); dans cette dernière, des fleurs se renouvelant selon les saisons: en avant du massif, sur la pelouse, un *Cedrus argentea Atlantica* (cèdre argenté de l'Atlas). .

Le massif sur l'autre pelouse près les *Sequoia* est garni de cinq *Sophora Japonica*, six *Koelreuteria*, sept *Philadelphus inodorus* (seringas inodores), quatre *Sorbus hybrida* (sorbiers hybrides), neuf *Spiræa grandiflora* (spirées à grande fleur), trois *Salix argentea* (saules argentés), sept *Rhus typhinum* (sumacs de Virginie), huit *Symphoricarpus* (symphorines), cinq *Ligustrum ovalifolium* (troènes à feuille ovale), cinq *Viburnum macrocephalum* (viornes à gros capitules), dix-huit *Weigelia rosea* (weigelias à fleur rose), dix-huit *Hypericum hircinum* (millepertuis à odeur de bouc), quatre *Rhamnus Frangula* (nerpruns bourgènes), six *Corylus Byzantina* (noisetiers de Byzance), cinq *Elæagnus angustifolia* (chalefs oliviers de Bohème), quatre *Pavia rubra* (paviers à fleur rouge), cinq *Persica vulgaris flore rubro pleno* (pêchers à fleur rouge double), sept *Phlomis fruticosa* (phlomis frutescents), cinq *Platanus Canadensis fastigiata* (platanes du Canada pyramidaux), trois *Malus microcarpa* (pommiers à fruit en groseille), six *Prunus tomentosa* (pruniers tomenteux), cinq *Baccharis halimifolia* (baccharides à feuille d'haline), cinq *Betula papyracea*, onze *Hibiscus* variés, six *Amorpha glabra*, quatre *Sambucus nigra laciniata* et treize *Spiræa* en treize espèces, à 0 m. 20 c. de la bordure des *Campanula Medium*, côté des gazons, des *Aquilegia vulgaris*: l'arbre à rameaux réfléchis sur le tapis vert est un *Betula alba pendula*; les cinq arbres pyramidaux sont des *Pinus excelsa*; au centre de la pelouse, vingt *Acer Negundo folio argenteo variegato*: ceux aux rameaux fasciculés sont des *Robinia pseudo-acacia* et huit *Sequoia gigantea*.

Opposés à la corbeille de fleurs de la salle des jeux des enfants, trois *Sorbus domestica*, un *Populus Ontariensis*, trois *Ulmus Americana*, un *Juglans macrophylla*, trois *Tamarix Gallica*, un *Zizyphus sativa*, un *Pavia hybrida*, trois *Persica vulgaris flore albo pleno*, cinq *Phlomis fruticosa*, deux *Pyrus salicifolia*, six *Potentilla fruticosa*, un *Prunus Sinensis flore roseo pleno*, cinq *Smilax aspera*, trois *Philadelphus coronarius* et onze *Spiræa Reevesi flore pleno*, entre la bordure et les plantations, des *Humea elegans*, côté de la corbeille, dix-neuf *Solanum laciniatum*; la corbeille est occupée par des plantes se renouvelant selon les saisons.

A la pointe du tapis vert du kiosque de la route, vingt et un *Thuiopsis dolabrata variegata*; près le Faune, un *Robinia pseudo-acacia pendula*; de l'autre côté, un *Juniperus Barbadensis*; dans le massif, cinq *Salisburia adianthifolia* et plusieurs autres arbres et arbustes de diverses espèces et variétés.

9 782329 808116